地下工程导论

主　编　王明年　严　涛

副主编　于　丽　刘大刚　王玉锁　童建军

西南交通大学出版社
·成　都·

图书在版编目（CIP）数据

地下工程导论 / 王明年，严涛主编. —成都：西
南交通大学出版社，2023.5
　ISBN 978-7-5643-9254-3

　Ⅰ. ①地… Ⅱ. ①王… ②严… Ⅲ. ①地下工程 – 高
等学校 – 教材 Ⅳ. ①TU94

中国国家版本馆 CIP 数据核字（2023）第 066192 号

Dixia Gongcheng Daolun
地下工程导论

主编　王明年　严　涛

责任编辑	韩洪黎
封面设计	何东琳设计工作室

出版发行	西南交通大学出版社
	（四川省成都市金牛区二环路北一段 111 号
	西南交通大学创新大厦 21 楼）
邮政编码	610031
发行部电话	028-87600564　028-87600533
网址	http://www.xnjdcbs.com
印刷	四川煤田地质制图印务有限责任公司

成品尺寸	185 mm×260 mm
印张	18.5
字数	462 千
版次	2023 年 5 月第 1 版
印次	2023 年 5 月第 1 次
书号	ISBN 978-7-5643-9254-3
定价	55.00 元

近年来，随着经济的蓬勃发展和交通强国战略的实施，地下空间被大规模开发利用。为适应国家对地下空间开发利用高级技术人才培养需求，编写一本介绍地下工程，增加读者对地下工程发展现状及未来发展理解的教材，非常必要。

本书主要面向高等学校土木工程专业的地下工程、城市地下空间工程等方向，按地下工程规划设计、结构设计、施工技术、运营维养及防灾救援等全寿命周期为序，以国内外最新研究成果、相关规范和标准为主要依据进行编写，同时介绍了地下工程典型案例。在内容编写上力求深入浅出、简单明了，以便让读者更好地了解和掌握地下工程相关概念、基础理论、设计施工及运维技术等。

全书共分为 7 章，由长期从事地下工程教学、科研及技术工作的学者和专家共同完成。全书由王明年、严涛主持编写，第 1 章概述、第 2 章地下工程规划设计由于丽组织编写，第 3 章地下工程结构设计由刘大刚组织编写，第 4 章地下工程施工由王玉锁组织编写，第 5 章地下工程运营及维护、第 6 章地下工程防灾减灾由严涛组织编写，第 7 章地下工程发展趋势及典型案例由童建军组织编写。蒋雅君老师提供了部分资料，郭晓晗、王志龙、凌学鹏、易文豪、张艺腾、赵思光、路明、陈湛文、郭佳城、秦鹏程、杨迪等研究生参与了本书的编写。

本书在编写过程中引用和参考了国内外诸多文献资料，在此对作者表示衷心的感谢！

尽管编写团队尽了最大努力，但限于编者水平和时间，不足之处在所难免，敬请读者批评指正。

编 者

2022 年 12 月

CONTENTS 目 录

第1章 概 述

@ 学习目标

1. 掌握地下工程的概念及特点。
2. 了解地下工程的发展历史。
3. 了解地下工程的发展成就。

1.1 地下工程的概念及特点

地下工程是在地面以下土层或岩体中修建的各种类型地下建筑物或结构的总称，主要包括：人类居住和活动方面的地下住宅、公寓、宿舍、酒店等；交通运输方面的铁路隧道、公路隧道、地下铁道、地下停车场、过街或穿越障碍的各种地下通道等；军事方面的野战工事、地下指挥所、通信枢纽、掩蔽所、军火库等；工业与民用方面的各种地下车间、电站、水工隧洞、地下储存库房（含地下储油库）、商店、人防与市政地下工程（含地下管线及管廊），以及文化、体育、娱乐与生活等方面的联合建筑体等。

地下工程可按其使用功能、埋深、施工方法、结构形式等进行分类。按照使用功能，地下工程多分为地下交通隧道、地下停车场、地下市政管线工程、地下街与地下综合体、地下储藏库、地下工业工程和地下其他工程；按照地下工程所处围岩介质的覆盖层厚度，主要分为深埋工程和浅埋工程两大类；按照施工方法，则可以分为采用明挖法、矿山法、沉管法、盾构法、顶管法等方法构筑的地下工程；按照横断面的结构形式多分为圆形、矩形、马蹄形和拱形等地下工程。

地下工程的空间特殊性，决定了它在使用方面有如下特点：

1. 保留地表面的开放空间

在地下修筑建（构）筑物，能够使地面保留一些开放空间，这对城市商业或人口密集区是异常重要的。

2. 高效的土地利用

地下空间与土地的有效利用有着重要关系。如果能够在地下修筑建（构）筑物，就可以把地表面用作其他用途，这样土地就可以进行高密度的开发。

3. 高效的往来和输送方式

与地下空间开发有关的是地下高效流通和输送系统的建设。建设大流量地下输送系统会提高地下空间开发的效果。设置在地下空间的输送系统，对地表面的障碍最小，可以对商业或人口高密度地区进行有效的服务。

4. 环境协调性

相对于地面空间，地下空间封闭性较好，人员活动较少，可以较好地从事某一特定活动，覆土地下结构具有形成潜在美的环境效益，这决定于许多的建筑家和规划者的精心设计。优秀的覆土地下结构设计可以使周围的地面环境赏心悦目，与自然景观浑然一体。特别是城市地下建筑，可以改善自然环境，例如改善景观、水环境、空气质量等。

地下结构倡议者和一些建筑家认为，土壤和植被覆盖的建筑物，对生态学是有贡献的。在高密度开发的今天，大面积的路面铺装和屋顶楼面，助长了水往下流的趋势，其结果是使大量的雨水流入排水系统。采用土体覆盖的屋顶，不仅能保持既有的保水功能，在屋顶保留大量的水，还可以保持现有的地下水位。

5. 防灾能力强

地下结构一般设置在岩石地层中，围岩抗压强度较高，因此，地下结构与地面结构相比，具有较好的抗震性能，能够更好地防御自然灾害。

与此同时，地下工程也存在如下不足：

1. 视野和自然采光受到限制

由于地下空间的封闭性特点，自然采光和向室外眺望视野在设计选择上受到限制。这种限制虽然可以利用中庭和天窗等接近地表的开口部位得到一定的解决，但对于开挖较深的地下空间，几乎不可能。

2. 消耗能源较大

由于环境的封闭和视觉的限制，地下工程需要完善的照明和通风系统，相比地上工程会消耗更多的能源。

3. 维修管理费用高

地下工程结构主要是采用耐久性好的混凝土材料修筑，有时还采用了防水性和隔热性良好的材料，因此维修管理费用高。

4. 施工难度大，工程造价高

地下工程的地质环境往往比较复杂，有的处于软土地区，有的处于坚硬的岩层地区，有的处于地下水丰富的地区，有的处于严寒地区，因此施工难度通常比较大，施工环境比较恶劣，工期长，造价高。

1.2 地下工程的发展历史

自从人类出现以后，地下空间便作为人类防御自然灾害和外敌侵袭的设施而被广泛利用。

随着科学技术和人类文明的发展，这种利用也从自然洞穴的利用向构筑人工洞室方向发展。

1.2.1 地下工程的发展

地下工程的发展过程与人类的文明历史是交相呼应的，大致可以分为以下 4 个时代：

第一个时代：原始时代。从人类开始出现到公元前 3 000 年的新石器时代，是人类利用地下空间防御自然威胁的穴居时代。这个时代主要用兽骨等工具开挖出洞穴加以利用，或居住在自然条件比较好的天然洞穴。比较著名的有北京市周口店龙骨山北京人地下遗址。

第二个时代：古代时期。从公元前 3 000 年到 5 世纪止，是为城市生活而利用的时代。这个时代也就是所说的文明黎明时代。这个时代的开发技术奠定了今天地下空间技术的基础。例如在修建埃及金字塔时就开始了地下空间建设。公元前 2 200 年间的古代巴比伦王朝为了连接宫殿和寺院，修建了长达 1 km 的幼发拉底河水底隧道。在罗马时代也修筑了许多隧道工程，有的至今还在利用。中国这一时期比较著名的地下工程是公元前 208 年修建完成的秦始皇陵墓。

第三个时代：中世纪时代。从 5 世纪到 14 世纪的 1 000 年左右。这个时期正是欧洲文明的低潮期，建设技术发展缓慢，但由于对铜、铁等金属的需求，进行了矿石开采。中国在这一时期对地下空间的开发主要集中在建造地下陵墓以及满足宗教建筑的一些特殊要求，其中最著名的有山西大同的云冈山石窟、河南洛阳的龙门石窟、甘肃敦煌的莫高窟、甘肃天水的麦积山石窟等。

第四个时代：近代和现代。从 16 世纪以后的产业革命开始的时代。这个时期由于诺贝尔发明了炸药，使其成为开发地下空间的有力武器，加速了地下工程的发展。例如矿物的开采、运河隧道的修建以及随着城市的发展开始修建的地下铁道，使地下空间利用的范围迅速扩大。

20 世纪 80 年代以来，地下工程得到了快速的发展。以中国地下隧道工程为例，随着新奥法技术在中国的推广运用，修建了一批以大瑶山隧道为代表的大型复杂隧道工程，拉开了我国地下工程机械化施工的序幕。进入 21 世纪，随着神经网络、大数据、物联网技术的逐渐成熟，以郑万高铁为代表的地下隧道工程智能化建造技术快速发展，我国地下工程由传统的"人工+机械"建造模式正式迈入了"智能化"建造高速发展时期。

1.2.2 地下工程结构设计发展

地下工程结构设计的发展是与材料、岩土力学的发展等密切相关的。材料方面从 19 世纪初期的砖石材料再到 19 世纪后期钢筋混凝土的出现，大大提升了地下结构的整体力学性能；土力学的发展促进了松散地层围岩稳定和围岩压力理论的发展，而岩石力学的发展促使了围岩压力和地下工程支护结构理论的进一步飞跃。随着新奥法理论的出现以及岩土力学、测试技术、计算机技术和数值分析方法的发展，地下结构设计理论逐渐成熟。地下工程支护结构理论的一个重要问题是如何确定作用在地下结构上的荷载以及如何考虑围岩的承载能力。

地下工程支护结构计算理论的发展大概可分为以下 4 个阶段：

1. 刚性结构阶段

19 世纪初期的地下建筑物大都是以砖石材料砌筑的拱形圬工结构，这类建筑材料的抗拉强度很低，且结构物中存在较多的接触缝，容易产生断裂。为了维护结构的稳定，当时的地下结构截面都设计得很大，结构受力后产生的弹性变形较小，因而最先出现的计算理论是将地下结构视为刚性结构的压力线理论。

压力线理论认为，地下结构是由一些刚性块组成的拱形结构，所受的主动荷载是地层压力，当地下结构处于极限平衡状态时，它是由绝对刚体组成的三铰拱静定体系，铰的位置分别假设在墙底和拱顶，其内力可按静力学原理进行计算。这种计算理论认为，作用在支护结构上的压力是其上覆岩层的重力，而没有考虑围岩自身的承载能力。由于当时地下工程埋置深度不大，因而曾一度认为这些理论是正确的。压力线假设的计算方法缺乏理论依据，一般情况偏于保守，所设计的衬砌厚度将偏大很多。

2. 弹性结构阶段

19 世纪后期，混凝土和钢筋混凝土材料陆续出现，并用于建造地下工程，使地下结构具有较好的整体性。从这时起，地下结构开始按弹性连续拱形框架用超静定结构力学方法计算结构内力。作用在结构上的荷载是主动的地层压力，并考虑了地层对结构产生的弹性反力的约束作用。由于有了比较可靠的力学原理为依据，故至今在设计地下结构时仍时有采用。

这类计算理论认为，当地下结构埋置深度较大时，作用在结构上的压力不是上覆岩层的重力而只是围岩坍落体积内松动岩体的重力——松动压力。可以作为代表的有太沙基理论和普氏理论。他们的共同观点是，认为坍落体积的高度与地下工程跨度和围岩性质有关。不同之处是，前者认为坍落体为矩形，后者认为是抛物线形。普氏理论把复杂的岩体之间的联系用一个似摩擦系数来描写，显然过于粗糙，但由于这个方法比较简单，直到现在普氏理论仍在应用着。

松动压力理论是基于当时的支护技术发展起来的。由于当时的掘进和支护所需的时间较长，支护与围岩之间不能及时紧密相贴，致使围岩最终有一部分破坏、塌落，形成松动围岩压力。但当时并没有认识到这种塌落并不是形成围岩压力的唯一来源，也不是所有的情况都会发生塌落，更没有认识到通过稳定围岩，可以发挥围岩的自身承载能力。

20 世纪初，有学者提出地层对衬砌变形有约束作用，从而存在弹性反力。由于弹性反力与形变有关，开始只能对分布情况做些假设。苏联的学者于 20 世纪 30 年代先后提出曲墙式衬砌按半月形分布，直墙视作弹性地基梁，用局部变形和共同变形理论计算弹性反力的方法。不用假定反力分布图形而用弹性链杆表示抗力的方法至今仍在使用。

3. 连续介质阶段

由于人们认识到地下结构与地层是一个受力整体，20 世纪中期以来，随着岩体力学开始形成一门独立的学科，用连续介质力学理论计算地下结构内力的方法也逐渐得到发展。围岩的弹性、弹塑性及黏弹性解答逐渐出现。

这种计算方法以岩体力学原理为基础，认为坑道开挖后向洞室内变形而释放的围岩压力将由支护结构与围岩组成的地下结构体系共同承受。一方面，围岩本身受到由支护结构提供的支护力，从而引起它的应力调整达到新的平衡；另一方面，由于支护结构阻止围岩变形，它必然要受到围岩给予的反作用力而发生变形。这种反作用力和围岩的松动压力极不相同，它是支护结构与围岩共同变形过程中对支护结构施加的压力，称为变形压力。

这种计算方法的重要特征是把支护结构与岩体作为一个统一的力学体系来考虑。两者之间的相互作用则与岩体的初始应力状态、岩体的特性、支护结构的特性、支护结构与围岩的接触条件以及参与工作的时间等一系列因素有关，其中也包括施工技术的影响。

由连续介质力学建立地下结构的解析计算法是一个困难的任务，目前仅对圆形衬砌有了较多的研究成果。典型的有史密德（H. Schmid）和温德尔斯（R. Windels）得出了有压水工隧洞的弹性解；费道洛夫（В. Л. Фёдоров）得出了有压水工隧洞衬砌的弹性解；缪尔伍德（A. M. Muirwood）得出了圆形衬砌的简化弹性解析解；柯蒂斯（D. J. Curtis）又对缪尔伍德的计算方法做了改进；塔罗勃（J. Talobre）和卡斯特奈（H. Kastner）得出了圆形洞室的弹塑性解；塞拉格（S. Serata）、柯蒂斯和樱井春辅采用岩土介质的各种流变模型进行了圆形隧道的黏弹性分析；我国学者也按弹塑性和黏弹性本构模型进行了很多研究工作，发展了圆形隧道的解析解理论，利用地层与衬砌之间的位移协调条件，得出圆形隧道的弹塑性解和黏弹性解。

4. 数值分析与信息反馈阶段

20 世纪 60 年代以来，随着计算机技术的推广和岩土介质本构关系研究的进步，地下结构的数值计算方法有了很大发展。有限元法、边界元法及离散元法等数值解法迅速发展，模拟围岩弹塑性、黏弹塑性及岩体节理面等大型程序已经很多，使得连续介质力学的计算应用范围得到扩大。这些理论都是以支护与围岩共同作用和需得知地应力及施工条件为前提的，比较符合地下工程的力学原理。然而，计算参数还难以准确获得，如原岩应力、岩体力学参数及施工因素等。另外，人们对岩土材料的本构模型与围岩的破坏失稳准则还认识不足。因此，目前根据共同作用所得的计算结果，一般也只能作为设计参考依据。

与此同时，锚杆与喷射混凝土一类新型支护的出现和与此相应的一整套新奥地利隧道设计施工方法的兴起，终于形成了以岩体力学原理为基础的、考虑支护与围岩共同作用的地下工程现代支护理论。

目前，工程中主要使用的工程类比设计法，也正在向着定量化、精确化和科学化方向发展。

地下工程支护结构理论的另一类内容，是岩体中由于节理裂隙切割而形成的不稳定块体失稳，一般应用工程地质和力学计算相结合的分析方法，即岩石块体极限平衡分析法。这种方法主要是在工程地质的基础上，根据极限平衡理论，研究岩块的形状和大小及其塌落条件，以确定支护参数。

此外，在地下工程支护结构设计中应用可靠性理论、推行概率极限状态设计研究方面也取得了重要进展。采用动态可靠度分析法，即利用现场监测信息，从反馈信息的数据预测地下工程的稳定可靠度，从而对支护结构进行优化设计，是改善地下工程支护结构设计的有效途径。考虑各主要影响因素及准则本身的随机性，可将判别方法引入可靠度范畴。

在计算分析方法研究方面，随机有限元（包括摄动法、纽曼法、最大熵法和响应面法等）、Monte-Carlo 模拟、随机块体理论和随机边界元法等一系列新的地下工程支护结构理论分析方法近年来都有了较大的发展。

从发展趋势看，新奥法开创的理论-经验-量测相结合的"信息化设计"体现了地下工程支护结构设计理论的发展方向。

1.2.3　地下工程施工技术发展

地下工程施工技术的发展是和国家经济发展相关联的。近年来，随着我国社会经济快速发展，城市化进程加快，地面交通增长十分迅猛，而修建水平满足不了发展的需要，造成了城市用地紧张，各种交通设施超负荷运转，交通事故、交通阻塞和交通公害等成为一大社会问题，阻碍了国家和地区经济的发展。因此，开发城市地下空间，规划和修建高水平的交通隧道（铁路隧道、公路隧道、地下铁道、越江隧道等），是解决上述交通问题的主要方法。

我国是拥有地下工程数量最多的国家，具有悠久的历史，在古代人们挖掘窑洞来居住，是最早的地下工程。我国具有一定工程规模的地下工程，根据考古研究发现，应是长沙的楚墓、洛阳的汉墓、明朝的定陵等。我国第一座用于交通的铁路隧道是 1887—1889 年修建在我国台湾，位于从基隆到台南的窄轨（1 067 mm）铁路线上，长 261 m 的狮球岭隧道。1907 年，我国杰出的工程师詹天佑先生，主持修建了第一座由中国人自己设计和施工的现代隧道——八达岭铁路隧道，长 1 091 m，目前该隧道还在运营。1949 年前，由于我国经济和技术落后，修建的地下工程数量很少，中华人民共和国成立后，地下工程建设有了较大的发展，尤其是改革开放以来，伴随我国经济的腾飞，地下工程施工技术有了飞跃，地下工程的建设得到大规模的发展。目前我国已具备在各种地质条件下修建地下工程的能力，地下工程施工技术水平在许多方面已步入世界先进水平。

地下工程施工技术水平的进步主要体现在：

（1）修建长大交通隧道方面，近年来修建的交通隧道越来越长，跨度越来越大，如新关角铁路隧道长 32 km，秦岭终南山公路隧道长 18.102 km，修建超过 20 km 的大跨隧道技术已十分成熟。我国已掌握了修建长大隧道的成套技术。

（2）在不良地质条件下修建隧道方面，已经积累丰富的工程经验和科技成果，取得了主动权。例如在青藏铁路的修建中，解决了在海拔 4 000 m、-40 ℃ 的高寒地区修建隧道的问题；在渝怀铁路的修建中，克服了大涌水的因素，修建了圆梁山隧道；1996 年建成的南昆铁路家竹箐隧道，克服了高瓦斯、高地应力、大涌水三位一体的困难，填补了我国高瓦斯、高地应力隧道施工技术的空白；在拉林铁路的修建中，面对高达 89.3 ℃ 的高岩温问题，采用加强通风供氧、制冷降温、多重防护等手段确保了桑珠岭高地温隧道的正常施工。这些充分说明我国能够在各种不良地质条件下修建隧道。

（3）地下工程开挖技术方面，在城市明挖地下工程修建中，形成了适应各种条件下的基坑敞口开挖、支挡开挖、地下连续墙、盖挖法的施工技术体系；暗挖钻孔技术由人力持钻钻进到支腿架钻，进而采用风动和液压的钻孔台车，目前，部分隧道已发展到采用机械凿岩台车为主的机械化开挖。近年来，非爆破机械开挖技术在我国得到长足的发展，隧道掘进机（TBM）和盾构机得到广泛的应用，如北京、上海、南京、广州和深圳的地铁就使用盾构修建部分区间隧道，水利建设更是大量使用盾构修建输水隧道，秦岭双线铁路隧道采用隧道掘进机修建其中一条隧道。

（4）支护和衬砌技术方面，从木支撑、钢支撑发展到锚杆和喷混凝土、格栅支护等广泛应用的技术；修建衬砌由砖石垒砌，到混凝土就地模注、锚喷柔性衬砌、喷射钢纤维混凝土衬砌等。

另外，以监控量测信息反馈指导施工，在我国地下工程施工中得到广泛的应用。

地下工程施工技术的发展,体现了地下建筑不占地面空间、抗震、隐蔽等优越性,扩大了地下建筑的应用范围,充分利用地下空间的途径已为各界人士所重视,许多地下工厂、地下仓库、地下核能设施、地下休闲设施、地下体育馆、地下废物处理、地下街、地下停车场、地下养殖场……相继出现在城市的规划和建设中。可以说,地下工程已经渗透到了国民经济建设的各个领域,成为人们活动的又一新空间。

我国地下工程施工技术的进步为大规模建设地下工程奠定了基础,取得了很大的成就。但是和国外先进技术和管理水平相比,我们还有许多需要学习的地方,许多问题有待研究解决,如怎样获取准确的地质勘查信息、施工中的超前地质准确预报、隧道施工的机械化配套技术、高强度衬砌技术、预制拼装衬砌研究应用、现代化施工管理技术等,都是需要我们认真解决的问题。

1.2.4　地下工程运营维护发展

过去人们主要重视地下工程的建设,而忽视地下工程运营后的维护,从而使得很多地下工程结构的耐久性不能满足相关的要求。随着各国对地下结构设计使用年限提出明确的要求,比如一般砖石材料砌筑成的隧道结构寿命一般为 70~80 年,而钢筋混凝土的隧道结构寿命可达 100 年。大量的地下工程从修建开始到运营之后接近或达到极限寿命,出现了不同程度的病害,为保证地下工程能够有效地发挥其使用功能,相应的运营维修技术取得了一定的发展。

以地下工程较为发达的日本铁路隧道为例,最早的铁路隧道已经服役超过 100 年,如东海道线的清水谷户隧道建于 1887 年,至今仍处于服役状态。很多隧道出现了混凝土开裂、渗漏水、剥落掉块、冻害、钢筋锈蚀、材料劣化以及过大变形等病害。20 世纪 70 年代以前,日本铁路运维采取"事后处治"为主,即出现问题后再停运进行集中整治。20 世纪 80 年代以后,随着老龄隧道的增多,养护费用逐年增加,以延长寿命为目标的"预防型"运维便成为基本体系,所有隧道的运营维护都必须遵照《铁路结构养护管理标准》,而检测技术多以人工目测与锤击听音检查为主。21 世纪以来,在基础设施运维方面,日本政府提出了以下战略技术发展方向:① 延长设施寿命的运维计划的制定方法;② 应用 ICT(Information Communications Technology)构建基础设施自动检查诊断系统;③ 维修加固的新材料和新工艺;④ 基础设施的综合管理系统。其中,结构加固工艺、碳纤维应用以及自动化检测技术等都已在实际运维中得到应用,发展了多种地下结构病害自动检查设备和管理系统。

中国的地下工程运维技术也是随着时代的发展不断前进的,21 世纪以前,对于地下工程结构病害的发现主要以目测加手动测量为主,运维技术水平相对落后。进入 21 世纪,随着国家经济实力不断增强,出现了越来越多的大型地下工程,相关的地下工程专业编制了各自的运维规范及技术标准。诸如《城市轨道交通隧道结构养护技术标准》《城市隧道养护技术规程》《公路隧道养护技术规范》《公路隧道运营安全技术》等,明确了地下工程运营维修的内容及频率。技术上利用数码摄像、激光扫描、红外线等非接触式无损检测方法,实现了隧道裂缝、漏水、剥落掉块等病害的无损自动检测。近年来,随着技术水平的提升,大数据、数字孪生、物联网、摄像测量、图像识别、红外热成像等现代化新技术的逐渐成熟,地下工程的运营维护逐渐走向了非接触式、信息化、自动化、智能化的道路。未来的地下工程运维技术发展方向是一体化运维技术,主要是以下 3 个方面:① 随着数字图像、激光激振等无损检测技术的成熟，以及高精度人工智能（AI）技术的发展，研制多功能一体化的检测系统；② 研发基于隧道结构及病害类型的、快速可靠的维修加固技术；③ 开发智慧运维管理系统进行隧道建设与运维数据信息的管理、性能与成本的评价预测以及养护方案的优化等。

1.2.5　地下工程防灾减灾发展

地下工程在施工及运营的过程中受到各种自然及人为灾害的影响，减少了结构寿命且严重威胁人员生命财产安全。其中，地震、火灾以及水灾的危害程度尤为巨大，近些年针对上述 3 种主要灾害，国内外进行了系统的研究，在防灾减灾理论、技术及材料等方面取得了一定的成绩。

在地震灾害防护方面，20 世纪 50 年代以前，国内外地下结构的抗震设计大多以日本提出的静力理论为基础来计算地下结构的地震作用力。20 世纪 60 年代初，苏联学者在抗震研究中将弹性理论用于地下结构，得出了地下结构地震作用的精确解和近似解，即拟静力法。20 世纪 60 年代末，美国通过地震惯性力与支护结构的相关性研究，提出了相应的抗震设计标准。20 世纪 70 年代，日本从地震观测资料着手，通过现场观测、模型试验等手段，在地下软土地基和成层地基环境下的地下结构抗震研究获得了重大进展。近 20 年以来，国内结合"汶川地震"造成的地下结构破坏，得出了不同防护结构下地下结构的动力响应与破坏模式。

在火灾防护方面，世界上许多国家很早就对地下工程火灾的理论和实际进行专门的研究，包括火灾高温对隧道结构、附属设施等的影响，以及火灾发生后地下结构的检修和加固研究工作。国际建筑学会在 1984 年成立了专门的研究小组（CIBW14）和委员会，例如 PCA、PCI、NEPA251 等。德国、瑞士、奥地利、法国等先后进行了大量的室内和火灾现场模拟试验。国内主要采用理论分析、试验和数值模拟相结合的方法，研究了隧道盾构管片接缝、管片-螺栓、管片-密封垫等在高温下的力学行为；21 世纪初，依托中国目前运营最长的公路隧道——秦岭终南山隧道，在西南交通大学建立了 1∶5 的隧道模型，对其火灾工况下的烟雾扩散规律以及温度场分布规律进行了系统研究。

在水灾防护方面，日本在 20 世纪 90 年代内涝灾害加重，通过分析日本福冈地区地下空间洪水的特点，建立了洪水扩散模型，明确了地下空间的进水速度与地面的积水深度存在一定关系；2004 年模拟了洪水在地下空间的水流特性，并分析了地下空间人员逃生等问题。

目前，我国采取"以防为主，以排为辅，截堵结合，因地制宜，综合治理"的原则，通过适当的洞口防灌措施和结构防水措施，避免了这类灾害发生。同时，利用地下工程防水新材料、新技术（可排水复合橡胶止水带、HDPE 防排水板、预铺高分子卷材、膨润土防水毯、喷涂速凝材料和电渗透系统等）来控制隧道渗漏水。

1.3　我国地下工程建设的主要成就

1.3.1　铁路隧道

1949 年中华人民共和国成立后，我国的铁路建设进入了新的发展时期。我国隧道建设大致可分为 4 个阶段，每个阶段均有显著的技术进步和突破。

1. 起步阶段

20 世纪 50 年代至 60 年代初，是我国第一代隧道工程建设时期。该阶段采用钻爆法施工，以人工和小型机械凿岩、装载为主，临时支护采用原木支架和扇形支撑。隧道施工基本无通风，由于技术水平落后，人员伤亡事故时有发生。

该阶段的主要标志性工程有位于川黔铁路上的凉风垭隧道，该隧道长度 4.27 km，于 1959 年 6 月贯通，首次采用平行导坑和巷道式通风，为长隧道施工积累了很宝贵的经验。

2. 稳定发展阶段

20 世纪 60 年代至 80 年代初，是我国第二代隧道工程建设时期。

该阶段代表性工程有位于京原铁路上的驿马岭隧道，全长 7.032 km，1967 年 2 月开工，1969 年 10 月竣工，也是这一时期修建的最长的隧道。这一时期施工机具的装备有了较大的改善，普遍采用了带风动支架的凿岩机、风动或电动装载机、混凝土搅拌机、空压机和通风机等。在成昆铁路的隧道施工中还采用了门架式凿岩台车和槽式运渣列车。

在隧道支护方面，采用了锚杆喷射混凝土技术，这是隧道施工技术的重要里程碑。由于主动控制了地层环境，较好地解决了施工安全问题。

1964 年，我国重点加强西南大三线建设，川黔、贵昆、成昆三线全面复工。这些铁路隧道比例大，开工隧道数量猛增，迎来了隧道建设的大发展。

成昆铁路工程浩大，举世瞩目，全线共有 425 座隧道，总延长 344.7 km，占线路长度的 31.6%，其中 2 km 以上的 34 座，3 km 以上的 9 座，成为控制工期的关键工程。沙木拉达隧道全长 6.379 km，线路标高 2 244 m，为成昆铁路最长与海拔最高的隧道。关村坝隧道全长 6.107 km，为成昆铁路第二长隧道，是北段控制铺轨的大门，为集中力量攻坚的重点工程之一，快速施工成为本隧道的主题，施工中创造了多项新纪录。岩脚寨隧道位于贵昆铁路安顺至六枝间，全长 2.715 km，隧道横穿贵州普定郎岱煤田的大煤山，共穿过 7 层煤层，厚度最大达 8.92 m，含三级瓦斯。这也是我国第一次穿越大量瓦斯的隧道。该隧道于 1965 年 10 月竣工，正式运营后情况良好。这也为以后瓦斯地层的隧道施工积累了经验。

经过 20 世纪 50、60 年代实践经验的积累，我国在 20 世纪 70 年代开始逐步学习国外的先进经验，引进国外的先进机具，逐渐形成一整套适用于我国的隧道施工技术。例如针对不同的地质条件采用不同的施工方法，对于长隧道则充分利用辅助坑道等有效措施，并形成了一套对付自然灾害的方法和措施，进入了隧道施工的主动时代。

3. 技术突破与创新阶段

20 世纪 80 年代中期至 90 年代中期，是我国第三代隧道建设工程建设时期。

作为我国隧道修建史的一个里程碑，衡广铁路复线的大瑶山双线隧道是这一时期最典型的代表，隧道全长 14.295 km，于 1987 年建成。这是我国 20 世纪最长的双线铁路隧道，名列世界第十。大瑶山隧道实现了大断面施工，该隧道施工模式逐渐成为我国长大隧道的修建模式。该成果于 1992 年获国家科技进步特等奖。

4. 高速发展阶段

20 世纪 90 年代中期至今，我国隧道修建技术达到了新的水平，已与世界接轨。

这一时期的标志性工程是位于西康铁路的秦岭隧道，全长 18.460 km。在该隧道施工中，采用了目前最先进的全断面隧道掘进机技术，即 TBM 技术。以该隧道技术的发展为代表，证明了我国隧道修建技术已达到世界先进水平，这是一个新的里程碑。

2014 年，青藏铁路（西格新增二线）新关角隧道建成通车，该隧道长度达 32.645 km，是当时中国已运营的第一长铁路隧道，同时也是当时世界最长高海拔铁路隧道，隧道平均海拔高度达到 3 300 m。

目前，我国铁路隧道在数量、总长度上已处于世界领先地位。根据相关统计，截至 2021 年底，中国铁路营业里程突破 15 万 km。其中投入运营的铁路隧道 17 532 座，长 2.105 5 万 km。中国已投入运营的高速铁路长度超过 4 万 km，共建成高速铁路隧道 3 971 座、长 6 473 km，其中长度大于 10 km 的特长隧道 91 座、长约 1 141 km。

1.3.2　公路隧道

我国的公路隧道建设起步较晚，在 20 世纪 80 年代前，因公路等级较低，同时受限于设计、施工及短期投资大等多种原因，隧道数量及总运营长度里程上较少。20 世纪 80 年代，首先在我国经济较为发达的东南沿海地区修建了超过 1 km 长的隧道，例如深圳的梧桐山隧道，长度超过 2 km，并首次在国内采用全横向通风。20 世纪 90 年代，公路的迅速发展对公路隧道提出了越来越高的要求，这期间比较有代表性的隧道为长 3.16 km 的成渝高速公路中梁山隧道。进入 21 世纪，随着经济及施工技术水平的提高，我国的公路隧道取得了日新月异的成果，其中以 2007 年通车的全长 18.02 km 的秦岭终南山公路隧道最为著名，此外运营通车的超长隧道还有 15.5 km 的秦岭天台山隧道、13.8 km 的米仓山隧道、13.6 km 的西山隧道、13.4 km 的新二郎山隧道等。同时，随着港珠澳大桥海底隧道的通车，标志着我国跨海隧道建设取得了突破性的进展。

截至 2021 年底，全国有公路隧道 23 268 处、24 698.9 km，增加 1 952 处、2 699.6 km，其中特长隧道 1 599 处、7 170.8 km，长隧道 6 211 处、10 844.3 km。

目前，中国已全面掌握钻爆、盾构、沉管等多种工法的公路隧道建设成套技术，代表性的工程为秦岭终南山隧道（钻爆法）、上海长江隧道（盾构法）、港珠澳海底隧道（沉管法）、珠海拱北隧道（管幕冻结暗挖法）等。

秦岭终南山公路隧道位于中国陕西省中部，线路全长 18.02 km，是我国自行设计施工的目前中国第一长运营公路隧道。上海长江隧道是连接浦东新区与崇明区的过江通道，是上海崇明越江通道重要组成部分之一，该隧道全长 8.955 km，为双向六车道。港珠澳大桥海底隧道全长 5.6 km，是目前世界最长的公路沉管隧道和唯一的深埋沉管隧道，海底部分约 5.664 km，由 33 节巨型沉管和 1 个合龙段接头组成，最大安装水深超过 40 m；该隧道也是当今世界上埋深最大、综合技术难度最高的沉管隧道。拱北隧道为港珠澳大桥珠海连接线的关键性工程，全长 2.74 km，为双向六车道，其为国内第一座采用管幕冻结暗挖法施工的隧道。

1.3.3　城市轨道交通、地下综合管廊及地下综合体

城市地下空间主要包括城市轨道交通、城市地下综合管廊、城市地下综合体等，随着经济的发展均取得了显著的成绩。

（1）在城市轨道交通建设方面，1965 年 7 月，北京开始修建第一条地铁，其线路沿长安街与北京城墙南缘自西向东贯穿北京市区，连接西山的卫戍部队驻地和北京站，采用明挖回填法施工，线路全长 23.6 km，并设置有 17 座车站和 1 座车辆段。该线路第一期工程于 1969 年 10 月 1 日建成，使得北京成为中国第一个拥有地铁的城市。天津市的第一条地铁（国内的第二条）于 1970 年开始建造，到 1984 年 12 月 28 日建成通车。上海地铁于 1990 年初开始建设，到 1993 年开通第一条线路，目前已经成长为世界上规模最大的地铁网络。截至 2021 年底，中国共有 50 个城市开通城市轨道交通（以下简称"城轨交通"）运营线路 283 条，运营线路总长度 9 206.8 km（统计数据暂不包括港、澳、台地区）。其中，地铁运营线路长度 7 209.7 km，占比 78.3%；其他制式城轨交通运营线路长度 1 997.1 km，占比 21.7%。当年新增运营线路长度 1 237.1 km。

（2）在城市地下综合管廊建设方面，城市地下综合管廊作为一种集约化的市政基础设施，可以有效地解决我国市政管线最初"马路拉链"施工造成的城市市容环境、空气环境破坏等问题。北京中关村地下综合管廊建设投资约 17 亿元，全长约 1.5 km。2019 年，住房和城乡建设部组织编制了《城市地下综合管廊建设规划技术导则》；同年，宁波市开始实施《宁波市市区地下综合管廊专项规划（2018—2035 年）》，目前宁波市在建、已建地下综合管廊项目 12 个，总长 43.3 km，市区近远期共规划建设管廊百余千米。

（3）在城市地下综合体建设方面，中国许多城市结合地铁建设、旧城改造、新区建设构建了大型城市地下综合体，提高了土地集约化利用水平，解决了城市交通和环境等问题。2015 年，昆明在中心城区范围选择 11 个区域作为大型地下综合体和地下商业街的主要建设区域，9 个区域作为大型下沉式广场的重点布局区域，预计到 2030 年，地下空间开发量将相当于城市建筑总量的 15% 以上。此外，北京奥运中心区，上海世博园区、火车南站、五角场，广州珠江新城，杭州钱江新城波浪文化城等，这些项目规模都在 10 万 m² 以上，开发层数 3～4 层，集交通、市政、商业于一体，内部环境优越，地上地下协调一致。据不完全统计，目前国内建成面积超过 10 000 m² 以上的地下综合体数量在 300 个以上，20 000 m² 的近百个。

1.3.4　地下水电站

我国地下水电站也走过了漫长的发展历程，目前仍在大步前进中。中国最早的地下水电站是 1941 年在贵州桐梓建造的天门河水电站，于 1945 年 5 月投产发电，它也是我国首个使用调速装置的水电站。1951 年，在福建古田县开始建造我国第一座地下水电站——古田溪一级水电站，装机 6.2 万 kW，1951 年 3 月开工，1956 年 3 月首批机组发电，1973 年 12 月竣工。

而目前我国已建成的最大地下水电站为三峡地下电站，其位于湖北省秭归县，规模相当于 1.5 个葛洲坝水电站，隐藏于右岸大坝"白石尖"山体内，主要建筑物分为引水系统、主厂房系统、尾水系统 3 大部分。三峡水利枢纽地下电站的首台机组于 2011 年 5 月 24 日零时正式并网发电，这也标志着中国在利用长江汛期弃水发电方面实现了"零的突破"。2012 年 7 月 13 日，三峡电站机组（图 1-1）首次实现满负荷发电，全场机组日均发电量为 5.4 亿 kW·h。

图 1-1　三峡地下水电站机组

📝 思考题

1. 简述地下工程的概念及特点。

2. 地下工程如何分类？

3. 地下工程支护结构计算理论的发展可以分为哪几个阶段？

4. 列举地下工程发展历程中取得的主要成就。

参考文献

[1] 关宝树，杨其新. 地下工程概论[M]. 成都：西南交通大学出版社，2001.

[2] 王树兴，于香玉，崔建. 高速公路隧道智能监控管理技术[M]. 重庆：重庆大学出版社，2019.

[3] 贺少辉. 地下工程[M]. 北京：清华大学出版社，北京交通大学出版社，2008.

[4] 张庆贺. 地下工程[M]. 上海：同济大学出版社，2004.

[5] 徐辉，李向东. 地下工程[M]. 武汉：武汉理工大学出版社，2009.

[6] 张庆贺，朱合华，庄荣. 地铁与轻轨[M]. 北京：人民交通出版社，2003.

[7] 马桂军，赵志峰，叶帅华. 地下工程概论[M]. 北京：人民交通出版社，2018.

[8] 郭院成. 城市地下工程概论[M]. 郑州：黄河水利出版社，2014.

[9] 郑刚. 地下工程[M]. 北京：机械工业出版社，2010.

[10] 朱永全，宋玉香. 隧道工程[M]. 北京：中国铁道出版社，2015.

[11] 中铁二院工程集团有限公司. 铁路隧道设计规范：TB 10003—2016[S]. 北京：中国铁道出版社，2017.

[12] 郭春. 地下工程通风与防灾[M]. 成都：西南交通大学出版社，2018.

[13] 蒋树屏，林志，王少飞. 2018 年中国公路隧道发展[J]. 隧道建设（中英文），2019，39（7）：1217-1220.

[14] 田四明，王伟，巩江峰. 中国铁路隧道发展与展望（含截至 2020 年底中国铁路隧道统计数据）[J]. 隧道建设（中英文），2021，41（2）：308-325.

第 2 章　地下工程规划设计

 学习目标

1. 掌握国土空间规划的分类分级及规划编制的主要流程。
2. 熟悉地下工程规划与国土空间规划的关系，掌握地下工程规划编制的流程及主要内容。
3. 了解地下工程规划的案例。

2.1　国土空间规划的概念及分级

规划是个人或组织制定的比较全面长远的发展计划，是对未来整体性、长期性、基本性问题的思考和考量，设计未来整套行动的方案。国家发展规划通常指五年规划（全称：中华人民共和国国民经济和社会发展五年规划纲要），它是中国国民经济计划的重要部分，属长期计划。

土地是人类不可或缺的最重要的自然资源，合理的国土空间规划是社会经济可持续发展的重要保障。国土空间规划分为五个级别，分别为国家级、省级、市级、县级、乡镇级，其中国家级规划侧重战略性，省级规划侧重协调性，市县级和乡镇级规划侧重实施性。土地利用总体规划的规划期限由国务院规定。规划的目标年限一般为 15 年，近期目标年限为 5 年，远景展望为 30 年。国土空间规划是推进区域协调发展和新型城镇化，使得国家发展规划的目标得以落地的重要手段。

从规划层级和内容类型来看，可以把国土空间规划分为"五级三类"，见图 2-1。

总体规划	详细规划		相关专项规划
全国国土空间规划			专项规划
省级国土空间规划			专项规划
市级国土空间规划			专项规划
县级国土空间规划	（边界内）详细规划	（边界外）实用性存在规划	专项规划
乡镇级国土空间规划			专项规划

图 2-1　国土空间规划体系

"五级"是从纵向看，对应我国的行政管理体系，分五个层级，就是国家级、省级、市级、县级、乡镇级。不同层级的规划体现不同空间尺度和管理深度要求。国家和省级规划侧重战略性，对全国和省域国土空间格局作出全局安排，提出对下层级规划约束性要求和引导性内容；市县级规划承上启下，侧重传导性；乡镇级规划侧重实施性，实现各类管控要素精准落地。

"三类"是从横向看，指总体规划、详细规划和相关专项规划，总体规划与详细规划、相关专项规划之间体现"总—分关系"。其中，国土空间总体规划是对行政辖区范围内国土空间保护、开发、利用、修复的全局性安排，强调综合性；详细规划在市县及以下编制，强调可操作性，是对具体地块用途和强度等作出的实施性安排，是开展国土空间开发保护活动、实施国土空间用途管制、核发城乡建设项目规划许可、进行各项建设等的法定依据；相关专项规划可在国家、省、市、县层级编制，强调专业性，是对特定区域、特定领域空间保护利用的安排。国土空间总体规划是详细规划的依据、相关专项规划的基础；详细规划要依据批准的国土空间总体规划进行编制和修改；相关专项规划要遵循国土空间总体规划，不得违背总体规划强制性内容，其主要内容要纳入详细规划。三类规划的编制流程大致分为六个阶段，包括：前期工作阶段、规划草案/大纲阶段、成果编制阶段、论证报批阶段、数据建库阶段和平台建设阶段。

2.2 地下工程规划

随着城市化进程的发展以及人们对地下空间特性的不断认识，地下工程开发和建设规模不断增大。在地下工程建设开发的过程中，往往需要在地下工程相关规范和标准的要求下开展，以达到引领地下空间建设，同时协调地面、地下空间建设容量的目的。因此，地下工程规划涉及交通、水利、城市建设等多个专业，属于国土空间规划的内容。

2.2.1 地下工程规划的意义及内容

地下工程规划是既有国土空间规划概念在地下空间开发利用方面的沿袭，也是对地下空间资源开发利用活动的有序管控，是合理布局和统筹安排各项地下空间功能设施建设的综合部署，是一定时期内地下空间发展的目标预期，也是地下空间开发利用建设与管理的依据和基本前提。

《城市地下空间规划标准》（GB/T 51358）规定："城市地下空间规划的阶段划分应与城市规划阶段相对应"。因此，地下工程规划体系可分为地下工程总体规划、地下工程详细规划、地下工程专项规划。其中，地下工程总体规划工作的基本内容是根据总体规划的空间规划要求，在充分研究区域自然、经济、社会和技术发展条件的基础上，制定地下空间发展战略，预测地下工程发展规模，选择地下工程空间布局和发展方向，按照工程技术和环境的要求，综合安排各项地下工程设施，提出近期控制引导措施，与上位总体规划形成整体，成为政府进行宏观调控的依据。因此，规划年限与城市总体规划一致，通常远期规划为 20 年，近期规划为 5 年。

地下工程总体规划是国土空间总体规划在地下的延伸，在编制内容方面主要包括：规划背景及规划基本目的、规划编制范围以及规划年限、地下工程建设可行性分析、地下空间规划目标和规模、地下空间管制区划及分区管制措施、地下空间总体发展结构及布局、地下空间生态环境保护规划以及地下空间规划实施保障机制等。

2.2.2 地下工程规划编制流程

地下工程规划的编制流程大致分为 5 个阶段，各阶段的主要工作和阶段成果具体如下：

1. 前期工作阶段

成立地下工程规划编制工作领导小组和办公室，落实技术协作单位和工作经费，完成规划编制工作方案、开发保护现状评估、"双评价"（从土地/海洋资源、水资源、生态、环境、灾害等自然要素角度，对自然资源禀赋和生态环境本底进行资源环境承载能力评价，包括陆域评价、海域评价、陆海统筹评价；对陆域国土的城镇建设、农业生产适宜程度和海域国土的渔业用海、港口航运用海、工业用海的适宜程度进行国土空间开发适宜性评价）和专题研究。

阶段成果：

（1）现行空间规划实施评估报告及附图；

（2）资源环境承载能力和地下空间开发适宜性"双评价"成果报告及附图。

2. 规划草案/大纲阶段

在资料收集、规划实施评估、"双评价"和专题研究基础上，编制规划大纲成果，明确地下工程规划指导原则、战略定位、主要目标、总体格局、实施措施，报同级人民政府审核。

阶段成果：

（1）地下工程总体规划草案/大纲；

（2）地下工程总体规划草案/大纲说明；

（3）地下工程总体规划草案/大纲图件（含现状图、分析图、规划图 3 类图件）。

3. 成果编制阶段

根据审核通过的规划大纲，编制规划文本、规划说明、规划图集初稿和报批稿，明确国土空间规划战略与目标，提出地下空间布局优化方案和时序安排。

阶段成果：

（1）地下工程总体规划文本；

（2）地下工程总体规划说明；

（3）地下工程总体规划图集。

4. 论证报批阶段

采取多种方式广泛征求社会公众意见，组织有关专家对规划方案进行论证。经专家论证、听证、征求意见、合法性审查后，综合各方面意见，完善规划成果。规划成果经同级人大常委会审议后，报有批准权的上级人民政府批准，然后公布实施。

5. 数据建库阶段

按照地下工程规划数据库建设要求，采集、整理、集成规划的矢量数据和属性数据，将规划成果纳入数据库。

2.3 地下工程规划设计主要内容

地下工程涉及的领域较为广泛，如交通、水利水电、国防等，从功能分类主要有交通隧道工程、城市综合管廊、地下街和地下商业综合体、人防工程等。本书主要以城市轨道交通地下工程和山岭隧道工程为例，对地下工程规划与设计做详细介绍。

2.3.1 城市轨道交通地下工程

城市正逐渐向着以人为本、环境优美、交通便利、资源合理使用、人与自然协调、可持续发展的生态型城市发展，而轨道交通低污染、低能耗、容量大、速度快、可达性好等特点是公共交通的优选方式。

城市轨道交通规划则是在城市交通规划的基础上，科学分析客流发展趋势和不同交通方式在未来城市中的发展比例，同时结合城市的自然地理条件，合理规划路网，确定轨道交通发展规模并制定相应的实施对策以及交通政策，为城市轨道交通的发展铺画蓝图。

根据《城市轨道交通线网规划编制标准》（GB/T 50546），城市轨道交通线网规划应确定城市轨道交通线网的规模和布局，并应提出城市轨道交通设施用地的规划控制要求，城市轨道交通线网规划的规划范围应与城市总体规划的规划范围一致，且与城市总体规划的年限一致，同时应对远景城市轨道交通线网布局提出总体框架性方案。因此，城市轨道交通规划原则上可分为 2 个阶段，即：城市轨道交通战略规划阶段（20~30 年），城市轨道交通项目规划阶段（5~10 年）。

由于各城市的自然地理环境、居民出行习惯都不尽相同，因此轨道交通线路的规划也存在差异，但共同点在于充分利用自然条件，最大限度发挥轨道交通的能力。轨道交通线路网基本模式有放射型线路和环状线路以及两者的组合。线路规划应考虑能与其他公共交通方式以及城市间铁路、航空、水运换乘便利，衔接紧密。

通常，城市轨道交通线网规划包括下列主要内容：① 城市和交通现状；② 交通需求分析；③ 城市轨道交通建设的必要性；④ 城市轨道交通功能定位与发展目标；⑤ 线网方案与评价；⑥ 车辆基地规划；⑦ 用地控制规划。

根据轨道交通线网组成，主要分为车站和区间这两类节点工程和线路工程。按照和地面相对关系，可以将城市轨道交通分为地下工程、地面工程和高架工程。

城市轨道交通运营列车是沿固定轨道调整运动的物体，它需要在特定的空间中运行，根据各种参数和特性，经计算确定的安全空间尺寸，称为限界。限界越大，安全度越高，但工程量和工程投资也随着增加。所以，确定一个既能保证列车运行安全，又不增大隧道空间的经济、合理的断面是制定限界的首要任务和目的。

限界的主要内容包括限界的坐标系、车辆轮廓线、车辆限界、设备限界以及建筑限界。地铁限界包括车辆限界、设备限界、建筑限界。

车辆横断面外轮廓线作为确定车辆限界和设备限界的依据，是车辆设计和制造的基本依据。车辆限界是指车辆最外轮廓的限界尺寸，应根据车辆的轮廓尺寸和技术参数，并考虑其静态和动态情况下所能达到的横向和竖向偏移量，按可能产生的最不利情况进行组合。设备限界是指线路上各种设备不得侵入的轮廓线，它是在车辆限界的基础上再计入轨道出现最大允许误差时引起的车辆偏移和倾斜等附加偏移量，以及在设计、施工、运营中难以预计的因素在内的安全预留量。建筑限界即是指行车隧道和高架桥等结构物的最小横断面有效内轮廓线。在建筑限界以内、设备限界以外的空间，应能满足固定设备和管线安装的需要，还需考虑其他误差、测量误差、结构变形等。

为满足列车运行要求，在城市轨道交通地下工程规划中，主要包括线网规划和地下车站的规划。其中，线网规划包括线网规模、线网形状等，车站规划包括站位确定、车站规模以及纵剖面设计等内容。

1. 地下线平面位置

地铁位于城市规划道路范围内，是常用的线路平面位置，其对道路范围以外的城市建筑物干扰较小。图 2-2 是地铁线路的 3 种典型位置示意图。

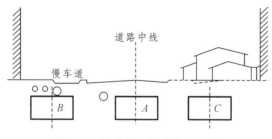

图 2-2　轨道交通线路位置示意

A 位：线路位于道路的中心，对两侧建筑物影响较小，地下管网拆迁较少，有利于地铁线路取直，减少曲线数量，并能适应较窄的道路宽度。其缺点是当采用明挖法施工时，会破坏现有的道路路面，对城市交通干扰很大。

B 位：线路位于慢车道和人行道下方，能减少对城市交通的干扰和对机动车路面的破坏，但对地下管网的改移难度较大。

C 位：线路位于待拆的已有建筑物下方，对现有道路及交通基本上无破坏和干扰，且地下管网也极少，但房屋拆迁及安置量大，只有与城市道路改造同步进行时才十分有利。

在特定的条件下，地下线路可设置于道路范围之外以达到缩短线路长度、减少拆迁和降低工程造价的目的。这些条件是：

（1）地质条件好，基岩埋深很浅，隧道可以用矿山法在建筑物下方施工。

（2）城市非建成区或广场、公园、绿地（耕地）。

（3）旧城市中的老街坊改造区，可以同步规划设计，并能按合理施工顺序施工。

除上述条件外，若线路从既有多层、高层房屋建筑下面通过时，不但施工难度大，并且造价高昂，选线时要尽量避免。

为了确保地下线施工时地面建筑物的安全，地铁与地面建筑物之间应留有一定的安全距离。它与施工方法和施工技术水平有密切关系。采用明挖法施工时，其距离应大于土层破坏棱体宽度。

线路位置比选包括直线位置和曲线半径比选，比选内容主要有：线路条件（线路长度、曲线半径、转角）、拆迁物（房屋、管线、道路及交通便道面积等）、地铁主体结构施工方法。对于小半径曲线，在拆迁数量、拆迁难度、工程造价增加不多的情况下，宜推荐较大半径的方案，若半径大于或等于 400 m，则不宜增加工程造价来换取大半径曲线。除此之外，还应综合分析评价施工的难易程度、安全度、工期、质量保证以及对环境的影响等方面。

2. 车站站位选择

城市轨道交通地下车站的站位选择原则为：方便乘客使用，与城市道路网及公共交通网密切结合，旧城房屋改造和新区土地开发结合，兼顾各车站间距离的均匀性。

线路不论是设置在地下、高架或地面，其双线的左线与右线一般并列于同一街道范围内。在左右线并列条件下，依照两线间距离的大小和轨面高程有各种不同的组合形式，常见的地下线设置有如图 2-3 所示的几种形式。

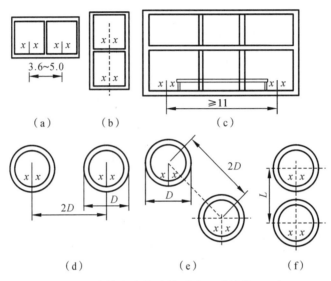

图 2-3　地铁左右线路关系（尺寸单位：m）

3. 线路纵断面设计

线路的纵断面位置即埋深位置，城市轨道交通的埋深是指线路的轨面到地面的距离。一般埋深越小越经济，施工越容易，但埋深也受不良地质现象、技术条件、已有地下管线、建筑物基础和其他地下工程等的制约。

（1）一般原则。

① 纵断面设计要保证列车运行的安全、平稳及乘客舒适，高架线路要注意城市景观，坡段应尽量长。

② 线路纵断面要结合不同的地形、地质及水文条件，地下建筑物与基础情况以及线路平面条件等进行合理设计，并结合线路敷设方式与埋深、隧道施工方法，力求方便乘客和降低工程造价。必要时，可建议变更线路平面及施工方法。

③ 线路应尽量设计成符合列车运行规律的节能型坡道。车站一般位于纵断面的高处，区间位于纵断面低处。除车站两端的节能坡道外，区间一般宜用缓坡，避免列车交替使用制动和给电牵引。

（2）最大坡度。

正线最大坡度是线路的主要技术标准之一，它对线路的埋深、工程造价及运营都有较大的影响，因此合理确定线路最大坡度具有很重要的意义。

① 区间线路。

地铁线路因排水的需要和各站台线路的高程不同，需要设置坡度，线路的坡度用千分率表示。而地下铁道线路纵断面的最大坡度值，不包含曲线阻力、隧道内空气阻力等附加当量坡度，与我国市际铁路设计中的限制坡度值有区别。

地铁列车为了适应小站距的频繁启动、制动，具有良好的动力性能，一般采用全动轴或2/3动轴列车，启动加速度要求达到 1 m/s² 及以上。地铁由于高密度行车和大运量，为保证行车安全与准点，设计原则要求列车在失去部分（最大可达到一半）牵引动力的条件下，仍能用另一部分牵引动力将列车从最大坡上启动。因此，最大坡度阻力及各种附加阻力之和不宜大于列车牵引力的一半。

各段线路上的坡度应该满足下列要求：正线的最大坡度宜采用 30‰，困难地段可采用35‰。辅助线的最大坡度不宜大于 40‰，但均不包括各种坡度折减值。

② 车站线路。

车站乘降站台范围内的线路坡度最好为平坡。考虑到纵向排水沟坡度，规范规定宜采用2‰，困难地段 3‰。考虑到自然排水需要，要确保可能的最缓坡度（2‰）。

③ 其他线路。

折返线或存车线的坡度最好为平坡，但是地下折返线为解决排水需达到 2‰ 的坡度，并朝车挡方向为下坡。联络线及车辆段出入线路，地铁设计规范规定最大坡度值不宜大于 40‰。

（3）最小坡度。

由于排水的需要，规范规定坡度不宜小于 3‰，困难地段在保证排水的条件下，可采用小于 3‰ 的坡度。

（4）坡段长度。

线路纵坡长度不小于远期列车长度，还应满足两相邻竖曲线间的夹直线坡段长度不宜小于 50 m。

（5）坡段连接及竖曲线。

在坡道与坡道、坡道与平道的交点处，发生变坡，列车通过变坡点时会产生附加加速度 a_r，车钩应力将发生变化。为了保证变坡点处列车顺利通过，减少车钩的应力变化，当两相邻坡段的坡度代数差等于或大于 2‰ 时，应设圆曲线形的竖曲线。

竖曲线半径 R_r 与 V 和 a_r 的关系式为：

$$R_r = \frac{V^2}{3.6^2 \times a_r} \tag{2-1}$$

式中：V——行车速度（km/h）；

　　　a_r——列车通过变坡点产生的附加加速度（m/s²）；一般情况下 $a_r = 0.1$ m/s²，困难情况下取 $a_r = 0.17$ m/s²。

竖曲线不得进入车站乘降台范围及道岔范围，并且离开道岔端部距离不应小于 5 m。

除了设计原则与标准、埋设方式、线路平面条件和结构类型外，下列因素也是影响纵断面设计的主要因素，须在设计过程中逐一考虑。

（6）覆土厚度。

在浅埋地下线中，往往希望隧道结构尽量贴近地面，但受各种因素限制，需要确定最小覆土厚度。地铁隧道结构顶板顶部（防水保护层外）至地表面间的最小厚度，除应考虑通过地下的管道及构筑物的要求外，还应根据下列因素来确定：

① 当地下线位于道路下方时应考虑道路路面铺装的最小厚度要求，可与城市规划及市政部门协商，一般为 0.2 ~ 0.7 m。

② 当地下线位于城市公园绿地内时，考虑植被的最小厚度要求，可与城市规划及园林部门协商，一般草坪为 0.2 ~ 0.5 m，灌木为 0.5 ~ 1.0 m，乔木为 1.5 ~ 2.5 m。

③ 在寒冷地带应考虑保温层最小厚度要求，可与通风供暖专业人员协商。

④ 当地下线位于经常水面下方时，可与隧道专业人员协商隔水层厚度要求，其厚度一般为 1 m 左右。

⑤ 当地下铁道作为战时人防工程时，应考虑防空工程的最小覆土要求。

（7）地下管线及构筑物。

一般以改移地下管线较为适宜。工作中多与市政有关部门协商。下水管线与地下线纵断面设计之间的矛盾最突出，也是纵断面设计的重点。

地铁车站（包括车站出入口、通风道等）上方的地下管线，其横越管线宜改至车站两端区间，平行管线宜平移出车站范围，减小车站埋深。即使改移管线在经济上不太合算，也宜改管线，以方便乘客出入和节省运营费用。只有地下管线无法改移时，才考虑地铁车站加大埋深或移动站位。

当地下隧道结构以明挖法通过地下管线或地下构筑物时，隧道与管道（构筑物）之间是否留土层，应根据地铁隧道结构受力要求确定，若无要求，可以不留土层，甚至两者共用结构。但下水管线应有严格防水措施，严防污水渗入地铁隧道结构内。对于大型管线或地下构筑物，应考虑隧道结构施工及管道悬吊施工操作的需要。

当地下隧道以暗挖法通过地下构筑物、楼房基础（包括基础桩）时，两结构物之间应保持必要的土层厚度，其最小厚度视地层条件确定，如上海地铁即按 2 m 考虑。

（8）地质条件。

当地下线路遇到不良地质条件时，如淤泥质黏土及流沙地层时，应尽量考虑躲避或环绕的方式，若躲避有困难时，应采取可靠的工程措施，如采用冻结法施工等。

（9）施工方法。

当地下线采用明挖法时，为减少土方开挖量，车站与区间线路埋深越浅，越节省工程造价，线路纵断面主要坡形是车站位于低位，区间位于高位，即所谓凹形坡。当采用暗挖法时，一般应选择在地质条件良好的深地层，线路纵断面主要是凸形坡，车站位于纵断面高处，而区间位于纵断面低处。

（10）排水站位置。

地下线排水站主要是排除隧道结构渗漏水和冲洗水，设于线路纵断面的最低点。在困难条件下，允许偏离不超过 10 m。排水站位置受很多因素制约，为了检修方便，区间排水站的出水口位置选择往往要求与区间横通道结合在一起。车站端部排水站受车站平面布置制约，至车站中心的距离往往是定数，因此纵断面设计要考虑排水站的位置设置。

（11）桥下净高。

当地铁线路采用地面高架线时，桥下净高最小值受通行的车船高度控制，按铁路、道路、航运有关规范执行，一般为 2.5 ~ 6.5 m。

（12）防洪水位。

在有洪水威胁的城市中修建地铁时，纵断面设计要满足防洪要求。地面线路基和地下线的各种地面出口应按100年一遇的洪水位设计，若城市防洪能力已达到100年一遇的标准时，可以不考虑。但地下线的各种地面出口尚应考虑紧急防洪措施，以抵御更高的洪水位，确保地下线不受洪水威胁。

2.3.2 山岭隧道工程

铁路、公路隧道是山区线路穿越山岭时用来克服高程障碍的一种建筑物，是整条线路的组成部分。同迂回绕线的方法相比，隧道往往可以缩短线路长度、改善线路的平纵断面以及日后的运营条件。隧道的位置与线路是互为相关的。在一般情况下，当一段线路的方案比选一旦确定以后，区段上中、短隧道的位置一般依从于线路的位置大体决定，最多是在上、下、左、右很小幅度内做些小的移动。但是，如果隧道很长、工程规模很大、技术上也有一定的困难，属于本区段的重点控制工程，那么这一区段的线路就得依从于隧道所选定的最优位置，然后线路以相应的展线到隧道的位置。所以，隧道位置的选定应与线路的选定同时考虑，不可分开，因此应满足以下4个主要原则：

（1）隧道工程线路走向要满足上位总体规划的基本要求。

隧道工程的线路走向应遵循国土空间总体规划、路网交通规划等上位规划的基本要求。

（2）隧道工程应选择地形、地质和水文条件较有利的条件通过，尽量避开不良地质区域。

隧道位置应该尽量避开不良地质区域，包括岩堆、滑坡、崩塌、泥石流、高地温（如40～50 ℃的潮湿地层）、地下富水（如每昼夜数千甚至上万吨的流量）、溶洞、瓦斯等。当不得不通过一些稳定性差或不良地质地段时，应具备充分的理由和可靠的工程措施。

（3）隧道洞口定位应遵循"早进晚出"原则。

隧道洞口段围岩一般比较破碎、地质条件较差，隧道洞口段大量刷坡（利用人工或机械对坡脚进行处理），容易造成山体局部滑动、坍塌。适当延长洞口和隧道的长度，避免对山体大挖大刷，有时选择零开挖进洞，降低工程风险，同时保护原有的生态地貌。

（4）隧道平面线形设计应尽量采用直线。

曲线上的隧道往往需要加宽断面，增大工程量，同时增大工程建设难度。此外，曲线隧道自然通风环境条件差，后期运营费用高、维护难度大。当不得不采用曲线隧道时，应具备充分的理由和可靠的工程措施。

在规划内容方面，主要包括隧道位置选择、隧道洞口位置的选择、隧道线形设计以及接线等方面。

1. 隧道位置选择

确定路线时，通常在多个路线方案中，根据地形图和各种调查资料，进行技术、经济比较之后，最后确定一条路线。如果路线（包括隧道）长度较长且起终点间地形、地质条件比较复杂，为提高精度，可先在1：50 000～1：25 000的地形图上进行大范围的选择，找出所有可能的路线方案，然后在1：5 000的地形图上比选确定。如果路线短且工程简单，可以直接在1：5 000的地形图上选择。

在1：50 000～1：25 000地形图上比选时，为了明确路线是否经济，技术上是否可行，是否符合工程实际，可参考已有的地质等资料，在地形图上徒手描绘大概的平面线形图，判断隧道位置和规模，对所有可能的路线方案进行比较，估算建设费用，去掉一些明显没有进一步比较价值的路线方案，选出下一步所需进一步比较的路线方案；然后在 1∶5 000 地形图上研究路线控制点，拟订几条比较路线的平面线形、纵坡，使其与交通安全、地形地物协调，并确定出线形指标好、工程造价低的线路。

采用隧道方案时，尤其是长大隧道通风、照明及养护管理费用较大，应当综合考虑。在确定隧道位置时，要考虑到路线的特性，与前后线形的衔接，地形地质条件对施工难易程度的影响等，洞口附近应特别加以注意。为了确保视距，隧道平面线形应采用直线或大的不设超高的平曲线半径。隧道的长度大时，考虑通风的影响，需要将纵坡控制在一定范围内。引线和隧道连接应当协调，出口引线要避免急弯和纵坡的改变。在高寒地区，应考虑降雪对安全运营和管理影响，在确定隧道标高时应尽可能降低。在村镇附近或在重要的自然环境保护区及其附近设置隧道时，需考虑环境保护，研究噪声和排出的污染气体对环境的影响。

2. 隧道洞口位置选择

隧道方案的选择和设计与地形、工程地质、水文地质和洞口地形等自然条件密切相关。一般而言，它是隧道方案主要考虑的问题，只要充分考虑了沿线地形、工程地质和洞门位置间的内在联系，分清主次，统筹研究，就可选择出理想的隧道线路位置和进出口位置。除上述自然条件外，还考虑施工工期要求、线路技术条件、造价、施工技术水平，覆盖土少的隧道上有无房屋、道路、既有隧道、水库、沟渠等结构物存在，或者洞口是否接近房屋、道路、既有隧道、水库、沟渠等社会因素。

根据隧道轴线与地形等高线的关系，一般分为图 2-4 所示 5 种位置关系。

（1）坡面正交型。

坡面正交型是最理想的隧道轴线和坡面的位置关系，但当隧道洞口位于坡面中部时，在施工上就必须特别注意便道与线路的关系。

（2）坡面斜交型。

当隧道轴线斜向穿过坡面时，就形成非对称的开挖边坡和洞口，如果为顺坡向岩且有偏土压作用，就必须考虑偏土压的对策。

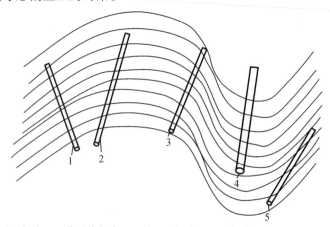

1—坡面正交型；2—坡面斜交型；3—坡面平行型；4—尾部进入型；5—深入谷地型。

图 2-4　隧道轴线与地形等高线的关系

（3）坡面平行型。

对于过大的斜交，若通过较长的山间，山坡侧的覆盖土就会变得相当少，就必须特别考虑偏土压。这种位置关系常发生问题，应尽量避免。

（4）尾部进入型。

一般适用于稳定围岩，但为断层侧丘时，其背后多有断层。

（5）深入谷地型。

一般是岩堆等未固结的堆积层，比较厚，地下水位高，易发生泥石流、雪崩等灾害。

根据上述分类，洞口位置最好选择坡面正交型、尾部进入型。不得已时，可选择坡面斜交型。应尽量地避免坡面平行型和深入谷地型。

3. 隧道几何设计

隧道由主体建筑物和附属建筑物两部分组成。主体建筑物包括洞门和洞身衬砌，以及由于地形地质情况而需要在洞口地段接长的明洞。附属建筑物包括通风、照明、防排水、安全设备、电力、通信设备等。

主体建筑物是从几何和结构两方面进行研究的。在结构方面，对洞门和洞身衬砌这些结构物总的要求是：用最小的投资、尽可能少的外来材料以及合理的养护力量，对于公路隧道，使它们能在围岩压力和汽车行驶所产生的各种力的作用下，在设计年限内保持使用质量。隧道的几何设计研究的范围，主要是汽车行驶与隧道各个几何元素的关系，以保证在设计速度、预计交通量以及满足通风、照明、安全设施等条件下，行驶安全、经济、旅客舒适以及隧道美观等。因此，在隧道几何设计时，把隧道中心线解剖为隧道的平面、纵断面及净空断面来分别研究处理。

（1）隧道的平面设计。

隧道平面是指隧道中心线在水平面上的投影。隧道是线路的一个组成部分，因此，隧道的平面线形除应满足《公路工程技术标准》（JTG B01—2014）规定外，还应考虑到由于隧道内的运营和养护条件比洞外明线差的特点，应适当提高线形标准。例如隧道平面线形原则上采用直线，避免曲线。当线路必须设置曲线时，其半径也不宜小于不设超高的圆曲线最小半径，该限制值应区分铁路隧道和公路隧道，按相关标准选用。

如果采用小半径曲线，会产生视距问题。为确保视距，势必要加宽断面，这样相应地要增加工程费用，断面加宽后施工也变得困难，断面不统一。设置超高时，也会导致断面的加宽。曲线隧道即使不加宽，在测量、衬砌、内装、吊顶等工作上也会变得复杂。此外，曲线隧道增加了通风阻抗，对自然通风很不利。是否设置曲线，应根据隧道洞口部分的地形地质条件及引道的线形等进行综合考虑决定，如沿河（溪）线的傍山隧道穿过山嘴、原设计为直线的隧道、在施工中遇到溶洞时均应考虑曲线隧道设置所带来的设计问题。

（2）隧道纵断面设计。

隧道纵断面是隧道中心线展直后在垂直面上的投影。

隧道纵坡对施工作业安全及工程费用有影响，计划时应考虑到这个问题。纵坡变更处应根据视距要求设置竖曲线，其半径和竖曲线的最小长度应符合相关专业的要求。通常情况下，隧道内线路设置为单面坡或人字坡，也有设置 V 形纵坡的。一般单向坡多数出现在越岭线路的展线及沿河（溪）线隧道中，单向坡隧道对运行时通风排水有利，尤其是下行单向隧道通风条件较好，但在上方洞施工困难，特别在有较大地下水时更困难。人字坡常出现在越岭隧道中，人字坡有利于从两端施工时的出渣和排水，但对运营通风不利。V 形坡一般出现在水下隧道或城市道路隧道中。

控制隧道纵坡要考虑的主要因素之一是通风问题，一般将纵坡控制在 2%以下为好。对公路隧道来说，从尽量减少车辆有害气体排放的观点出发，限制纵坡不得大于 3%。不存在通风问题的短小隧道（如独立明洞和短于 50 m 的直线隧道），可按公路所在等级规定设置纵坡。当隧道采用单坡时，纵坡不宜大于 3%。当涌水量较大时，应考虑减缓纵坡。为了提高视线的诱导作用及满足乘客乘坐舒适性要求，在隧道中尽可能考虑选用较大竖曲线半径和竖曲线长度。

（3）隧道净空断面与横断面设计。

隧道净空是指隧道衬砌的内轮廓线所包围的空间，包括隧道建筑限界、通风及满足其他功能所需的断面积，断面形状和尺寸应根据围岩压力求得经济最优值。

隧道建筑限界是为保证隧道内各种交通的正常运行与安全，而规定在一定宽度和高度范围内不得有任何障碍物的空间限界。在设计中，应充分研究各种用途交通工具和设施之间所处的空间关系，隧道本身的通风、照明、安全、监控及内装等附属设施均不得侵入隧道建筑限界之内。道路隧道的净空除应符合隧道建筑限界的规定外，还应考虑洞内排水、通风、照明、防火、监控、营运管理等附属设施所需的空间，并考虑土压影响、施工等必要的富余量，使确定的断面形式及尺寸达到安全、经济、合理。在确定隧道净空断面时，应尽量选择净断面利用率高、结构受力合理的衬砌形式。

（4）隧道接线。

隧道洞口连接线的平面及纵断面线形应与隧道线形相配合，应当有足够的视距和行驶安全。尤其在进口一侧，需要在足够的距离外能够识别隧道洞口。

在公路隧道中，考虑到驾驶员视距和行车速度的关系，隧道两端的接线纵坡有一段距离与隧道纵坡保持一致，以满足设置竖曲线和保证各级公路停车或会车视距的要求。需要机械通风的隧道，接线纵坡与隧道纵坡一致时，能使汽车以均匀速度驶入隧道。在洞口前如果为陡坡时，车速会降低，进入隧道后加速行驶，必须使排气量增加，从而导致通风设备加大或通风量不足。各级公路停车、会车视距，按《公路工程技术标准》有关规定执行。当隧道两端地形条件受限制，应采取其措施，确保行车安全。

另外，设计引线还应考虑到接近洞口桥梁、路堤等因素的影响。

4. 衬砌内轮廓线及几何尺寸拟定

隧道衬砌结构设计一般根据工程类比和设计者的经验首先假定断面尺寸，然后经分析计算、验算，修正假定尺寸，并反复这个过程，最终确定合理的断面形式和尺寸。

设计衬砌断面主要解决内轮廓线、轴线和厚度 3 个问题。

衬砌的内轮廓线应尽可能地接近建筑限界，力求开挖和衬砌的数量最小。衬砌内表面力求平顺（受力条件有利），还应考虑衬砌施工的简便。

衬砌断面的轴线应当尽量与断面压力曲线重合，使各截面主要承受压应力。为此，当衬砌受径向分布的水压时，轴线以圆形最好；当主要承受竖向压力或同时承受不大的水平侧压力时，可采用三心圆拱和直墙式衬砌；当承受竖向压力和较大侧压力时，宜采用五心圆曲墙式衬砌；当有沉陷可能和受底压力时，宜加设仰拱的曲墙式衬砌。

衬砌各截面厚度随所处地质条件和水文地质条件不同而有较大变化，并且与隧道的跨径、荷载大小、衬砌材料以及施工条件等有关。

2.3.3 其他地下工程

地下工程覆盖领域广泛，本书对其他地下工程的规划仅从原则方面做简要介绍。

1. 地下街

地下街指修建在城市繁华商业区或人流集散地之下的街道，为城市居民提供地下人行道，并在两侧开设商店和布置各种服务设施。城市地下街规划应遵循以下基本原则：

（1）建在城市人流集散和购物中心地带。解决交通拥挤，满足购物或文化娱乐的要求，与地面功能的关系以协调、对应、互补为原则。

（2）与其他地下设施相联系，形成地下城。形成多功能、多层次空间（竖向和水平）的有机组合的地下综合体，是地面城市的竖向延伸。

（3）与城市总体规划相结合，考虑人、车流量和交通道路状况。地下街建设要研究地面建筑物性质、规模、用途，以及是否拆除、扩建或新建的可能，同时考虑道路及市政设施的中远期规划。

（4）按国家和地方建设法规和城市总体规划进行。地下街规划应是城市规划的补充，应与城市规划相结合。

（5）考虑保护范围内的古物与历史遗迹。有价值的街道不能用明挖法建造地下街。

（6）考虑发展成地下综合体的可能性。地下街的建设是地下综合体的第一阶段，在此基础上有可能扩大规模，要求规划合理，否则造成灾害隐患。

通过对地下街的综合规划，形成地下综合体，达到对地面功能延伸和扩展的作用。在扩大功能，提高土地利用效率的同时，应建立完整的防灾、减灾、抗灾体系。加强灾害风险管理、灾害监测预警、灾害救助救援、灾害工程防御及灾害科技支撑等防灾、减灾、救灾体系建设。

2. 城市地下综合体

所谓"城市综合体"是将城市中的商业、办公、居住、旅店、展览、餐饮、会议、文娱等生活空间进行的组合，一般包括 3 项或 3 项以上功能，这与普通的建筑综合体存在明显不同。普通的建筑综合体是指一栋建筑当中具有多种功能的组合，但是这些功能之间没有必然的联系和相互依存的关系。各功能之间有一定的主从关系，如商业综合体以商业为主、居住综合体以居住功能为主，还有办公综合体、会展综合体等。有些建筑综合体只是对不同功能进行简单的叠加，如居住综合体建筑往往底层沿街面进行小商业的开发，与上部的居住功能之间没有必然的联系。而城市综合体相较于普通的建筑综合体，它具有更多的城市特征，同时其内部的各组成部分之间具有一定的协同和互补关系。由于城市综合体基本具备了现代城市的多项功能，所以也被誉为"城中之城"。

随着城市集约化程度的不断提高，单一功能的单体公共建筑，逐渐向多功能和综合化发展。一个建筑空间在不同条件下适应多种功能的需要，称为多功能建筑。而地下综合体在修建时应遵循以下原则：

（1）结合地面的市级、区级商业中心，在城市的中心广场、文化休闲广场、购物中心广场和交通集散广场，以及交通和商业高度集中的街道和街道交叉口等城市人流、商业、行政活动集中的地区，大型建筑配建较多地下空间，商业环境非常成熟，很适合于建设地下综合体。

（2）地下综合体应加强与城市地面功能的衔接与配合，在城市新区建设中尤其要做好前瞻性的规划，以利形成城市土地的集约效益。

（3）大型超市地下综合体开发规模往往比较大，规划时应结合地面开发情况做好分期建设规划，对暂不开发的地下空间资源进行预留，创造先期开发与后期开发地下空间的连通条件。

（4）地下综合体规划应加强防灾方面的研究，在地下空间出入口布局、地下连通通道及步行通道、防灾单元划分等方面必须满足国家相应的规范、标准与要求。

3. 城市地下综合管廊

城市地下综合管廊是将电力、通信、给排水、热力、燃气等多种市政管线共同收容在道路地下同一隧道内的综合管廊中，成为现代城市基础设施中各管线的物质载体，以便实行"统一规划、统一建设、统一管理"。城市地下综合管廊工程规划设计应遵循以下5大原则：

（1）综合原则。

城市地下综合管廊是对城市各种市政管线的综合，因此在规划布局时，尽可能让各种管线进入管廊内，以充分发挥其作用。

（2）长远原则。

城市地下综合管廊规划必须充分考虑城市发展对市政管线的要求，既要符合城市市政管线的技术要求，充分发挥市政管线服务城市的功能，又要符合城市规划的总体要求，为城市的长远发展打下良好基础。

（3）协调原则。

城市地下综合管廊应与其他地下设施（如地铁）、地面建筑及设施（如道路）的规划相协调，且服从城市总体规划的要求。

（4）结合原则。

城市地下综合管廊规划应当和地铁、道路、地下街等建设相结合，综合开发城市地下空间，提高城市地下空间开发利用的综合效益，降低综合管廊的造价。

（5）安全原则。

城市地下综合管廊中管线的布置应坚持安全性原则，避免有毒有害、易燃及爆炸危险的管线与其他管线共置，避开强电对通信、有线电视等弱电信号的干扰，并严格遵照执行相关规范。

4. 人防工程

人防工程是指为保障战时人员与物资掩蔽、人民防空指挥、医疗救护而单独修建的地下防护建筑，以及结合地面建筑修建的战时可用于防空的地下室。

人防工程规划设计的基本原则根据《中华人民共和国人民防空法》，我国人防工程的建设需要贯彻"长期准备、重点建设、平战结合"的方针，并应坚持人防建设与经济建设协调发展、与城市建设相结合的原则。因此，人防工程建设应结合城市建设和规划布局、城市的重点目标和人口分布情况等，对各类人防工程的布局和建设作出规划，对城市建设提出合理、明确的建议和要求，并与城乡规划相协调。

2.4　地下工程规划设计实例

本节选取公路隧道、地下车站和地下综合体这 3 类典型工程的规划进行介绍。

1. 公路隧道选线及规划设计

在地形复杂的山岭地区修建高等级公路时，常常因展线困难、平纵面指标太差而需考虑在有利地形和地质条件的地段采用隧道的形式穿越山岭。选定隧道方案后，应该对隧道拟通过的位置进行工程地质条件研究，尽量选择在与地区构造线成垂直方向处（包括与地层走向垂直）。若线形上不可能或地形上有困难、轴线必须与构造线和岩层走向平行时，则应该注意使隧道拱部处于厚层状坚硬的、整体性比较好的岩体中。隧道尽量避开构造褶皱的轴部，尤其是向斜轴部。对于断层破碎带、接触变质带、地质软弱夹层及石灰岩溶发育的地区，若无法避开时，应争取垂直或成大角度相交。同时，在确定隧道进出口时，应尽量避免设计成偏压隧道以减少投资。确定越岭标高时，通常采用隧道造价和路线造价总和最小的标高，即临界标高。

确定了隧道位置后，需要进行隧道平面布设、纵断面线形布设以及横断面布设。

隧道平面布设应尽量采用直线线形，必须设置在曲线段时，应采用不设超高的圆曲线半径并满足停车视距要求；当受地形条件及其他特殊情况限制布设在超高的曲线段时，其各项技术指标应符合路线布设的有关规定。对于两条平行并设的隧道，如高速公路、一级公路设计为上、下行分离的两座独立隧道，要考虑其互相影响，两相邻隧道最小净距应视围岩类别、断面尺寸、施工方法、爆破震动影响等因素确定，一般可按表 2-1 的规定选用。

表 2-1　相邻隧道最小净距

围岩级别	净距/m
VI	（1.5～2.0）B
V～IV	（2.0～2.5）B
III	（2.5～3.0）B
II	（3.0～5.0）B
I	＞5.0B

注：B 为隧道开挖断面的宽度（m）。

隧道纵断面选型除满足整体线路要求外，还要注意洞口附近岩层的稳定性，避免出现深路堑、高边坡、工程量过于集中、边坡不稳定等情况。为了避免洞口深挖而造成边坡、仰坡不稳定，可采取"早进洞、晚出洞"的方法尽量减少洞口明挖路段长度。隧道内纵坡形式分为单坡和人字坡。单坡能造成两端洞口高差大，对越岭线升坡和洞内自然通风、排水均有利；人字坡适用于纵坡在隧道内升降变化地段，如越岭线顶点可用此形式，对排水有利，但通风效果不好。

隧道的横断面是以衬砌内轮廓线来保证的。内轮廓线在设置了各种设施（包括洞内排水、通风、照明、防火、监控、营运、管理等附属设施）后，要满足隧道建筑界限的要求。确定横断面的形式和尺寸时，要符合安全、经济、合理的要求。

二郎山隧道是位于中国四川省雅安市与甘孜藏族自治州交界的一座公路隧道，是川藏公路南线 318 国道穿越二郎山的关键工程，起点位于天全县龙胆溪，终点位于泸定县别托村，隧道全长 4 176 m，海拔 2 182 m，建成时是中国最长、海拔最高的公路隧道（图 2-5、图 2-6）。二郎山隧道主体工程于 1996 年 5 月、6 月先后在东西两端正式开工，1998 年 12 月 19 日全线贯通，1999 年 12 月 7 日试放行通车，2001 年 1 月 11 日全面建成通车。

二郎山隧道轴线分水岭海拔为 2 948 m，最大埋深 748 m，开工时是中国最长、埋深最大、海拔最高、地应力最大的特长山岭公路隧道。隧道为直线，单洞双向行车，中部设变坡点；截面采用单心圆轮廓，内部半径为 4.83 m，净宽 9 m，净高 6.85 m。路面横坡采用双向人字坡，坡度为 1.5%；设置双车道，路面宽度 7.5 m，道路等级为山岭重丘三级公路。

图 2-5　G318 二郎山隧道洞门

图 2-6　G318 二郎山隧道轴线与山体关系

平行导洞长 4 155 m，主要作用为通风及紧急通道，通过 14 个横通道与主洞连接，其间距为 42.5 m；平行导洞净宽 4.5 m，净高 4.5 m，单车道，路面宽度 4 m。

隧道采用新奥法施工、复合式衬砌，属高地应力隧道，设计最大水平应力 50 MPa，实测最大水平应力 32.7 MPa。岩爆和大变形段占隧道全长的 60%，西口段穿越 79 m 浅埋偏压崩坡积层以及暗河岩溶地段。

2. 成都地铁中医大省医院站

以成都地铁中医大省医院站为例，该站位于一环路西二段与清江东路的十字交叉路口处，其地理位置如图 2-7 所示，车站邻近两家大型医院，东北侧为成都中医药大学附属医院，西南侧为四川省人民医院。

图 2-7　成都地铁中医大省医院站区位示意

为了方便城市居民出行，减少城市交通拥堵，更好地衔接城市轨道交通路网。中医大省医院地铁车站的规划由成都市人民政府组织相关的部门编制。

地铁车站的总体布局为主体位于一环路西二段与清江东路交叉路口下，5 号线沿一环路下穿隧道两侧布置，呈南北走向，2、4 号线沿清江东路布置，呈西北至东南走向。

本站为明挖两层分离侧式站（局部一层）。车站东北站厅为成都中医药大学附属医院，西北站厅为豪格酒店，东南站厅为联大医院，西南站厅为温哥华广场、四川省人民医院，如图 2-8 所示。同时，该地铁车站被中医院市政下穿隧道分割为东西两部分，采用 5 个过轨结构东西连通，共分为 3 个过轨通道、2 个过轨风道。其中，南端 2 个过轨结构与下穿隧道改造同步施工，北端 2 个过轨结构分别采用明挖和暗挖法施工，南侧斜下穿 2、4 号线车站的过轨通道采用暗挖法施工，如图 2-9 所示。

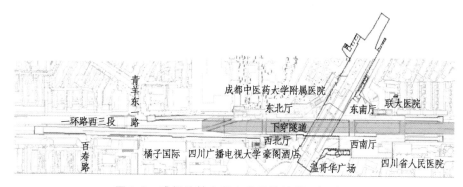

图 2-8　成都地铁中医大省医院站平面设计图

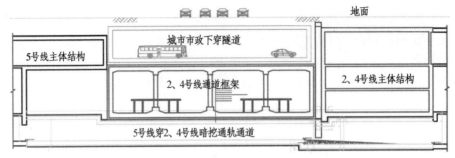

图 2-9　成都地铁中医大省医院站横断面设计图

自 2019 年底成都地铁 5 号线开通，中医大省医院站成为成都市线网第 2 个"三线换乘站"。地铁 2、4 号线沿蜀都大道东西向布置，5 号线沿一环路南北向布置，中医大省医院站的换乘形式为"≠"型换乘。中医大省医院站是成都地铁建设史上既有线改造体量最大及车站建设难度系数最大的站点，车站总建筑面积 37 951 m²，是全线面积最大的车站，相当于 3 个标准车站建设规模。

3. 广州凯达尔枢纽国际广场

凯达尔枢纽国际广场（简称 ITC）位于规划中的广州东部交通枢纽核心位置，是我国首个 TOD 交通枢纽综合体，其北面为环城路、东南面为港口大道、西南面为规划路，地块周边在建或规划有广汕铁路、穗莞深城际轨道、广州地铁 13 号线以及 16 号线。

TOD（Transit-Oriented Development）指以公共交通为导向的发展模式。其中，公共交通主要是指火车站、机场、地铁、轻轨等轨道交通及巴士干线，然后以公交车站为中心、以 400 ～ 800 m（5 ～ 10 min 步行路程）为半径建立中心广场或城市中心，其特点在于集工作、商业、文化、教育、居住等为一体的"混合用途"，使居民和雇员在不排斥小汽车的同时能方便地选用公交、自行车、步行等多种出行方式。

凯达尔枢纽国际广场的"城市走廊"贯穿南北，从地下 2 层到地上 5 层，高 45 m，宽 15 m，长度约为 100 m。它是横贯了车站的半室外空间，联系建筑的各个公共空间与城市。而"车站核"仿佛一个立体化的十字路口，解决垂直交通，其总高度为 55 m，宽度约为 50 m，由 8 个层层旋转的椭圆叠加而成，能容纳日均 40 万客流量。这样通过"车站核-城市走廊"融合商业楼体的设计，凯达尔枢纽国际广场整合所有资源于一体，实现一站式多元商务生活体验，成为集商务、休闲、购物及服务于一体的 TOD 城市综合体典范。

凯达尔枢纽国际广场通过"轨道-物业-商业"相互融合，实现"站城一体"，与周边城市资源快速联动。广场包括东西 2 座塔楼、8 层裙楼、4 层地下室，其中东塔 36 层高约 200 m，西塔 46 层高约 260 m。地铁从广场底下通过，城轨从广场的东西 2 座塔楼的中间穿过，高铁站则与广场隔着一条马路，通过空中连廊相连。轨道之上，汇集凯达尔万豪酒店、凯达尔广场购物中心、SOHO 空间、甲级写字楼等 4 大业态，满足旅客的衣食住行需求。

📝 思考题

1. 国土空间规划的分级分类是什么？
2. 地下工程规划编制内容是什么？

3. 地下工程规划的编制流程是什么？

4. 请列举一个地下工程规划的案例。

参考文献

[1] 蒋雅君，郭春. 城市地下空间规划与设计[M]. 成都：西南交通大学出版社，2021.

[2] 束昱，路姗，阮叶菁. 城市地下空间规划与设计[M]. 上海：同济大学出版社，2015.

[3] 童林旭. 地下建筑学[M]. 北京：中国建筑工业出版社，2012.

[4] 黄征学. 国家规划体系演进的逻辑[J]. 中国发展观察，2019（14）：29-31.

[5] 姚华彦，刘建军. 城市地下空间规划与设计[M]. 北京：中国水利水电出版社，2018.

[6] 深圳市规划国土发展研究中心. 城市地下空间规划标准：GB/T 51358—2019[S]. 北京：中国计划出版社，2019.

[7] 赵景伟，张晓玮. 现代城市地下空间开发：需求、控制、规划与设计[M]. 北京：清华大学出版社，2016.

[8] 上海市政工程设计研究总院（集团）有限公司. 城市地下道路工程设计规范：CJJ 221—2015[S]. 北京：中国建筑工业出版社，2015.

[9] 北京城建设计研究总院有限责任公司，中国地铁工程咨询有限责任公司. 地铁设计规范：GB 50157—2013[S]. 北京：中国建筑工业出版社，2014.

[10] 上海市政工程设计研究总院（集团）有限公司，同济大学. 城市综合管廊工程技术规范：GB 50838—2015[S]. 北京：中国计划出版社，2015.

[11] 中国建筑设计研究院. 人民防空地下室设计规范：GB 50038—2005[S]. 北京：国标图集出版社，2005.

第 3 章　地下工程结构设计

　学习目标

1. 了解地下工程结构体系及受力特点。
2. 理解地下结构设计计算基本理论。
3. 掌握地下结构设计相关计算方法。

3.1　地下工程结构设计基础知识

由于地下结构是在地层中修筑的，因此其工程特性、设计原则及方法与地面结构有所不同。在地下工程初期，由于对其特性认识不充分，在设计方法上多数是沿用地面结构的设计方法。理论和实践证明，这种设计方法与地下工程的实际情况相差很大。随着科学技术的发展和进步，人们对地下结构特性的认识，特别是对地下结构体系中围岩的"三位一体"特性的认识提高了，提出了许多关于地下结构的计算模式和方法以及评价地下结构承载能力的原则和方法。

地下结构体系是由围岩和支护结构共同组成的。其中，围岩是主要的承载元素，支护结构是辅助性的，但通常也是必不可少的，在某些情况下，支护结构起主要承载作用。这就是按现代岩石力学原则设计支护结构的基本出发点。如果从围岩稳定性的角度来说明这个问题，相对来说较为容易。在长期的实践与理论研究中，尤其是近代岩体力学、工程地质力学的发展，使我们对地下洞室开挖后在围岩中产生的物理力学现象有了一个较为明确的认识。在地下工程中发生的一切力学现象，如应力重分布、断面收敛、洞室失稳等都是一个连续的、统一的力学过程的产物，它始终与时间、施工技术等息息相关。支护结构的设置是否经济合理，即地下结构形式、断面尺寸、施工方法和施作时间的选择是否恰到好处，则要根据设置支护结构后所改变的围岩应力状态和支护结构的应力状态，以及两者的变形情况来判断。

随着我国隧道及地下工程的发展，特别是进入 21 世纪以来，无论是铁路隧道、公路隧道还是城市地下工程的规模和数量均得到了飞速发展，相应的结构设计理论与方法也取得了较大进步。本章重点对地下工程结构的主要设计理论与方法进行叙述，同时对我国地下工程结构设计理论与方法的发展方向进行探讨。

3.1.1　地下工程结构特性

1. 地下工程结构体系

在保留上部地层（岩体或土层）的前提下，在开挖出的地下空间内修建能够提供某种用途的建筑结构物，统称为地下结构。地下结构与地上结构，在赋存环境、力学作用机理等方面存在着明显差异。

地上结构体系一般是由基础支承上部结构，基础将上部结构荷载传递到地基土中，而荷载主要为自重和外部荷载（人群、风雪、设备等）。地下结构埋入地层，与四周土体紧密接触，结构承受的荷载来自洞室开挖后引起周围地层变形产生的荷载，同时结构在荷载作用下发生的变形又受到地层的约束。由此可知，地下工程结构体系是由围岩（地层）+支护结构构成，如图 3-1 所示。其中，围岩是指隧道开挖后其周围产生应力重分布范围内的岩体，或指隧道开挖后对其稳定性产生影响的那部分岩体（这里所指的岩体是土体与岩体的总称）。

图 3-1　地下工程结构体系

地下结构的主要作用是承受自重和各种可能出现的荷载，维护工程稳定，防止围岩进一步松动塌落，保持洞室断面净空要求，并确保地下工程使用的安全性和耐久性。因此要求地下结构必须有一定的强度、刚度和抗渗、抗侵蚀、防风化、防水防潮能力，能防冒顶塌方，确保长期安全使用。

由于地下结构周围的地层千差万别，洞室是否稳定不仅取决于岩石强度，还取决于岩层的完整程度。相比之下，岩体的完整性的影响更大。当岩层自稳能力强时，地下结构将不受或少受土压力荷载；当岩层自稳能力差时，地下结构将承受较大的土压力荷载，甚至独立承受全部荷载作用。因此，周围地层既是荷载的来源，又是承载结构体系中的一部分。地下结构的安全性首先取决于地下结构周围的地层能否保持持续稳定，地下结构设计时应围绕如何充分发挥围岩的承载能力。这种赋存环境合二为一的作用机理与地面结构是完全不同的。

除在少数坚固、完整的稳定岩层中开挖洞室可以不施作支护结构外，其他地下洞室的修建都需要施作支护结构。它是在坑道内部修建的永久性支护结构。因此，支护结构有两个基本使用要求：一是满足结构强度、刚度、耐久性的要求；二是提供一个能满足使用要求的工作环境，以保持隧道内部的干燥清洁。支护结构也是我们所要研究的地下结构物。

2. 地下工程结构体系的受力特点

根据对地下结构和地上结构体系的对比分析可知，地下结构受力较为复杂，主要表现为以下4方面：

（1）荷载的模糊性和不确定性；

（2）围岩不仅产生荷载，同时又是承载体；

（3）设计参数受施工方法和施作时机影响较大；

（4）围岩抗力的存在。

地下岩体开挖后至稳定状态过程中，围岩应力状态不断发生变化，围岩产生的荷载及围岩自身的承载能力与地下工程施工方法、支护结构类型及施作时机等有较大的相关性，导致地下结构的设计相对于地上结构较为复杂，如图3-2所示。

图 3-2　围岩开挖应力状态变化

3. 地下结构的计算特性

地下工程所处的环境和受力条件与地面工程有很大不同，反映在计算模型中，大致可归纳成如下几点：

（1）必须充分认识地质环境对地下结构设计的影响。

地下工程赋存的地质环境对支护结构设计有着决定性意义。地下工程的荷载取决于原岩应力，这种原岩应力很难预先准确确定，这使地下工程的计算精度受到影响。此外，地质力学参数很难通过测试手段准确获得，不仅不同地段差别很大，而且在开挖过程中地层中的应力状态也处于不断变化的过程中，这一过程很难简单地用一个力学模型来概括。因此对地下工程来说，只有正确认识地质环境对支护结构体系的影响，才能正确地进行设计。

（2）地下工程周围岩体既是荷载的来源，又是承载结构。

作用在支护结构上的荷载除了与原岩应力有关外，还与地质体强度、支护的架设时间、支护形式、洞室尺寸与形状等因素有关，是由支护结构和周围岩体之间的相互作用决定的，并在很大程度上取决于周围岩体的稳定性。因此，充分发挥地质体自身的承载力是地下支护结构设计的一个根本出发点。

（3）地下结构施工因素会极大地影响结构体系的安全性。

与地面结构不同，作用在支护结构上的荷载受到施工方法和施工时机的影响。某些情况下，即使支护方法正确，但由于施工方法和施工时机不恰当，支护仍然会遭受破坏。例如在矿山法的施工过程中，若开挖方法不当，会引起洞室周围岩体坍塌；若支护施加的时间过早，会造成结构内力过大；若支护施加的时间过晚，会造成围岩变形过大以至坍塌；若衬砌与围岩之间回填不及时或不密实而在衬砌背后形成空洞，也会降低结构后期的安全性。

（4）力学模型对地下工程计算的精度有着很大影响。

地下工程支护结构设计的关键问题在于充分发挥围岩承载力，要做到这点就需要围岩在一定范围内进入塑性变形状态。当岩土体进入塑性状态后，其本构关系很复杂，本构模型选用不当会影响到计算的精度。因此，在力学模型上，地下工程要比地面工程复杂得多。

4. 地下工程支护体系

地下工程支护结构是地下工程结构体系的重要组成部分，其目的是保障地下工程围岩的稳定，故设计应满足两个基本要求：一是满足强度、刚度和耐久性要求，二是能满足使用要求的工作环境。地下工程所处围岩（地层）性质及施工方法等差异，导致地下工程支护结构的选型存在差异，故不同地下工程环境的支护结构类型不一。

按设计与施工要求，地下支护结构有以下几种基本类型：

（1）整体式衬砌。

隧道开挖后用模注混凝土或砌体修建的隧道衬砌结构称之为整体式混凝土衬砌。整体式混凝土衬砌适用于矿山法施工，且围岩可以在短时间内稳定，也适用于明挖法施工的衬砌形式。采用模板现浇混凝土，衬砌表面整齐美观，施工速度快，质量容易控制，如图3-3所示。

图 3-3　整体式混凝土衬砌施工

明挖法施工常用的结构形式是矩形框架，其内部根据使用目的设有梁、柱或中墙，将整体框架分成多跨或多层。施工时常用桩或墙支挡作为施工时的临时支护，它们也可作为地下结构墙体的一部分。

（2）锚喷式衬砌。

喷射混凝土、锚杆、钢筋网和钢架等单独或组合使用的隧道围岩支护结构称之为锚喷式衬砌。其中，锚杆（索）是用金属或其他高抗拉性能的材料制作的一种杆状构件。喷射混凝土是使用混凝土喷射机，按一定的混合程序，将掺有速凝剂的细石混凝土，喷射到岩壁表面上，并迅速固结成一层支护结构，从而对围岩起到支护作用。钢拱架则是采用型钢、工字钢、钢管或钢筋制成。

锚喷式衬砌常用于矿山法施工，它可以在坑道开挖后及时施设，因此能有效限制洞室变形，保护作业人员安全。当围岩条件比较好时，用锚喷支护可以获得长期的稳定，并达到使用要求时，可以将其作为永久结构，也可以作为永久支护的一部分，与整体现浇的混凝土衬砌组成复合式衬砌。锚喷支护是一种柔性结构，能更有效地利用围岩的自承能力维持洞室稳定，其受力性能一般优于整体式衬砌，如图3-4所示。锚喷支护可以根据围岩的稳定情况有不同的组合形式，可由喷射混凝土、钢筋网喷射混凝土、锚杆挂钢筋网喷射混凝土、钢纤维喷混凝土等不同的组合形式构成衬砌。

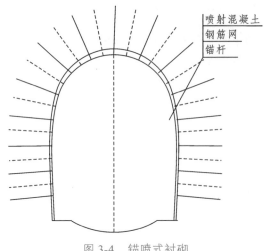

图 3-4　锚喷式衬砌

（3）复合式衬砌。

复合式衬砌是容许围岩产生一定的变形，而又充分发挥围岩自承能力的一种衬砌。一般由初期支护、防水层和二次衬砌组合而成，如图 3-5 所示。其中，初期支护构成与锚喷式支护构成类似。二次衬砌为初期支护完成后，施作的模筑或预制混凝土结构。一般多采用顺作法，即按由下到上、先墙后拱顺序连续灌筑。在隧道纵向，则需分段进行。

复合式衬砌分两次修筑，外层为锚喷支护，以利于及时架设，尽快使围岩和初期支护达到基本稳定；内层通常为现浇整体式混凝土衬砌、喷射混凝土或喷钢纤维混凝土衬砌、装配式衬砌等不同的形式。用喷混凝土作内衬的特点是与衬砌支护的结合状态好，但表面不光滑，还需再次处理。

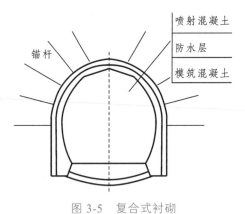

图 3-5　复合式衬砌

（4）装配式衬砌。

用在工厂或工地预制的构件拼装而成的衬砌称为装配式衬砌，如图 3-6 所示。装配式衬砌与整体式衬砌相比，容易控制质量，施工进度更快。由于衬砌拼装就位后，几乎就能立刻承重，拼装工作可以紧接隧道开挖面进行，因而缩短了坑道开挖后的暴露时间，使地层压力不致过大，而且不需要临时支撑，有助于机械化快速施工和工业化生产。目前，装配式衬砌多在使用盾构法、TBM 法施工的城市地下铁道、水底隧道、山岭隧道中采用。

地层性质的这种差别不仅影响地下结构的选型，而且影响施工方法的选择。采用不同的施工方法同样是决定地下结构形式的重要因素之一。在使用要求及地质条件相同的情况下，施工方法的不同也会采用不同的结构形式。

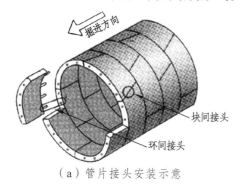

（a）管片接头安装示意

（b）装配式衬砌现场

图 3-6　装配式衬砌

3.1.2　围岩分级

1. 围岩分级概述

围岩分级指的是根据岩体完整程度和岩石坚硬程度等主要指标，按坑道开挖后的围岩稳定性对围岩进行的等级划分。

由于隧道工程所处的地质环境十分复杂，隧道的地质条件从松散的流砂到坚硬的岩石，从完整的岩体到极破碎的断裂构造带等，范围极广，人们对它的认识还远不够完善。根据长期的工程实践，人们认识到在不同的岩体条件中开挖隧道后岩体所表现出的性态是不同的，可归纳为充分稳定、基本稳定、暂时稳定和不稳定 4 种。同时，各种围岩的物理性质之间存在一定的内在联系和规律，依照这些联系和规律，可将围岩划分为若干级，这就是围岩分级。围岩分级的目的是：作为选择施工方法的依据；进行科学管理及正确评价经济效益；确定衬砌结构上的荷载（松散荷载）；给出衬砌结构的类型及其尺寸；制定劳动定额、材料消耗标准的基础等。

2. 围岩分级方法

围岩分级的方法有多种，它是在人们的不断实践和对围岩的地质条件逐渐加深了解的基础上发展起来的，不同的国家、不同的行业都根据各自的工程特点和目的提出了各自的围岩分级方法。现行的许多围岩分级方法中，作为分级的基本要素大致有 4 大类。

第Ⅰ类：与岩性有关的要素，例如硬岩、软岩、膨胀性岩类等。其分级指标是岩石强度和变形性质等，例如岩石的单轴抗压强度、岩石的变形模量或弹性波速度。

第Ⅱ类：与地质构造有关的要素，例如软弱结构面的分布与性态、风化程度等。其分级指标采用诸如岩石的质量指标、地质因素评分等。这些指标实质上是对岩体完整性或结构状态的评价。这类指标在划分围岩的级别中一般占有重要的地位。

第Ⅲ类：与地下水有关的要素。

第Ⅳ类：与隧道跨度和施工方法有关的要素。

目前国内外围岩的分级方法，考虑上述 4 大基本要素，按其性质主要分为如下几种：以岩石强度或岩石的物性指标单参数为代表的分级方法，以岩体构造、岩性特征为代表的分级方法，与地质勘探手段相联系的分级方法，组合量化多种因素的分级方法。

3. 我国铁路隧道围岩分级方法

我国铁路隧道围岩分级方法参照国家标准《工程岩体分级标准》，将围岩主要工程地质条件的定性描述、岩体的抗压强度、围岩基本质量指标 BQ 及围岩弹性纵波速度 v_p 值等作为辅助指标。围岩基本分级根据坚硬程度和围岩完整程度两个因素确定，两个因素由定性划分和定量划分两种方法确定，并指出围岩级别应在基本级别基础上，考虑地下水状态和初始应力状态修正以及风化作用的影响。

我国《铁路隧道设计规范》（TB 10003—2016）给出了围岩的分级方法，如表 3-1 所示。

表 3-1　《铁路隧道设计规范》（TB 10003—2016）围岩基本分级

级别	岩体特征	土体特征	围岩基本质量指标 BQ	围岩弹性纵波速度 v_p/（km/s）
Ⅰ	极硬岩，岩体完整	—	>550	A：>5.3
Ⅱ	极硬岩，岩体较完整； 硬岩，岩体完整	—	550～451	A：4.5～5.3 B：>5.3 C：>5.0
Ⅲ	极硬岩，岩体较破碎； 硬岩或软硬岩互层，岩体较完整；较软岩，岩体完整	—	450～351	A：4.0～4.5 B：4.3～5.3 C：3.5～5.0 D：>4.0
Ⅳ	极硬岩，岩体破碎；硬岩，岩体较破碎或破碎；较软岩或软硬岩互层，且以软岩为主，岩体较完整或较破碎；软岩，岩体完整或较完整	具压密或成岩作用的黏性土、粉土及砂类土，一般钙质、铁质胶结的粗角砾土、粗圆砾土、碎石土、卵石土、大块石土、黄土（Q_1、Q_2）	350～251	A：3.0～4.0 B：3.3～4.3 C：3.0～3.5 D：3.0～4.0 E：2.0～3.0
Ⅴ	软岩，岩体破碎软岩，岩体较破碎至破碎；全部极软岩及全部极破碎岩（包括受构造影响严重的破碎带）	一般第四系坚硬、硬塑黏性土，稍密及以上、稍湿或潮湿的碎石土、卵石土、圆砾土、角砾土、粉土及黄土（Q_3、Q_4）	≤250	A：2.0～3.0 B：2.0～3.3 C：2.0～3.0 D：1.5～3.0 E：1.0～2.0
Ⅵ	受构造影响严重呈碎石、角砾及粉末、泥土状的富水断层带，富水破碎的绿泥石或炭质千枚岩	软塑状黏性土、饱和的粉土、砂类土等，风积沙，严重湿陷性黄土	—	<1.0（饱和状态的土<1.5）

我国铁路隧道围岩分级方法将围岩划分为 6 级，然而在工程实践中发现，隧道开挖后的实际地质条件经判定经常会处于两级围岩之间，这种现象在Ⅲ、Ⅳ、Ⅴ级围岩中尤为突出，现实中不得不按照较差围岩级别的方法进行处理，使隧道建设过于保守，造成浪费。为提高隧道支护的优化程度，有必要对稳定性较复杂，施工方法、支护结构参数等相对多样化的Ⅲ、

Ⅳ、Ⅴ级围岩进行更加细致的级别划分，即进行围岩亚级分级，如表3-2所示。

表3-2 《铁路隧道设计规范》（TB 10003—2016）围岩亚分级

围岩级别		围岩主要工程地质条件		围岩基本质量指标 BQ
级别	亚级	主要工程地质特征	结构特征和完整状态	
Ⅲ	Ⅲ₁	极硬岩（R_c>60 MPa），岩体较破碎，结构面较发育、结合差	裂隙块状或中厚层状结构	450～391
		硬岩（R_c=30～60 MPa）或软硬岩互层以硬岩为主，岩体较完整，结构面不发育、结合良好	块状或厚层状结构	
	Ⅲ₂	极硬岩（R_c>60 MPa），岩体较破碎，结构面发育、结合良好	镶嵌碎裂状或薄层状结构	390～351
		硬岩（R_c=30～60 MPa）或软硬岩互层以硬岩为主，岩体较完整，结构面较发育、结合良好	块状结构	
		较软岩（R_c=15～30 MPa），岩体完整，结构面不发育、结合良好	整体状或巨厚层状	
Ⅳ	Ⅳ₁	极硬岩（R_c>60 MPa），岩体破碎，结构面发育、结合差	裂隙块状结构	350～311
		硬岩（R_c=30～60 MPa），岩体较破碎，结构面较发育、结合差或结构面发育、结合良好	裂隙块状或镶嵌碎裂状结构	
		较软岩（R_c=15～30 MPa）或软硬岩互层以软岩为主，岩体较完整，结构面较发育、结合良好	块状结构	
		软岩（R_c=5～15 MPa），岩体完整，结构面不发育、结合良好	整体状或巨厚层状	
	Ⅳ₂	极硬岩（R_c>60 MPa），岩体破碎，结构面很发育、结合差	碎裂结构	310～251
		硬岩（R_c=30～60 MPa），岩体破碎，结构面发育或很发育、结合差	裂隙块状或碎裂状	
		较软岩（R_c=15～30 MPa）或软硬岩互层以软岩为主，岩体较破碎，结构面发育、结合良好	镶嵌碎裂状或薄层状	
		软岩（R_c=5～15 MPa），岩体较完整，结构面较发育、结合良好	块状结构	
		土体：①具压密或成岩作用的黏性土、粉土及砂类土；②黄土（Q_1、Q_2）；③一般钙质、铁质胶结的碎石土，卵石土、大块石土	①和②呈大块状压密结构，③呈巨块状整体结构	
Ⅴ	Ⅴ₁	较软岩（R_c=15～30 MPa），岩体破碎，结构面发育或很发育	裂隙块状或碎裂结构	250～211
		软岩（R_c=5～15 MPa），岩体较破碎，结构面较发育、结合差或结构面发育、结合良好	裂隙块状或镶嵌碎裂结构	
		一般坚硬黏质土、较大天然密度硬塑状黏质土及一般硬塑状黏质土；压密状态稍湿至潮湿或胶结程度较好的砂类土；稍湿或潮湿的碎石土、卵石土、圆砾、角砾土及黄土（Q_3、Q_4）	非黏性土呈松散结构，黏性土及黄土呈松软结构	

围岩级别		围岩主要工程地质条件		围岩基本质量指标 BQ
级别	亚级	主要工程地质特征	结构特征和完整状态	
V	V_2	软岩,岩体破碎;全部极软岩及全部极破碎岩(包括受构造影响严重的破碎带)	呈角砾状松散结构	≤210
		一般硬塑状黏土及可塑状黏质土;密实以下但胶结程度较好的砂类土,稍湿或潮湿且较松散的碎石土、卵石土、圆砾、角砾土;一般或坚硬松散结构的新黄土	非黏性土呈松散结构,黏性土及黄土呈松软结构	

4. 国外主要地下工程围岩分级(类)标准

以隧道项目大型数据库为依据,挪威岩土工程研究所(NGI)的 Barton 等人(1974)研究出了用于隧道岩石支护预测的 Q 系统。2002 年,巴顿又对 Q 系统分类法的参数进行了完善,探索了地应力、水对岩石的软化效应对 Q 值的影响。Q 系统分类法应用范围由硬岩向软岩、浅埋向深埋拓展。基于 Q 值的支护类型选择如图 3-7 所示。Q 值计算方法中相关计算参数含义如表 3-3 所示。

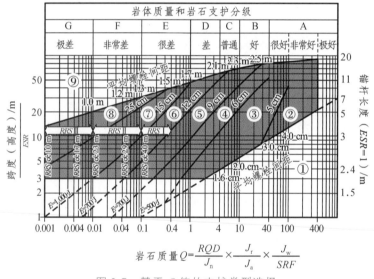

图 3-7 基于 Q 值的支护类型选择

表 3-3 6 个基本参数指标

符号	含义	备注
RQD	岩石质量指标	图 3-7 中公式第一项表示岩体完整性
J_n	节理组数	
J_r	节理粗糙度系数	图 3-7 中公式第二项表示结构面(节理)的形态、填充物特征及其次生变化程度
J_a	节理蚀变度系数	
J_w	节理水折减系数	图 3-7 中公式第三项表示地下水、岩石强度及地应力对岩体质量的综合影响
SRF	应力折减系数	

RMR 法以非洲 300 多座隧道的调查数据为基础，于 1976 年被首次提出，其后由 Z. T. Bieniawski 对其参数进行了多次修正，目前使用的是 1989 年版的 RMR，样本数量增至约 351。RMR 法中相关计算参数含义如表 3-4 所示。RMR 系统分级指标及评分如表 3-5 所示。

$$RMR=R_1+R_2+R_3+R_4+R_5+R_6 \qquad (3-1)$$

表 3-4　6 个基本参数指标

符号	含义
R_1	岩块的单轴抗压强度
R_2	岩石质量指标 RQD
R_3	结构面间距
R_4	结构面条件
R_5	地下水条件
R_6	结构面产状与工程走向的关系

表 3-5　RMR 系统分级指标及评分

岩块强度			RQD		结构面间距		结构面条件	
点荷载强度/MPa	单轴抗压强度/MPa	评分值	取值范围/%	评分值	取值范围/cm	评分值	结构面条件	评分值
>10	>250	15	90~100	20	>200	20	不连续、紧闭、岩壁很粗糙、岩壁未风化	30
4~10	100~250	12	75~90	17	60~200	15	岩壁稍粗糙，宽度<1 mm，岩壁轻微风化	25
2~4	50~100	7	50~75	13	20~60	10	岩壁稍粗糙，宽度<1 mm，岩壁严重风化	20
1~2	25~50	4	25~50	8	6~20	8	面光滑或软弱夹层厚<5 mm，宽度 1~5 mm，连续	10
低抗压强度	5~25	2	<25	3	<6	5	面光滑或软弱夹层厚>5 mm 或张开度>5 mm，连续	0
	1~5	1						
	<1	0						

地下水条件				结构面产状与工程走向的关系			
隧洞每 10 m 长的流量/（L/min）	节理水压/最大主应力	一般条件	评分值	走向和倾向	评分标准值		
					隧洞和矿山	地基	边坡
无	0	完全干燥	15	非常有利	0	0	0
<10	<0.1	潮湿	10	有利	-2	-2~5	
10~25	0.1~0.2	洞壁湿	7	一般	-5	-7	-25
25~125	0.2~0.5	滴水	4	不利	-10	-15	-50
>125	>0.5	流水	0	非常不利	-12	-25	-60

3.1.3　围岩压力

1. 围岩压力及其分类

围岩压力是指引起地下开挖空间周围岩体和支护结构变形或破坏的作用力。它包括由地应力引起的围岩应力以及围岩变形受阻而作用在支护结构上的作用力。因此，从广义来理解，围岩压力既包括围岩有支护的情况，也包括围岩无支护的情况；既包括作用在普通的传统支护（如架设的支撑或施作的衬砌）上所显示的力学性态，也包括作用在锚喷和压力灌浆等现代支护上所显示的力学性态。从狭义来理解，围岩压力是指围岩作用在支护结构上的压力。在工程中一般研究狭义的围岩压力。

根据围岩压力的成因不同，将围岩压力分为 4 类，即形变压力、松动压力、冲击压力和膨胀压力。

（1）形变压力。

形变压力是由于围岩变形受到与之密贴的支护（如锚喷支护等）抑制，而使围岩与支护结构共同变形过程中，围岩对支护结构施加的接触压力。

（2）松动压力。

由于开挖而松动或坍塌的岩体以重力形式直接作用在支护结构上的压力称为松动压力。松动压力按作用在支护上力的位置不同，分为竖向压力和侧向压力。

（3）膨胀压力。

当岩体具有吸水、应力解除等膨胀性特征时，由于围岩膨胀崩解而引起的压力。

（4）冲击压力。

冲击压力又称岩爆，它是积聚了大量弹性变形能的围岩，由于隧道的开挖，能量突然释放出来时所产生的压力。

由于冲击压力是来源于岩体能量的积累与释放，所以它与高地应力和完整硬岩直接相关。弹性模量较大的岩体，在高地应力作用下，容易积累大量的弹性变形能，一旦破坏原始平衡条件，它就会突然猛烈地释放大量能量。

2. 影响围岩压力的因素

影响围岩压力的因素很多，通常可分为两大类。一类是地质因素，它包括初始应力状态、岩石力学性质、岩体结构面等；另一类是工程因素，它包括施工方法、支护设置时间、支护刚度、坑道形状等。例如在隧道开挖过程中，由于受到开挖面的约束，使其附近的围岩不能立即释放全部瞬时弹性位移，这种现象称为开挖面的"空间效应"。例如在"空间效应"范围（一般为 1～1.5 倍洞径）内，设置支护，就可减少支护前的围岩位移值。所以当采用紧跟开挖面支护的施工方法，支护时间的迟与早必然大大地影响围岩的稳定和围岩压力的数值。因此，一般宜尽快地施作支护，封闭岩层，待围岩变形基本稳定后再施作二次衬砌，减少二次衬砌的围岩压力。

3. 围岩松动压力计算确定方法

（1）围岩松动压力的形成。

开挖隧道所引起的围岩松动和破坏的范围有大有小，有的可达地表，有的则影响较小。

对于一般裂隙岩体中的深埋隧道，其波及范围仅局限在隧道周围一定深度。所以作用在支护结构上的围岩松动压力远远小于其上覆岩层自重所造成的压力。这可以用围岩的"成拱作用"来解释。下面以水平岩层中开挖一个矩形坑道来说明坑道开挖后围岩由形变到坍塌成拱的整个变形过程，如图 3-8 所示。

① 隧道开挖后，在围岩应力重分布过程中，顶板开始沉陷，并出现拉断裂纹，可视为变形阶段；

② 顶板的裂纹继续发展并且张开，由于结构面切割等原因，逐渐转变为松动，可视为松动阶段；

③ 顶板岩体视其强度的不同而逐步塌落，可视为塌落阶段；

④ 顶板塌落停止，达到新的平衡，此时其界面形成一近似的拱形，可视为成拱阶段。

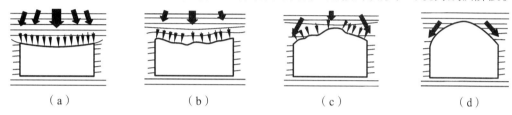

（a）　　　　　　（b）　　　　　　（c）　　　　　　（d）

图 3-8　松动压力的形成

实践证明，自然拱范围的大小除了受上述的围岩地质条件、支护结构架设时间、刚度以及它与围岩的接触状态等因素影响外，还取决于以下因素：

① 隧道的形状和尺寸。隧道拱圈越平坦，跨度越大，则自然拱越高，围岩的松动压力也越大。

② 隧道的埋深。人们从实践中得知，只有当隧道埋深超过某一临界值时，才有可能形成自然拱。习惯上，将这种隧道称为深埋隧道，否则称为浅埋隧道。由于浅埋隧道不能形成自然拱，所以，它的围岩压力的大小与埋置深度直接相关。

③ 施工因素。例如爆破的影响，爆破所产生的震动常常是引起塌方的重要原因之一，造成围岩压力过大。又如分部开挖多次扰动围岩，也会引起围岩失稳，加大自然拱范围。

（2）确定围岩松动压力的方法。

确定围岩松动压力的方法有：现场实地量测；按理论公式计算确定；根据大量的实际资料，采用统计的方法分析确定。应该说，实地量测是今后的努力方向，但按目前的量测手段和技术水平来看，量测的结果尚不能充分反映真实情况。理论计算则由于围岩地质条件的千变万化，所用计算参数难以确切取值，目前也还没有一种能适合于各种客观实际情况的统一理论。在大量施工坍方事件的统计基础上建立起来的统计方法，在一定程度上能反映围岩压力的真实情况。目前，采用几种方法相互验证参照取值是确定围岩压力较通用的方法。

① 深埋隧道与浅埋隧道的判定原则。

如上所述，隧道埋深不同，确定围岩压力的计算方法也应不同，因此有必要分清深埋隧道与浅埋隧道的界限。一般情况下应以隧道顶部覆盖层能否形成"自然拱"为原则，但要确定出界限是困难的，因为它与许多因素有关，因此只能按经验做出概略的估算。深埋隧道围岩松动压力值是以施工坍方高度（等效荷载高度值）为根据，为了能形成此高度值，隧道上覆岩体就应有一定的厚度，否则坍方会扩展到地面。为此，深埋隧道与浅埋隧道的分界深度

至少应大于坍方的平均高度，且有一定余量。根据经验，这个深度通常为 $2 \sim 2.5$ 倍的坍方平均高度值，即

$$H_p = (2 \sim 2.5) h_q \tag{3-2}$$

式中： H_p——深浅埋隧道分界的深度；

h_q——等效荷载高度值。

式（3-2）中的系数在松软的围岩中取高限，而在较坚硬围岩中取低限。对于某些情况，则应做具体分析后确定。

当隧道覆盖层厚度 $h \geqslant H_p$ 时为深埋， $h < H_p$ 时为浅埋。

深埋与浅埋分界的其他方法：前述比尔鲍曼公式中，当 h 增加到 σ_v 趋于常数时即为深埋；用泰沙基公式，则当 $h \geqslant 5b$ 时即为深埋。

② 深埋隧道围岩松动压力的确定方法。

当隧道的埋置深度超过一定限值后，由于围岩有"成拱作用"，其松动压力仅是隧道周边某一破坏范围（自然拱）内岩体的重量，而与隧道埋置深度无关。因此知道这一破坏范围的大小就成为问题的关键。

a. 我国《铁路隧道设计规范》推荐的方法。

确定围岩松动压力的关键是找出其破坏范围的规律性，而这种规律性只有通过大量的实际破坏性态的统计分析才能发现。

围岩破坏的直接表现形式是施工中产生的坍方。因此，根据大量隧道坍方资料的统计分析，可找出隧道围岩破坏范围形状和大小的规律性，从而得出计算围岩松动压力的统计公式。由于所统计的坍方资料有限，加上资料的相对可靠性，所以这种统计公式也只能在一定程度上反映围岩松动压力的真实情况。我国现行《铁路隧道设计规范》中推荐的计算围岩垂直均布松动压力 q 的公式，就是根据 1 000 多个坍方点的资料进行统计分析而拟定的。

铁路隧道垂直均布压力计算按式（3-3）确定。

$$\begin{cases} q = \gamma \times h \\ h = 0.45 \times 2^{S-1} \times w \end{cases} \tag{3-3}$$

式中： S——围岩级别，如Ⅲ级围岩 $S=3$；

w——宽度影响系数， $w = 1 + i(B-5)$；

其中： B——坑道宽度，以 m 计；

i—— B 每增加 1 m 时，围岩压力的增减率（以 $B=5$ m 为基准）；当 $B < 5$ m 时，取 $i=0.2$， $B > 5$ m 时，取 $i=0.1$。

式（3-3）的适用条件为： $H/B < 1.7$（ H 为坑道的高度）；深埋隧道；不产生显著的偏压力及膨胀压力的一般围岩；采用钻爆法施工的隧道。在上述产生垂直压力的同时，隧道也会有侧向压力出现，即围岩水平分布松动压力 e，按表 3-6 中的经验公式计算（一般取平均值）。

表 3-6　围岩水平均布作用压力

围岩级别	Ⅰ~Ⅱ	Ⅲ	Ⅳ	Ⅴ	Ⅵ
水平匀布压力	0	$<0.15q$	$(0.15 \sim 0.3)q$	$(0.30 \sim 0.5)q$	$(0.5 \sim 1.0)q$

除了确定压力的数值外，还要考虑压力的分布状态。根据我国隧道垂直围岩压力的一些

量测资料表明，作用在支护结构上的荷载一般是不均匀的。这是因为岩体破坏范围的大小和形状，受岩体结构、施工方法等因素的控制极不规则。根据统计资料，围岩垂直松动压力的分布大概可概括为 4 种，如图 3-9 所示。通常用等效荷载，即非均布压力的总和应与均布压力的总和相等的方法来确定各荷载图形的高度值。

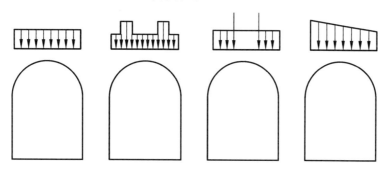

图 3-9　垂直松动压力的分布

另外，还应考虑围岩水平松动压力非均匀分布的情况。

但上述压力分布图形只概括了一般情况，当地质、地形或其他原因可能产生特殊荷载时，围岩松动压力的大小和分布应根据实际情况分析确定。

b. 普氏理论。

普氏认为，所有的岩体都不同程度被节理、裂隙所切割，因此可视为散粒体。但岩体又不同于一般的散粒体，其结构面上存在着不同程度的黏结力。基于这种认识，普氏提出了岩体的坚固性系数 f（又称侧摩擦系数）的概念。

岩体的抗剪强度 $\tau = \sigma \tan\varphi + c$，现将岩体视为散粒体，但又要保证其抗剪强度不变，则 $\tau = \sigma f$。f 的计算公式如下：

$$f = \tau / \sigma = (\sigma \tan\varphi + c) / \sigma = \tan\varphi + c / \sigma = \tan\varphi_0 \tag{3-4}$$

式中：φ、φ_0——岩体的内摩擦角和似摩擦角；

　　　τ、σ——岩体的抗剪强度和剪切破坏时的正应力；

　　　c——岩体的黏结力。

由此可以看出，岩体的坚固性系数 f 是一个说明岩体特性（如强度、抗钻性、抗爆性、构造、地下水等）的综合指标。

为了确定围岩的松动压力，普氏进一步提出了基于"自然拱"概念的计算理论。他认为在具有一定黏结力的松散介质中开挖坑道后，其上方会形成一个抛物线形的自然拱，作用在支护结构上的围岩压力就是自然拱内松散岩体的重量。而自然拱的形状和尺寸（即它的高度 h_k 和跨度 B_t）与岩体的坚固性系数 f 有关。具体表达式为

$$h_k = b_t / f \tag{3-5}$$

式中：h_k——自然拱高度；

　　　b_t——自然拱的半跨度。

在坚硬的岩体中，坑道侧壁较稳定，自然拱的跨度即为坑道的跨度，即 $b_t = b$（b 为隧道净宽度的一半，$b = 2B$），如图 3-10（a）所示。在松散和破碎岩体中，坑道的侧壁受到扰动

而产生滑移，如图 3-10（b）所示，自然拱的跨度也相应加大为

$$b_t = b + H_t \cdot \tan(45 - \varphi_0 / 2) \tag{3-6}$$

式中：b ——坑道的净跨之半；

H_t ——坑道的净高；

φ_0 ——岩体的似摩擦角，$\varphi_0 = \arctan f$。

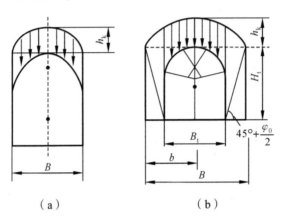

（a）　　　　　　　（b）

图 3-10　开挖形成的自然平衡拱

围岩垂直均布松动压力为

$$q = \gamma h_k \tag{3-7}$$

围岩水平均布松动压力可按朗肯公式计算，即

$$e = \left(q + \frac{1}{2} \gamma H_t \right) \tan^2 \left(45° - \frac{\varphi_0}{2} \right) \tag{3-8}$$

按普氏理论算得的软质围岩松动压力，与实际情况相比较偏小，对坚硬围岩则偏大，一般在松散、破碎围岩中较为适用。

c. 泰沙基理论。

泰沙基也将岩体视为散粒体，他认为坑道开挖后，其上方的岩体因坑道的变形而下沉，并产生如图 3-11 所示的错动面 OAB。

假定作用在任何水平面上的竖向压应力 σ_v 是均布的，相应的水平力 $\sigma_H = \lambda \sigma_v$（$\lambda$ 为侧压力系数）。在地面深度为 h 处取出一厚度为 $\mathrm{d}h$ 的水平条带单元体，考虑其平衡条件 $\sum V = 0$，得出

$$2b(\sigma_v + \mathrm{d}\sigma_v) - 2b \cdot \sigma_v + 2\lambda \sigma_v \tan \varphi_0 \cdot \mathrm{d}h - 2b\gamma \cdot \mathrm{d}h = 0 \tag{3-9}$$

展开后，得

$$\frac{\mathrm{d}\sigma_v}{\gamma - \dfrac{\lambda \sigma_v \tan \varphi_0}{b}} - \mathrm{d}h = 0 \tag{3-10}$$

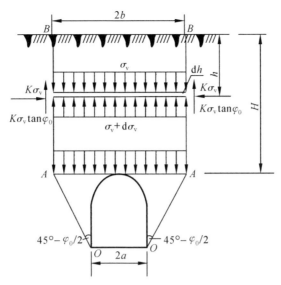

图 3-11　深埋隧道开挖滑动体受力分析

解上述微分方程，并引进边界条件（当 $h=0$，$\sigma_v=0$），得洞顶岩层中任意点的垂直压力为

$$\sigma_v = \frac{\gamma b}{\tan\varphi_0 \cdot \lambda}\left(1 - e^{-\lambda\tan\varphi_0 \cdot \frac{h}{b}}\right) \qquad (3\text{-}11)$$

随着坑道埋深 h 的加大，$e^{-\lambda\tan\varphi_0 \cdot \frac{h}{b}}$ 趋近于零，则 σ_v 趋于某一个固定值，且

$$\sigma_v = \frac{\gamma b}{\tan\varphi_0 \cdot \lambda} \qquad (3\text{-}12)$$

泰沙基根据试验结果，得出 $\lambda=1 \sim 1.5$，取 $\lambda=1$，则

$$\sigma_v = \frac{\gamma b}{\tan\varphi_0} \qquad (3\text{-}13)$$

如以 $\tan\varphi_0 = f$ 代入，得

$$\sigma_v = \gamma b / f \qquad (3\text{-}14)$$

式中，b、φ_0 意义同上。

此时便与普氏理论计算公式得到相同的结果。泰沙基认为当 $H \geqslant 5b$ 时为深埋隧道。至于侧向均布压力则仍按朗金公式计算，即

$$e = \left(\sigma_v + \frac{1}{2}\gamma H_t\right)\tan^2\left(45° - \frac{\varphi_0}{2}\right) \qquad (3\text{-}15)$$

③ 浅埋隧道围岩松动压力的确定方法。

当隧道浅埋时，地层多为松散堆积物，"自然拱"无法形成，此时的围岩压力计算不能再引用上述深埋情况的计算公式，而应按浅埋情况进行分析计算。

前已述及当隧道埋深不大时，开挖的影响将波及地表而不能形成"自然拱"。从施工过程中岩体（包括土体）的运动情况可以看到，隧道开挖后如不及时支撑，岩体即会大量坍落移动，这种移动会影响到地表并形成一个坍陷区域，此时岩体将会出现两个滑动面，如图 3-12 所示。

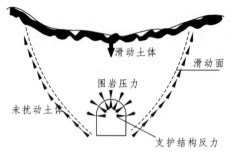

图 3-12 浅埋隧道开挖滑动面示意

对于这样的情况，可以采用松散介质极限平衡理论进行分析。当滑动岩体下滑时，受到两种阻力作用：一是滑面上阻止滑动岩体下滑的摩擦阻力；二是支护结构的反作用力，这种反作用力的数值应等于滑动岩体对支护结构施加的压力，也就是我们所要确定的围岩松动压力。根据受力的极限平衡条件：

滑动岩体重量=滑面上的阻力+支护结构的反作用力（围岩松动压力）

则围岩松动压力=滑动岩体重量-滑面上的阻力

计算浅埋隧道围岩松动压力分两种情况：

a. 我国《铁路隧道设计规范》推荐，当隧道埋深 h 小于或等于等效荷载高度 h_q（即 $h \leq h_q$）时，因上覆岩体很薄，滑动面上的阻力很小，为安全起见，计算时可忽略滑面上的摩擦阻力，则围岩垂直均布压力为

$$q = \gamma h \tag{3-16}$$

式中：γ ——围岩容重；

h——隧道埋置深度。

围岩水平均布压力 e 按朗肯公式计算，即

$$e = \left(q + \frac{1}{2} \gamma H_t \right) \tan^2 \left(45° - \frac{\varphi}{2} \right) \tag{3-17}$$

式中符号意义同前。

b. 我国《铁路隧道设计规范》推荐，当隧道埋深 h 大于等效荷载高度 h_q（即 $h > h_q$）时，随着隧道埋置深度增加，上覆岩体逐渐增厚，滑面的阻力也随之增大。因此，在计算围岩压力时，必须考虑滑面上阻力的影响，可按下述方法计算：

施工中，上覆岩体的下沉和位移与许多因素有关，如支护是否及时，岩体的性质、坑道的尺寸及埋置深度的大小，施工方法是否合理等。为方便计算，根据实践经验做一些简化假定，如图 3-13 所示。

垂直压力可按式（3-18）进行计算。

$$\begin{cases} q = \gamma h \left(1 - \dfrac{\lambda h \tan \theta}{B} \right) \\ \lambda = \dfrac{\tan \beta - \tan \varphi_c}{\tan \beta [1 + \tan \beta (\tan \varphi_c - \tan \theta) + \tan \varphi_c \tan \theta]} \\ \tan \beta = \tan \varphi_c + \sqrt{\dfrac{(\tan^2 \varphi_c + 1) \tan \varphi_c}{\tan \varphi_c - \tan \theta}} \end{cases} \tag{3-18}$$

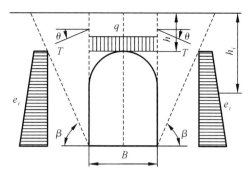

图 3-13　浅埋隧道的荷载计算示意

式中：θ——顶板土柱两侧摩擦角；

$\quad\quad\varphi_{\mathrm{c}}$——围岩的计算摩擦角，按表 3-7 选取；

$\quad\quad\beta$——产生最大推力时的破裂角；

其余符号意义同前面一致。

根据《铁路工程设计计算手册——隧道》可以得知 θ 的取值，如表 3-7 所示。

表 3-7　顶板土柱两侧摩擦角

围岩级别	I	II	III	IV	V	VI
φ_{c}	>78°	70°~78°	60°~70°	50°~60°	40°~50°	30°~40°
θ	0.9φ_{c}			（0.7~0.9）φ_{c}	（0.5~0.7）φ_{c}	（0.3~0.5）φ_{c}

由式（3-18）可以看出，θ 越大，产生的垂直荷载越小，按最不利情况进行验算，所以在选取时取小值。

水平压力可按式（3-19）进行计算。

$$e_i = \gamma h_i \lambda \qquad\qquad (3\text{-}19)$$

式中：h_i——内外侧任意点至地面的距离。

当 $h_i < h_{\mathrm{a}}$（h_{a} 为深埋隧道垂直荷载的计算高度）时，取 $\theta=0$，属于超浅埋隧道；当 $h_i \geqslant 2.5h_{\mathrm{a}}$ 时，式（3-19）不再适用。

3.1.4　设计内容和设计流程

1. 地下结构设计原则

在静载、动载等各种荷载作用下，满足服务年限内的耐久性、使用安全性、发挥功能的适用性、修建和使用维护的经济性、建造技术先进性等。

2. 地下结构设计基本内容及流程

地下结构的设计工作一般分为初步设计和技术设计（包括施工图）两个阶段。初步设计中的结构设计部分在满足上述要求后，还要解决设计方案技术上的可行性与经济上的合理性，并应提出投资、材料和施工等指标。地下结构设计主要包括以下内容：

（1）初步拟定截面尺寸。

应根据施工方法选定结构形式和布置方式，根据荷载和使用要求估算结构跨度、高度、顶底板及边墙厚度等主要尺寸。

（2）确定其上作用的荷载。

要根据荷载作用组合的要求进行，需要时要考虑工程的防护等级、"三防"要求以及动载标准进行确定。

（3）检算结构的稳定性。

地下结构埋深较浅又位于地下水位线以下时，要进行抗浮检算；对于敞开式结构（墙式支挡结构）要进行抗倾覆、抗滑动检算。

（4）计算结构内力。

应选择与工作条件相适宜的计算模式和计算方法，得出结构各控制截面的内力。

（5）进行内力组合。

在各种荷载作用下分别计算结构内力，对最不利的可能情况进行内力组合，计算出各控制截面的最大设计内力值，并进行截面强度检算。

（6）进行配筋设计。

通过截面强度和裂缝宽度的核算确定受力钢筋数量，并确定必要的构造钢筋。

（7）进行安全性评价。

若结构的稳定性或截面强度不符合安全要求，需要重新拟定截面尺寸，并重复以上各个步骤，直至各截面均符合稳定性和强度要求为止。

（8）绘制施工设计图。

根据确定的结构形式和布置、截面尺寸、材料，按照施工图设计要求绘制施工设计图。

地下结构设计基本流程，如图 3-14 所示。

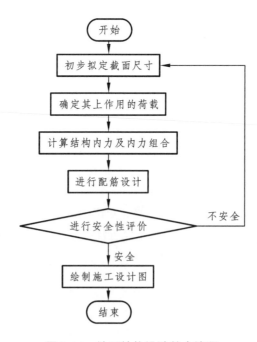

图 3-14　地下结构设计基本流程

3.2 地下工程设计方法

不同的地下工程结构,如城市地铁、城市地下综合管廊、城市地下商业街和交通隧道等,有不同的设计方法。本书主要以交通地下工程为例,展开对地下工程结构设计方法的介绍。交通地下工程目前常用的结构设计方法主要有 3 种,即标准设计法、类比设计法和解析法。其中,标准设计法及类比设计法是我国地下工程结构的 2 种主要设计方法。我国地域广阔,地形地质条件千差万别,标准众多,量大面广。对新的标准、新的围岩条件下的地下工程结构可采用类比设计法进行设计,当具备了丰富的设计经验和工程实例后,可通过总结提炼编制标准设计图,供工点设计使用。解析法又称为分析法,它是指应用数学推导、演绎去求解数学模型的方法。解析设计法是与标准设计法及类比设计法并列的设计方法或理论。根据对围岩与支护结构相互作用力学模型的处理方式,解析设计法一般又可分为荷载-结构法和地层-结构法。

3.2.1 标准设计法

1. 标准设计法介绍

标准设计法是标准支护模式设计方法的简称,是根据地下结构的埋深大小、围岩级别、运输方式、速度目标值、股道/车道数量、铁路轨道形式、防排水方式等内容,依照国家或行业有关部门发布的标准图、通用图开展工程设计的方法。

标准设计法应用的前提是地下结构断面形式标准化、衬砌支护方式标准化、施工方法标准化。其主要设计内容包括建筑限界与衬砌内轮廓、设计荷载及结构计算方法、断面及支护参数、建筑及防水材料、防排水设计、工程数量等内容。其主要适用于具有标准内轮廓形状的地下结构衬砌。对地下结构工程中具有标准形状的结构物或构件也可采用标准设计法,如地下结构洞门、沟槽、初期支护钢架等。

2. 标准设计法现状

目前我国铁路地下结构设计中主要采用标准设计法。早年詹天佑主持编制过一套京张铁路标准图,包括线路、桥涵、地下结构、车站房屋等工程的标准设计 49 种。从 20 世纪 50 年代初期至 20 世纪末的近半个世纪,铁路地下结构设计人员共编制了地下结构建筑结构、防水排水、运营通风与施工设备等标准设计 407 项,其中地下结构衬砌、明洞、洞门等地下结构主体结构的标准设计共有 198 项。原铁道部在 20 世纪颁布过时速 120 km 单线、双线铁路地下结构衬砌、明洞、洞门等标准图,2000 年左右作废。

世界范围内,日本是采用标准设计法较多的国家。日本铁路地下结构的标准设计是按照单线、双线和新干线来划分,根据围岩分级和施工实际制定标准支护参数。日本公路地下结构的标准设计程度比较高,不仅有双车道、三车道公路地下结构的标准设计,还有双车道地下结构紧急停车带的标准设计。

3. 标准设计法内容

我国铁路隧道主要采用标准设计法,以下仅针对铁路隧道的标准设计进行介绍。

我国现行铁路隧道标准设计图包括衬砌、明洞、洞门、缓冲结构，以及地震区隧道衬砌、明洞通用参考图，分别适用于时速 160 km、200 km、250 km 客货共线铁路单线、双线隧道，时速 250 km、350 km 客运专线铁路单、双线隧道，以下主要介绍衬砌标准设计。衬砌标准设计法的设计内容包括建筑限界、衬砌内轮廓、设计荷载、结构计算方法、支护结构设计参数、衬砌断面图、建筑及防水材料、施工方法、监控量测设计等内容。

（1）铁路隧道建筑限界与衬砌内轮廓。

根据线路的设计速度目标值、列车牵引方式、运输方式，铁路隧道建筑限界可分为：客货共线铁路隧道建筑限界（$v \leqslant 160$ km/h、160 km/h$< v \leqslant 200$ km/h）、双层集装箱运输隧道建筑限界、城际铁路建筑限界、高速铁路建筑限界。

衬砌内轮廓一般根据建筑限界、隧道内正线数目、设计速度目标值、空气动力学效应需要的隧道净空面积、轨道形式、养护维修、防灾救援、接触网悬挂、轨下结构物布置、线路曲线加宽、结构受力条件和施工运营等方面要求综合考虑确定。

下面以时速 350 km 高速铁路双线隧道和时速 200 km 单线铁路隧道为例进行说明。

① 时速 350 km 高速铁路双线隧道建筑限界与衬砌内轮廓。

建筑限界采用《高速铁路设计规范》（TB 10621—2014）中的"高速铁路建筑限界及基本尺寸轮廓"。衬砌内轮廓拟定时考虑的具体要求有：按照空气动力学要求，双线隧道净空有效面积不宜小于 100 m²；双侧设置贯通的疏散通道，救援通道距线路中线距离不应小于 2.3 m；救援通道宽度宜为 1.5 m，高度不应小于 2.2 m。时速 350 km 高速铁路双线隧道建筑限界与衬砌内轮廓见图 3-15。

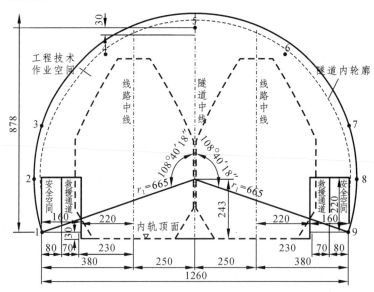

图 3-15　时速 350 km 高速铁路双线隧道建筑限界与衬砌内轮廓（尺寸单位：cm）

② 时速 200 km 客货共线铁路（普通货物运输）单线隧道建筑限界与衬砌内轮廓。

建筑限界按照《新建时速 200 公里客货共线铁路设计暂行规定》（铁建设函〔2005〕285号）中"电力牵引铁路 KH-200 桥隧建筑限界"。衬砌内轮廓拟定时考虑的具体要求有：按照空气动力学要求，单线隧道净空有效面积不宜小于 52 m²；单侧设置贯通的疏散通道，疏散通道宽度不得小于 1.25 m，高 2.2 m，距线路中线距离不得小于 2.2 m。时速 200 km 客货共线铁路（普通货物运输）单线隧道建筑限界与衬砌内轮廓见图3-16。

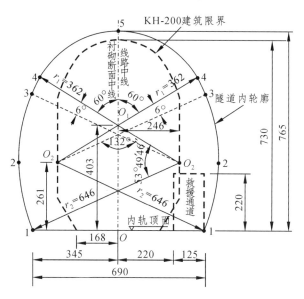

图 3-16　时速 200 km 客货共线铁路（普通货物运输）单线隧道建筑限界与衬砌内轮廓（尺寸单位：cm）

（2）铁路隧道支护结构设计参数与材料。

① 时速 350 km 客运专线铁路双线隧道复合式衬砌。

《时速 350 公里客运专线铁路双线隧道复合式衬砌》（通隧〔2008〕0301）适用于电力牵引、设计行车速度 350 km/h 的客运专线铁路，主要内容包括：①Ⅱ～Ⅴ级围岩双线隧道复合式衬砌断面及主要工程数量、钢筋布置图，Ⅱ、Ⅲ级围岩衬砌按深埋设计，Ⅳ、Ⅴ级围岩衬砌按深埋、浅埋两种埋深设计。②Ⅱ级围岩采用曲墙带底板和曲墙有仰拱两种结构形式，Ⅲ～Ⅴ级围岩隧道均采用曲墙有仰拱结构形式。③隧道内通常设置双侧水沟及双侧电缆槽，单侧按一沟两槽形式设置。④各型衬砌断面均采用无砟轨道形式、重型轨道，无轨道包括双块式和板式两种，轨道高度分别为 515 mm 和 657 mm。

无仰拱衬砌断面如图3-17所示，有仰拱衬砌断面如图3-18所示，衬砌支护参数及材料见表3-8。

② 时速 200 km 客货共线铁路单线隧道复合式衬砌（普通货物运输）。

《时速 200 公里客货共线铁路单线隧道复合式衬砌（普通货物运输）》（通隧〔2008〕1201）适用于电力牵引、设计行车速度 200 km/h 客货共线（普通货物运输）铁路，主要内容包括：①Ⅲ～Ⅴ级围岩单线隧道复合式衬砌断面及主要工程数量、钢筋布置图，Ⅱ、Ⅲ级围岩衬砌按深埋设计，Ⅳ、Ⅴ级围岩衬砌按深埋、浅埋设计。②Ⅱ级围岩采用曲墙带底板结构形式，Ⅲ～Ⅴ级围岩采用曲墙有仰拱结构形式。③隧道内通常设置双侧水沟及双侧电缆槽，单侧按一沟一槽形式设置。④各型衬砌断面轨面以下考虑有轨道和无轨道两种道床形式。无轨道按弹性支承块设计，道床高度 570 mm；有轨道道床高度 766 mm。

无仰拱衬砌断面如图3-19所示，有仰拱衬砌断面如图3-20所示，衬砌设计参数及材料见表3-9。

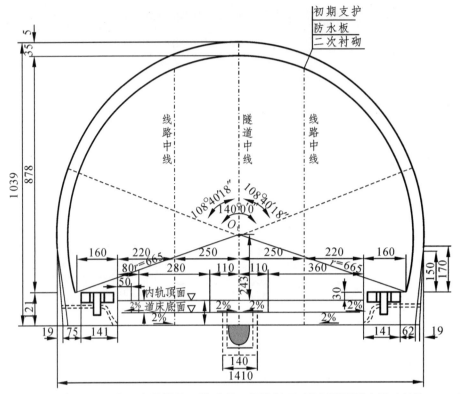

图 3-17 时速 350 km 客运专线铁路双线隧道无仰拱衬 II_a 型砌断面图（尺寸单位：cm）

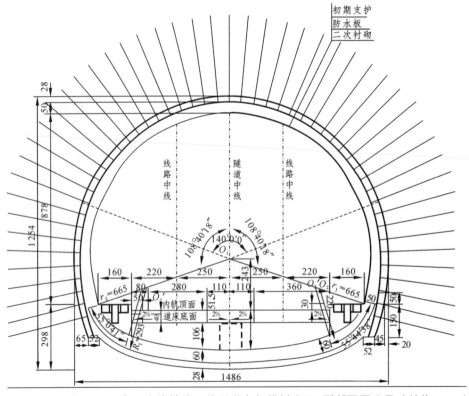

图 3-18 时速 350 km 客运专线铁路双线隧道有仰拱衬砌 V_b 型断面图（尺寸单位：cm）

表 3-8　时速 350 km 客运专线铁路双线隧道复合式衬砌设计参数

衬砌类型	预留变形量/cm	C25喷射混凝土 设置部位	C25喷射混凝土 厚度/cm	钢筋网 设置部位	钢筋网 网格间距/cm	钢筋网 钢筋规格	锚杆 设置部位	锚杆 间距(环向×纵向)/m	锚杆 长度/m	格栅(型钢)钢架 设置部位	格栅(型钢)钢架 类型/mm	格栅(型钢)钢架 间距/m	二次衬砌 拱墙/cm	二次衬砌 仰拱/底板/cm
Ⅱₐ型	3～5	拱墙	5	—	—	—	局部	—	2.5	—	—	—	35	—
Ⅱᵦ型	3～5	拱墙	5	—	—	—	局部	—	2.5	—	—	—	35	45
Ⅲₐ型	5～8	拱墙	12	拱部	25×25	φ6	拱墙	1.2×1.5	3.0	—	—	—	40	50
Ⅲᵦ型	5～8	拱部 边墙	23 12	拱部	25×25	φ6	拱墙	1.2×1.5	3.0	拱部	高130、φ22格栅	1.2	40	50
Ⅳₐ型	8～10	拱墙 仰拱	25 10	拱墙	20×20	φ6	拱墙	1.2×1.2	3.5	拱墙	高150、φ22格栅	1.0	45*	55*
Ⅳᵦ型	8～10	拱墙 仰拱	25 25	拱墙	20×20	φ6	拱墙	1.2×1.2	3.5	全环	高150、φ25格栅或I18型钢	1.0	45*	55*
Ⅴₐ型	10～15	拱墙 仰拱	28 28	拱墙	20×20	φ8	拱墙	1.2×1.0	4.0	全环	高180、φ25格或I20a型钢	0.8	50*	60*
Ⅴᵦ型	10～15	拱墙 仰拱	28 28	拱墙	20×20	φ8	拱墙	1.2×1.0	4.0	全环	I20a型钢	0.6	50*	60*

注："*"表示钢筋混凝土。

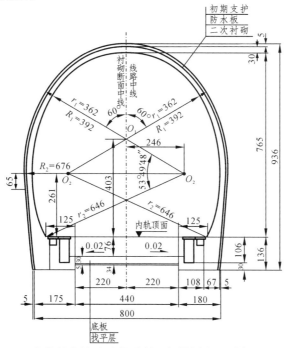

图 3-19　时速 200 km 客货共线铁路单线隧道无仰拱衬砌Ⅱ型断面图（尺寸单位：cm）

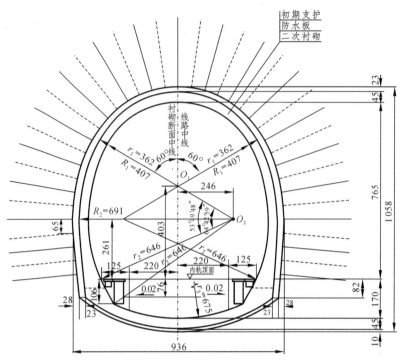

图 3-20　时速 200 km 客货共线铁路单线隧道有仰拱衬砌 V_a 型断面图（尺寸单位：cm）

表 3-9　时速 200 km 客货共线铁路（普货运输）单线隧道复合式衬砌设计参数

围岩级别	预留变形量/cm	初期支护											二次衬砌	
		C25喷射混凝土		钢筋网			锚杆			格栅（型钢）钢架			拱墙/cm	仰拱/底板/cm
		设置部位	厚度/cm	设置部位	网格间距/cm	钢筋规格	设置部位	间距（环向×纵向）/m	长度/m	设置部位	类型/mm	间距/m		
Ⅱ型	0~2	拱墙	5	—	—	—	局部	—	2	—	—	—	30	30*
Ⅲ型	3~4	拱墙	8	拱部	25×25	φ6	拱墙	1.2×1.5	2.5	—	—	—	35	40
Ⅳₐ型	3~5	拱墙	12	拱墙	25×25	φ6	拱墙	1.2×1.2	3	—	—	—	40	40
Ⅳᵦ型	6~8	拱墙	23	拱墙	20×20	φ6	拱墙	1.2×1.2	3	拱墙	格栅或型钢	1.2	40	40
Ⅴₐ型	8~10	拱墙 仰拱	23 10	拱墙	20×20	φ8	拱墙	1.2×1.0	3	拱墙	格栅或型钢	1	45*	45*
Ⅴᵦ型	8~10	拱墙 仰拱	25 25	拱墙	20×20	φ8	拱墙	1.2×1.0	3	全环	格栅或型钢	0.8	45*	45*

注："*"表示钢筋混凝土。

3.2.2　类比设计法

1. 类比设计法介绍

工程经验类比设计法是通过对具有类似围岩条件、断面形式、使用功能的既有地下结构工程案例的综合分析，开展新建地下结构设计的方法。该方法是在大量的工程实例和丰富的工程经验基础上，通过准确把握类比工程的共同点与不同点来进行新建地下结构设计，否则会影响其安全性与经济性。该方法对难以准确计算的地下结构工程具有一定的科学性，但无法得出设计工程的安全性状况，一般还需要采用其他方法如荷载-结构法、地层-结构法等进行验证。该方法主要适用于地质条件复杂、结构受力不明确的地下结构，某些尚无法完全依靠现有理论和计算方法得出设计参数的特殊段落。

2. 类比设计法现状

目前我国公路地下结构主要采用该方法进行新建地下结构的设计。公路地下结构设计院一般根据具体项目的技术标准，按照《公路工程技术标准》（JTG B01—2014）和《公路隧道设计规范》（JTG D70—2004）等拟定地下结构建筑限界和净空断面，在此基础上通过工程类比和结构计算确定各级围岩地下结构的衬砌支护参数，据此编制项目的设计参考图或直接进行工点设计。

奥地利、挪威等欧洲国家新建地下结构设计时，亦普遍采用工程经验类比法，并逐渐形成了相应的地下结构设计施工方法，如新奥法、挪威法等。新奥法是以围岩分级为基础的经验设计，设计阶段一般根据已有的地质资料来设计初期支护，在施工过程中根据开挖后对岩体的评价和应力及位移的量测结果确定初期支护的级别。而挪威法是由正确的围岩评价、合理的支护参数和高性能的支护材料 3 部分组成的一种经济而安全的地下结构类比设计方法。设计阶段主要采用 Q 系统分类法对围岩稳定性进行评价，基于稳定性评价结果，给出地下支护结构建议措施及推荐参数。

3. 类比设计法内容

在大多数情况下，隧道支护体系设计还是依赖于类比设计的。因此，应把类比设计作为一个实用、有效的方法加以研究和应用，并在实践过程中不断完善。这种方法在没有标准设计的场合特别适用。

（1）类比设计法原则。

类比设计法主要应用于隧道支护结构参数的确定，包括类比工程的资料收集、与类比工程的对比分析、支护结构参数的拟定、支护结构参数的调整等。

采用类比设计法进行设计时，设计对象与类比对象之间应尽量满足以下的类似条件：

① 几何相似性。

几何相似性是指设计隧道断面的形状、大小与已有类似隧道具有可比性，而不是相差很大。

② 物理相似性。

物理相似性是指设计隧道所处的埋置深度、地质条件、地下水条件与类比隧道具有相似性。

③ 荷载相似性。

荷载相似性是指设计隧道在施工阶段和运营阶段所承受的荷载条件与类比隧道具有相似性，如施工阶段的地应力场、运营阶段的特殊荷载等。

④ 使用功能相似性。

使用功能相似性是指设计隧道与类比隧道的使用功能相似。

⑤ 施工方法相似性。

施工方法相似性是指设计隧道与类比隧道的施工方法相似，如均采用矿山法、均采用全断面法或分部开挖法施工等。

（2）类比设计法关键因素。

① 对隧道进行围岩分级。

应根据地质调查、测绘、勘探及试验成果，按照围岩的主要工程地质特征、结构特征和完整状态、围岩基本质量指标 BQ、围岩弹性纵波速度 v_p 对围岩进行分级，一般可分为 I ~ VI 级共 6 种围岩级别。现行《铁路隧道设计规范》（TB 10003—2016）还将 III、IV、V 级围岩各分为两个亚级。

② 支护类型与参数选择。

根据围岩的稳定情况选择合理的支护类型与参数。在各级围岩中，一般情况下，初期支护应优先考虑选用喷射混凝土支护或锚喷联合支护。支护结构参数大体按下述原则确定：

a. 支护类型的确定应根据围岩的地质特点、工程断面大小和使用条件等因素综合考虑。

b. 选择合理的锚杆类型与参数，在围岩中能有效形成承载环。应根据地质条件、断面大小和使用条件选定锚杆类型，确定锚杆直径、长度、数量、间距和布置方式。

c. 选择合理的喷层厚度，充分发挥围岩和喷层自身的承载力。最佳的喷层厚度（刚度）应既能使围岩维持稳定，又允许围岩有一定塑性位移，以利于围岩自身承载能力的发挥和减小喷层的弯曲应力。

d. 合理配置钢筋网。钢筋网具有防止或减小喷层收缩裂缝，提高支护结构的整体性和抗震性，使混凝土中的应力得以均匀分布，增加喷层的抗拉强度、抗剪强度、韧性等功能。在软弱破碎围岩及抗震需要时应配置钢筋网。

e. 合理选择钢架支撑。在下列场合必须考虑使用钢架支撑：自稳时间短、在喷射混凝土或锚杆发挥支护作用前洞室岩面难以稳定时；用管棚、钢插板进行超前支护需要支点时；为抑制地表下沉，或者由于土压大，需要提高初期支护的强度和刚度时。

f. 二次衬砌厚度应根据围岩类型和级别确定，一般采用厚度 30 ~ 50 cm 的模筑混凝土结构。当地下环境具有较强侵蚀性，或二次衬砌是在初期支护稳定前施作时，应对二次衬砌进行加强或采用钢筋混凝土结构。

③ 采取合理措施，控制围岩变形，最大限度发挥围岩的承载能力。

a. 隧道的布置和选型应适应原岩应力状态和岩体的性质，争取较好的受力条件。

b. 采取控制爆破措施，减少对围岩的扰动，并及时支护，减少其他因素对围岩的不利影响。

c. 根据围岩性质，适时施作初期支护。

d. 采取合理的施工方法。

④ 依据现场监测数据指导设计和施工。

制订详细周密的监控量测计划，系统地控制施工中的变形与应力，确定结构的支护阻力是否和围岩类型相适应以及确定是否需要加强措施。根据监控量测结果对支护结构和施工方法进行修正，以保证工程的安全性与经济性。

（3）铁路隧道类比设计支护参数。

《铁路隧道设计规范》（TB 10003—2016）第 9.2.2 条规定，初期支护及二次衬砌的设计参数，应根据隧道围岩分级及构造特征、地应力条件等采用工程类比、理论分析确定，在其条文说明中给出了复合式衬砌常用的设计参数，见表 3-10。

表 3-10　铁路隧道复合式衬砌设计参数

围岩级别	隧道开挖跨度	初期支护							二次衬砌厚度/cm	
		喷射混凝土厚度/cm		锚杆			钢筋网	钢架		
		拱墙	仰拱	位置	长度/m	间距/m			拱墙	仰拱
Ⅱ	小跨	5	—	局部	2	—	—	—	30	—
	中跨	5	—	局部	2	—	—	—	30	—
	大跨	5~8	—	局部	2.5	—	—	—	30~35	—
Ⅲ硬质岩	小跨	5~8	—	拱墙	2	1.2~1.5	拱部@25×25	—	30~35	—
	中跨	8~10	—	拱墙	2.0~2.5	1.2~1.5	拱部@25×25	—	30~35	—
	大跨	10~12	—	拱墙	2.5~3.0	1.2~1.5	拱部@25×25	—	35~40	35~40
Ⅲ软质岩	小跨	8	—	拱墙	2.0~2.5	1.2~1.5	拱部@25×25	—	30~35	30~35
	中跨	8~10	—	拱墙	2.0~2.5	1.2~1.5	拱部@25×25	—	30~35	30~35
	大跨	10~12	—	拱墙	2.5~3.0	1.2~1.5	拱部@25×25	—	35~40	35~40
Ⅳ深埋	小跨	10~12	—	拱墙	2.5~3.0	1.0~1.2	拱部@25×25	—	35~40	40~45
	中跨	12~15	—	拱墙	2.5~3.0	1.0~1.2	拱部@25×25	—	40~45	45~50
	大跨	20~23	10~15	拱墙	3.0~3.5	1.0~1.2	拱部@20×20	拱墙	40~45*	45~50*
Ⅳ浅埋	小跨	20~23	—	拱墙	2.5~3.0	1.0~1.2	拱部@25×25	拱墙	35~40	40~45
	中跨	20~23	—	拱墙	2.5~3.0	1.0~1.2	拱部@20×20	拱墙	40~45	45~50
	大跨	20~23	10~15	拱墙	3.0~3.5	1.0~1.2	拱部@20×20	拱墙	40~45*	45~50*
Ⅴ深埋	小跨	20~23	—	拱墙	3.0~3.5	0.8~1.0	拱部@20×20	拱墙	40~45	45~50
	中跨	20~23	20~23	拱墙	3.0~3.5	0.8~1.0	拱部@20×20	全环	40~45*	45~50*
	大跨	23~25	23~25	拱墙	3.5~4.0	0.8~1.0	拱部@20×20	全环	50~55*	55~60*
Ⅴ浅埋	小跨	23~25	23~25	拱墙	3.0~3.5	0.8~1.0	拱部@20×20	全环	40~45*	45~50*
	中跨	23~25	23~25	拱墙	3.0~3.5	0.9~1.0	拱部@20×20	全环	40~45*	45~50*
	大跨	25~27	25~27	拱墙	3.5~4.0	0.8~1.0	拱部@20×20	全环	50~55*	55~60*

注："*"表示钢筋混凝土。

（4）公路隧道类比设计的支护参数。

《公路隧道设计细则》（JTG/T D70—2010）第 13.4.6 条规定，一般条件下，初期支护及二次衬砌可参照表 3-11、表 3-12 的规定选用，并应根据现场围岩监控量测反馈的信息，对支护参数进行必要的调整。

表 3-11　双车道公路隧道复合式衬砌设计参数

围岩级别	初期支护							二次衬砌 现浇混凝土厚度/cm	
	喷射混凝土厚度/cm		锚杆			钢筋网/cm	钢架间距/cm	拱、墙	仰拱
	拱、墙	仰拱	位置	长度/m	纵向间距/m				
VI	通过试验计算确定								
V₂	20~25	15~20	拱、墙	3.0~3.5	0.6~0.8	20×20	60~80	45（钢筋混凝土）	
V₁	20~25	5~10	拱、墙	3.0~3.5	0.8~1.0	20×20	80~100	45	
IV₃	20~22	—	拱、墙	2.5~3.0	0.8~1.0	20×20	100~120	40	
IV₂	18~20	—	拱、墙	2.5~3.0	1.0~1.2	20×20	120~150	40	
IV₁	15~18	—	拱、墙	2.5~3.0	1.0~1.2	25×25	局部	35	—
III₂	10~12	—	拱、墙	2.5~3.0	1.0~1.2	25×25	—	35	—
III₁	8~10	—	拱、墙	2.5~3.0	1.2~1.5	25×25	—	35	—
II	5~8	—	局部	2.0~2.5	—	局部	—	30	
I	5	—	—	—	—	—	—	30	

表 3-12　三车道公路隧道复合式衬砌设计参数

围岩级别	初期支护							二次衬砌 现浇混凝土厚度/cm	
	喷射混凝土厚度/cm		锚杆			钢筋网/cm	钢架间距/cm	拱、墙	仰拱
	拱、墙	仰拱	位置	长度/m	纵向间距/m				
VI	通过试验计算确定								
V₂	25~28	20~25	拱、墙	4.0~4.5	0.5~0.8	20×20	50~80	60（钢筋混凝土）	
V₁	25~28	15~20	拱、墙	3.5~4.0	0.8~1.0	20×20	80~100	55（钢筋混凝土）	
IV₃	22~25	5~10	拱、墙	3.5~4.0	0.8~1.0	20×20	80~100	50（钢筋混凝土）	50
IV₂	22~25	—	拱、墙	3.5~4.0	0.8~1.0	20×20	100~120	45（钢筋混凝土）	45
IV₁	20~23	—	拱、墙	3.0~3.5	1.0~1.2	25×25	120~150	45	45
III₂	15~20	—	拱、墙	3.0~3.5	1.2~1.5	25×25	局部	40	—
III₁	12~15	—	拱、墙	3.0~3.5	1.2~1.5	25×25	—	40	—
II	8~10	—	局部	2.5~3.0	—	局部	—	35	
I	5~8	—	—	—	—	—	—	35	

3.2.3　荷载−结构法

1. 基本原理

荷载−结构法是一种解析设计方法，该方法以支护结构作为承载主体，围岩作为荷载，同时考虑其对隧道支护结构变形的约束作用，具有概念清晰、荷载明确、计算简便等优点，在我国地下工程解析设计中得到广泛使用。

这种方法是将支护和围岩分开考虑，支护结构是承载主体，地层对结构的作用只是产生作用在地下结构上的荷载，以计算衬砌在荷载作用下产生的内力和变形的方法。其设计原理是按围岩分级或由实用公式确定围岩压力，围岩对支护结构变形的约束作用是通过弹性支撑来体现的，而围岩的承载能力则在确定围岩压力和弹性支撑的约束能力时间接考虑。围岩的承载能力越高，它给予支护结构的压力越小，弹性支撑约束支护结构变形的弹性反力越大，相对来说，支护结构所起的作用就变小了。

结构力学方法是我国目前广泛采用的一种主要的地下结构计算方法，也称为"荷载-结构"模型。该方法主要适用于围岩因过分变形而发生松弛和崩塌，以及支护结构主动承受围岩"松动"压力的情况。由于此类模型概念清晰，计算简便，易于被工程师们所接受，故至今仍很通用，尤其是对整体式混凝土衬砌。但它没有真实地反映出坑道开挖后围岩与支护结构的相互作用关系。

结构力学方法虽然都是以承受岩体松动、崩塌而产生的竖向和侧向主动压力为主要特征，但在围岩与支护结构相互作用的处理上却有几种不同的做法：

（1）主动荷载模式[图 3-21（a）]。此模式不考虑围岩与支护结构的相互作用，因此，支护结构在主动荷载作用下可以自由变形。它主要适用于围岩与支护结构的"刚度比"较小的情况，或软弱围岩对结构变形的约束能力较差，没有能力去约束衬砌变形的情况，如采用明挖法施工的城市地铁工程及明洞工程。

（2）主动荷载加被动荷载（弹性抗力）模式[图 3-21（b）]。此模式认为围岩不仅对支护结构施加主动荷载，而且由于围岩与支护结构的相互作用，还对支护结构施加被动的约束反力。为此，支护结构在主动荷载和约束反力同时作用下进行工作。这种模式能适用于各种类型的围岩，只是不同围岩所产生的弹性抗力大小不同而已，这种模式基本能反映出支护结构的实际受力状况。

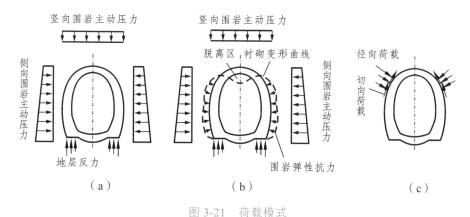

图 3-21　荷载模式

（3）实际荷载模式[图 3-21（c）]。这是当前正在发展的一种模式，它采用量测仪器实地量测到作用在支护结构上的荷载值，这是围岩与支护结构相互作用的综合反映，既包含围岩的主动荷载，也含有弹性反力。在支护结构与围岩牢固接触时，不仅能量测到径向荷载，而且还能量测到切向荷载，切向荷载的存在可减少荷载分布的不均匀程度，从而改善结构的受力情况。结构与围岩松散接触时，就只有径向荷载。但应该指出，实际量测到的荷载值，除与围岩特性有关外，还取决于支护结构的刚度以及支护结构背后回填的质量。因此，某一种实地量测的荷载，只能适用于其相类似的情况。

2. 隧道支护结构受力变形特点

隧道支护结构在主动荷载作用下要产生变形。如图 3-22 所示的曲墙式衬砌，在主动荷载（设围岩垂直压力大于侧向压力）作用下，结构产生的变形用虚线表示。在拱顶，其变形背向地层，不受围岩的约束而自由变形，这个区域称为"脱离区"。而在两侧及底部，结构产生朝向地层的变形，并受到围岩的约束阻止其变形，因而围岩对衬砌产生了弹性抗力，这个区称为"抗力区"。为此，围岩对衬砌变形起双重作用：围岩产生主动压力使衬砌变形，又产生被动压力阻止衬砌变形。这种效应的前提条件是围岩与衬砌必须全面地、紧密地接触。但实际的接触状态是相当复杂的。由于围岩的性质、施工方法、衬砌类型等因素的不同，致使围岩与衬砌可能是全面接触，也可能是局部接触，可能是面接触，也可能是点接触，有时是直接接触，有时通过回填物间接接触。为便于计算，一般将上述复杂情况予以理想化，即假定衬砌结构与围岩全面地、紧密地接触。因此，为了符合设计计算要求，施工中应严格按照施工规范要求进行施工。

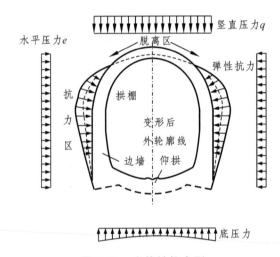

图 3-22　支护结构变形

3. 隧道支护结构承受的荷载

（1）荷载分类。

以图 3-21（b）模式进行分析，作用在隧道支护结构上的荷载分为主动荷载和被动荷载两种。

① 主动荷载。

按作用情况分为主要荷载和附加荷载。

a. 主要荷载。

它是指长期及经常作用的荷载，如围岩松动压力、支护结构的自重、地下水压力及列车、汽车活载等。其中，围岩压力是最主要的，支护结构自重可按预先拟定的结构尺寸和材料容重计算确定。在含水地层中，静水压力可按最低水位考虑，当静水压不大，由于静水压力使衬砌结构物中的轴向力加大，对抗弯性能差的混凝土衬砌结构来说，相当于改善了它的受力状态，按排水结构设计时可不考虑水压力的作用；当静水压力较大，按不排水结构设计时，应考虑水压力的作用。对于没有仰拱的衬砌结构，列车、汽车活载直接传给地层，而对于设有仰拱的衬砌结构，列车、汽车活载对拱墙衬砌结构的受力影响应根据具体情况而定，一般可略去不计。

b. 附加荷载。

它是指偶然的、非经常作用的荷载，如温差应力、施工荷载、灌浆压力、冻胀力及地震力等。其中主要的是地震力。

计算荷载应按上述两种荷载同时存在的情况进行组合。一般仅考虑主要荷载，只有在某些特殊情况时，如七级以上地震区，考虑地面荷载；最冷月平均气温低于 – 15 ℃地区的隧道应考虑冻胀力；对稳定性有严格要求的刚架和截面厚度大、变形受约束的结构，应考虑温度变化和混凝土收缩徐变的影响；结构物件在就地建造和安装时，应考虑作用在物件上的施工荷载。

② 被动荷载（即围岩的弹性抗力）。

所谓弹性抗力就是指由于支护结构发生向围岩方向的变形而引起的围岩对支护结构的约束反力。

弹性抗力的大小，目前多用温克尔（Winkler）假定为基础的局部变形理论计算。局部变形理论把围岩简化为一组彼此独立的弹簧（弹性支承），某一弹簧受压缩时产生的反力值，只和其自身压缩量成正比，与其他弹簧无关，如图 3-23（a）所示。

$$\sigma_i = K\delta_i \tag{3-20}$$

式中：δ_i——支护结构表面某点 i 的位移（即对应的围岩表面某点的压缩变形）；

σ_i——在该点处围岩和结构相互作用的反力；

K——围岩的弹性反力系数。

这样假设和实际情况有出入，实际地层变形如图 3-23（b）所示，但局部变形理论简单明了，便于应用，且能满足一般工程设计需要的精度，故广为使用。围岩的约束作用是地下结构的一大特点，它有利于结构的稳定，限制了围岩的变形，从而改善了结构的受力条件，提高了结构的承载力。

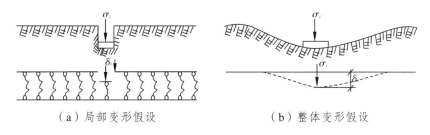

（a）局部变形假设　　　　　　（b）整体变形假设

图 3-23　变形引起反力计算

（2）作用分类及作用组合。

隧道结构上的作用应按表 3-13 进行分类，在结构上可能同时出现的作用应按承载能力极限状态和正常使用极限状态分别进行作用组合，并取其最不利组合进行设计。

表 3-13 隧道结构作用分类

序号	作用分类	作用名称
1	永久作用	结构自重
2		结构附加恒载
3		围岩压力
4		土压力
5		混凝土收缩和徐变作用
6		水压力及浮力
7		基础变形影响力
8		地面永久建筑物影响力
9	可变作用	通过隧道的列车荷载及制动力
10		地面车辆荷载及产生的冲击力、土压力
11		与隧道立交的铁路列车荷载及其产生的冲击力、土压力
12		与隧道立交的渡槽流水压力
13		温度变化的作用
14		冻胀力
15		雪荷载
16		风荷载
17		施工灌浆压力
18		气动力
19		与各类结构施工有关的临时荷载
20		岩土侵蚀作用
21	偶然作用	落石冲击力
22		地震作用
23		人防荷载
24		沉船、抛锚、疏浚撞击力

隧道结构设计时，应按下列规定对不同作用采用不同的代表值：

① 对永久作用应采用标准值作为代表值。

② 对可变作用应根据设计要求采用标准值、组合值、频遇值或准永久值作为代表值。

③ 对偶然作用应按隧道结构使用的特点确定其代表值。

（3）承载能力极限状态。

隧道承载能力极限状态，应按作用基本组合或作用偶然组合计算作用组合的效应设计值，并应按式（3-21）进行设计。

$$\gamma_0 S_d \leqslant R_d \tag{3-21}$$

式中：γ_0——结构重要性系数，对应于安全等级取值，见表 3-14；

S_d——作用组合的效应设计值；

R_d——隧道结构构件抗力的设计值，应按有关结构设计规定确定。

表 3-14 隧道结构安全等级及结构重要性系数

安全等级	隧道类型	结构重要性系数 γ_0
一级	三线及以上隧道、车站隧道、水底隧道或有特殊要求的隧道	1.1
二级	一般隧道、明洞	1.0
三级	用于施工、通风、排水等的辅助坑道	0.9

① 对于作用基本组合的效应设计值 S_d，应从下列组合值中取最不利值确定：

a. 由永久作用控制的效应设计值，应按式（3-22）进行计算。

$$S_d = \sum_{j=1}^{m} \gamma_{G_j} S_{G_{jk}} + \sum_{i=1}^{n} \gamma_{Q_i} \psi_{ci} S_{Q_{ik}} \qquad （3-22）$$

注：当对 $S_{Q_{1k}}$ 无法明显判断时，应轮次以各可变荷载效应为 $S_{Q_{1k}}$，并选取其中最不利的作用组合的效应设计值。

式中：G_{jk} ——第 j 个永久作用的标准值；

Q_{ik} ——第 i 个可变作用的标准值；

γ_{G_j} ——第 j 个永久作用的分项系数；

γ_{Q_i} ——第 i 个可变作用的分项系数，其中 γ_{Q_1} 为主导可变作用 Q_1 的分项系数；

ψ_{ci} ——第 i 个可变作用 Q_i 的组合值系数，隧道结构可变作用组合值系数不应小于表 3-15 的规定；

$S_{G_{jk}}$ ——第 j 个按永久作用或围岩压力标准值 G_{jk} 计算的作用效应值；

$S_{Q_{ik}}$ ——第 i 个按可变作用标准值 Q_{ik} 计算的作用效应值；

m ——参与组合的永久作用数；

n ——参与组合的可变作用数。

b. 由可变作用控制的效应设计值，应按式（3-23）进行计算。

$$S_d = \sum_{j=1}^{m} \gamma_{G_j} S_{G_{jk}} + \gamma_{Q_1} S_{Q_{1k}} + \sum_{i=2}^{n} \gamma_{Q_i} \psi_{ci} S_{Q_{ik}} \qquad （3-23）$$

式中：Q_{1k} ——诸可变作用中起主导作用的可变作用标准值；

$S_{Q_{1k}}$ ——诸可变作用效应中起主导作用的可变作用效应标准值。

表 3-15 隧道结构可变作用组合系数

可变作用类型	组合值系数 ψ_c
通过隧道的列车荷载及制动力	0.9
与隧道立交的公路车辆荷载产生的土压力	0.9
与隧道立交的铁路列车荷载产生的土压力	0.9
与隧道立交的渡槽流水压力	0.8
温度变化影响压力	0.6
冻胀力	0.8
风荷载	0.6

可变作用类型	组合值系数 ψ_c
雪荷载	0.7
施工灌浆压力	0.8
与各类结构施工有关的临时荷载	0.8

基本组合的作用分项系数，应按下列规定采用：

永久作用的分项系数应符合下列规定：当永久作用效应对结构不利时，围岩荷载、明洞及洞门土压力分项系数应取 1.4，其他永久作用分项系数应取 1.2；当永久作用效应对结构有利时，永久作用分项系数应取 1.0。

可变作用的分项系数应符合下列规定：一般情况下，可变作用分项系数应取 1.4，对于风荷载、雪荷载分项系数应取 1.3。

② 对于偶然组合，作用组合效应的设计值宜按下列规定采用：偶然作用的代表值不乘分项系数；与偶然作用同时出现的其他作用可根据观测资料和工程经验采用适当的代表值。

作用偶然组合的效应设计值 S_d，可按下列规定采用：

a. 用于承载能力极限状态计算的效应设计值，应按式（3-24）进行计算。

$$S_d = \sum_{j=1}^m S_{G_{jk}} + S_{A_d} + \psi_{f1} S_{Q_{1k}} + \sum_{i=2}^n \psi_{qi} S_{Q_{ik}} \tag{3-24}$$

式中： A_d ——偶然作用的标准值；

S_{A_d} ——偶然作用标准值 A_d 计算的作用效应值；

ψ_{f1} ——起主导作用的可变作用的频遇值系数，可按《建筑结构荷载规范》（GB 50009）采用；

ψ_{qi} ——第 i 个可变作用的准永久值系数，可按《建筑结构荷载规范》（GB 50009）采用。

b. 用于偶然事件发生后受损结构整体稳固性验算的效应设计值，应按式（3-25）进行计算。

$$S_d = \sum_{j=1}^m S_{G_{jk}} + \psi_{f1} S_{Q_{1k}} + \sum_{i=2}^n \psi_{qi} S_{Q_{ik}} \tag{3-25}$$

（4）正常使用极限状态。

对于正常使用极限状态，应根据不同的设计要求，采用荷载的标准值或组合值为荷载代表值的标准组合；也可以将可变荷载采用频偶值或准永久值为荷载代表值的频偶组合；或将可变荷载采用准永久值为荷载代表值的准永久组合，并应按式（3-26）进行设计。

$$S_d \leqslant C \tag{3-26}$$

式中： C ——结构或结构构件达到正常使用要求的规定限值，例如变形、裂缝、振幅、加速度或应力等的限值，应按有关结构设计规范规定采用。

① 对于作用标准组合的效应设计值 S_d 应式（3-27）进行计算。

$$S_d = \sum_{j=1}^m S_{G_{jk}} + S_{Q_{1k}} + \sum_{i=2}^n \psi_{ci} S_{Q_{ik}} \tag{3-27}$$

② 对于作用频遇组合的效应设计值 S_d，应按式（3-28）进行计算。

$$S_d = \sum_{j=1}^{m} S_{G_{jk}} + S_{Q_{1k}} + \sum_{i=2}^{n} \psi_{qi} S_{Q_{ik}} \qquad (3\text{-}28)$$

③ 对于作用准永久组合的效应设计值 S_d，可按式（3-29）进行计算。

$$S_d = \sum_{j=1}^{m} S_{G_{jk}} + \sum_{i=2}^{n} \psi_{qi} S_{Q_{ik}} \qquad (3\text{-}29)$$

4. 隧道支护结构的计算方法

隧道支护结构计算的主要内容有：按工程类比方法初步拟定断面的几何尺寸；确定作用在结构上的荷载，进行力学计算，求出截面的内力（弯矩 M 和轴向力 N）；检算截面的承载力。由前述知，隧道支护结构计算采用荷载-结构模式，即在主动荷载及被动荷载（弹性抗力）共同作用下的拱式结构。衬砌结构在主动荷载作用下产生的弹性抗力的大小和分布形态取决于衬砌结构的变形，而衬砌结构的变形又和弹性抗力有关，所以衬砌结构的计算是一个非线性问题，必须采用迭代解法或某些简化的假定，使问题得以解决。为此，由于对弹性抗力的处理方法不同，而有几种不同的计算方法，下面分别加以介绍。

（1）假定抗力区范围及抗力分布规律法（简称"假定抗力图形法"）。

如果经过多次计算和经验积累，基本上掌握了某种断面形式的衬砌在某种荷载作用下的变形规律，以后再计算同类荷载作用下的同类衬砌结构时，就可假定衬砌结构周边抗力分布的范围及抗力区各点抗力变化的图形，只要知道某一特定点的弹性抗力，就可求出其他各点的弹性抗力值。这样，在求出作用在衬砌结构上的荷载后，其内力分析也就变成了通常的超静定结构问题。这种方法适用于曲墙式衬砌和直墙式衬砌的拱圈计算。图 3-24 为曲墙式衬砌结构采用"假定抗力图形法"求解衬砌截面内力的计算图式。它是一个在主动荷载（垂直荷载大于侧向荷载）及弹性抗力共同作用下，支承在弹性地基上的无铰高拱。拱两侧的弹性抗力按二次抛物线分布，只要知道特定点，即最大抗力点 h（最大跨度处）截面的弹性抗力值 σ_h，其他各截面的弹性抗力值可通过与 h 点弹性抗力值 σ_h 有关的函数关系式求出。因此解题的关键在于不但要求结构内力，还要求 h 点的抗力值。但是 h 点的抗力按温氏假定与 h 点的衬砌变形有关，而该点的变形又是在外荷载和抗力共同作用下得到的，而 h 点的抗力可以由该点的变形协调来求解，即 h 点的衬砌变形与该点的地层变形是一致的，故最大抗力点的未知数可以多列出一个方程来求解。

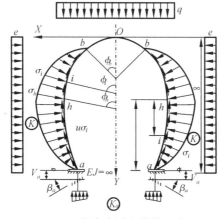

图 3-24　曲墙式衬砌结构受力图

（2）弹性地基梁法。

这种方法是将衬砌结构看成置于弹性地基上的曲梁或直梁。弹性地基上抗力按温克尔假定的局部变形理论求解。当曲墙的曲率是常数或为直墙时，可采用初参数法求解结构内力。一般直墙式衬砌的直边墙利用此法求解。

直墙式衬砌的拱圈和边墙分开计算。拱圈为一个弹性固定在边墙顶上的无铰平拱，边墙为一个置于弹性地基上的直梁，计算时先根据其换算长度，确定是长梁、短梁或刚性梁，然后按照初参数方法来计算墙顶截面的位移及边墙各截面的内力值。计算图式如图 3-25 所示。

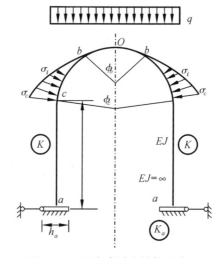

图 3-25　直墙式衬砌结构受力图

（3）弹性支承法。

弹性支承法的基本特点是将衬砌结构离散为有限个杆系单元体，将弹性抗力作用范围内（一般先假定拱顶 90°~120°范围为脱离区）的连续围岩，离散成若干条彼此互不相关的矩形岩柱，矩形岩柱的一个边长是衬砌的纵向计算宽度，通常取为单位长度，另一边长是两个相邻的衬砌单元的长度之半的和。因岩柱的深度与传递轴力无关，故不予考虑。为了便于计算，用一些具有一定弹性的支承来代替岩柱，并以铰接的方式支承在衬砌单元之间的节点上，它不承受弯矩，只承受轴力。弹性支承的设置方向，当衬砌与围岩之间不仅能传递法向力且能传递剪切力时，则在法向和切向各设置一个弹性支承。如衬砌与围岩之间只能传递法向力时，则沿衬砌轴线设置一个法向弹性支承。但为了简化计算工作，可将弹性支承由法向设置改为水平方向设置。对于弹性固定的边墙底部可用一个既能约束水平位移，又能产生转动和垂直位移的弹性支座来模拟。图 3-26 和图 3-27 分别为曲墙式隧道和矩形隧道衬砌结构内力分析的一般计算图式。将主动围岩压力简化为节点荷载，衬砌结构的内力计算可采用矩阵力法或矩阵位移法，编制程序进行分析计算。

5. 地下结构设计安全稳定性判据

计算出衬砌结构内力后，需进一步检验衬砌截面强度是否满足要求。衬砌结构内力检算一般有两种方法：一种是概率极限状态法；另一种是破损阶段法及容许应力法。对可采用概率极限状态法设计的隧道结构，限于一般地区单线隧道整体式衬砌及洞门、单线隧道偏压衬砌及洞门、单线拱形明洞及洞门。其他结构则仍要求采用破损阶段法及容许应力法设计。

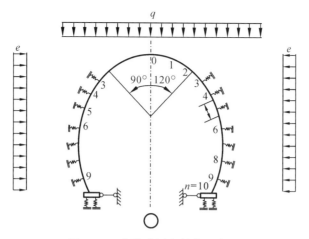

图 3-26　曲墙式衬砌结构受力图

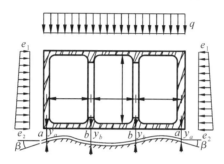

图 3-27　矩形衬砌结构受力图

（1）极限状态法。

概率极限状态法是以概率理论为基础，以防止结构或构件达到某种功能要求的极限状态作为依据的结构设计计算的方法。持久状况、短暂状况及偶然状况均应进行承载能力极限状态设计。持久状况尚应进行正常使用极限状态设计，短暂状况可根据需要进行正常使用极限状态设计，偶然状况可不进行正常使用极限状态设计。

按极限状态法设计结构应根据承载能力极限状态及正常使用极限状态的要求，对下列内容进行计算和验算。

① 承载力及稳定性：所有结构构件均应进行承载力（包括压屈失稳）计算；在必要时尚应进行结构的倾覆和滑移等稳定性验算；处于地震区的结构，尚应进行结构构件抗震的承载力验算。

② 变形：对使用上需控制变形值的结构构件，应进行变形验算。

③ 抗裂及裂缝宽度：对使用上要求不出现裂缝的构件，应进行混凝土拉应力验算；对使用上允许出现裂缝的钢筋混凝土构件，应进行裂缝宽度验算。

隧道和明洞衬砌的素混凝土偏心受压构件，除应按本规范检算承载力外，其轴向力的偏心距不宜大于 0.45 倍截面厚度；对于半路堑式明洞外墙、棚式明洞边墙偏心受压构件，则不应大于 0.3 倍截面厚度。

素混凝土矩形截面轴心及偏心受压构件，当偏心距 e_0 小于 0.2 倍截面高度时，其受压承载能力应按式（3-30）计算。

$$N \leqslant \frac{\varphi \alpha f_{c} b h}{\gamma_{d}} \tag{3-30}$$

式中：N——轴力设计值（MN）；

γ_{d}——结构调整系数，取为 1.85；

e_0——轴向力作用点至截面重心的距离（m），$e_0 = M/N$，其中 M 为弯矩；

φ——素混凝土构件的纵向弯曲系数，对于隧道衬砌、明洞拱圈及墙背紧密回填的边墙，可取 $\varphi = 1$；对于其他构件，应根据其长细比，按表 3-16 采用；

f_c——混凝土轴心抗压强度设计值（MPa），按表 3-17 选用；

b——截面宽度（m）；

h——截面高度（m）；

α——轴向力偏心影响系数，按表 3-18 采用。

表 3-16　混凝土及砌体构件的纵向弯曲系数 φ

H/h	<4	4	6	8	10	12	14	16
纵向弯曲系数	1.00	0.98	0.96	0.91	0.86	0.82	0.77	0.72
H/h	18	20	22	24	26	27	30	
纵向弯曲系数	0.68	0.63	0.59	0.55	0.51	0.47	0.44	

注：① 表中 H 为构件高度；h 为截面短边的边长（当中心受压时）或弯矩作用平面内的截面边长（当偏心受压时）；

② 当 H/h 为表列数值的中间值时，φ 可按插值采用。

表 3-17　混凝土强度设计值　　　　　　　　　　　　　　　　　　　单位：MPa

强度种类	符号	混凝土强度等级									
		C15	C20	C25	C30	C35	C40	C45	C50	C55	C60
轴心抗压	f_c	7.2	9.6	11.9	14.3	16.7	19.1	21.1	23.1	25.3	27.5
轴心抗拉	f_t	0.91	1.1	1.27	1.43	1.57	1.71	1.8	1.89	1.96	2.04

表 3-18　偏心影响系数 α

e_0/h	0.00	0.02	0.04	0.06	0.08
α	1.000	1.000	1.000	0.996	0.979
e_0/h	0.10	0.12	0.14	0.16	0.18
α	0.954	0.923	0.886	0.845	0.799
e_0/h	0.20	0.22	0.24	0.26	0.28
α	0.750	0.698	0.645	0.590	0.535
e_0/h	0.30	0.32	0.34	0.36	0.38
α	0.480	0.426	0.374	0.324	0.278
e_0/h	0.40	0.42	0.44	0.46	0.48
α	0.236	0.199	0.170	0.142	0.123

注：① 表中 e_0 为轴向力偏心距；

② 表中 $\alpha = 1.000 + 0.648 \left(\dfrac{e_0}{h} \right) - 12.569 \left(\dfrac{e_0}{h} \right)^2 + 15.444 \left(\dfrac{e_0}{h} \right)^3$。

对不允许开裂的素混凝土矩形截面偏心受压构件，当偏心距 e_0 不小于 0.2 倍截面高度时，其受压承载力应按式（3-31）计算。

$$N \leqslant \frac{1.55\varphi f_t bh}{\gamma_d \left[6(e_0/h)-1\right]} \qquad (3\text{-}31)$$

式中：f_t——混凝土轴心抗拉强度设计值（MPa），按表 3-17 选用；

γ_d——结构调整系数，取为 2.35。

（2）破损阶段法及容许应力法。

容许应力法，也称极限强度理论法，结构的尺寸必须保证在最不利荷载组合下，结构的控制内力不超过材料的允许应力。破损阶段法，结构的尺寸必须保证在最不利荷载组合下，结构的控制内力不超过材料的极限承载力。

混凝土和砌体矩形截面中心及偏心受压构件的抗压强度应按式（3-32）计算。

$$KN \leqslant \varphi\alpha R_a bh \qquad (3\text{-}32)$$

式中：R_a——混凝土或砌体的抗压极限强度；

K——安全系数，按表 3-19 采用；

N——轴向力（MN）；

b——截面的宽度（m）；

h——截面的厚度（m）；

φ——构件的纵向弯曲系数，对于隧道衬砌、明洞拱圈及墙背紧密回填的边墙，可取 $\varphi=1.0$；对于其他构件，应根据其长细比，按表 3-16 采用；

α——轴向力的偏心影响系数，按表 3-18 取值。

表 3-19　混凝土和砌体结构的强度安全系数

材料种类		混凝土		砌体	
荷载组合		主要荷载	主要荷载+附加荷载	主要荷载	主要荷载+附加荷载
破坏原因	混凝土或砌体达到抗压极限强度	2.4	2.0	2.7	2.3
	混凝土达到抗拉极限强度	3.6	3.0	—	—

从抗裂要求出发，混凝土矩形截面偏心受压构件的抗拉强度应按式（3-33）计算。

$$KN \leqslant \varphi\frac{1.75R_1 bh}{\frac{6e_0}{h}-1} \qquad (3\text{-}33)$$

式中：R_1——混凝土的抗拉极限强度；

e_0——截面偏心距（m）。

对混凝土矩形构件，按现行行业标准《铁路隧道设计规范》（TB 10003—2016）规定的安全系数及材料强度数值计算结果表明，当 $e_0 \leqslant 0.2h$ 时，系抗压强度控制承载能力，不必检算抗裂；当 $e_0 > 0.2h$ 时，系抗拉强度控制承载能力，不必检算抗压。

3.2.4 地层-结构法

1. 基本原理

由于现代隧道施工技术的发展，已有可能在隧道开挖后立即给围岩以必要的约束，抑制其变形，避免围岩产生过度变形而引起松动坍塌。此时，隧道开挖所引起的应力重分布，可由围岩和支护结构体系共同承受，从而达到新的应力平衡。

岩体力学方法主要是对锚喷支护进行预设计。这种方法的出发点是支护结构与围岩相互作用，组成一个共同承载体系，其中围岩为主要的承载结构，支护结构为镶嵌在围岩孔洞上的承载环，只是用来约束和限制围岩的变形，两者共同作用的结果是使支护结构体系达到平衡状态。它的计算模式为地层-结构模式，即处于无限或半无限介质中的结构和镶嵌在围岩孔洞上的支护结构（相当于加劲环）所组成的复合模式。它的特点是能反映出隧道开挖后的围岩应力状态。

地层-结构法面临的背景为：

（1）荷载的模糊性。

（2）围岩物理力学参数难以准确获得。

（3）围岩压力承载体系不确定。

① 围岩不仅是荷载，同时又是承载体。

② 地层压力由围岩和支护结构共同承受。

③ 充分发挥围岩自身承载力的重要性。

（4）设计受施工方法和施作时机的影响很大。

（5）与地面结构受力不同的围岩抗力的存在。

该方法主要具有以下特点：

（1）能反映初始应力场对围岩及支护结构的影响。

（2）能反映隧道开挖和支护对围岩及支护结构力学特征的影响。

（3）能考虑围岩及支护结构的非线性特征。

围岩-结构模型的求解主要采用数值法与解析解法。

数值法是把围岩和支护结构看作一个支承体系，分析在洞室开挖以后，支护设置前后这个体系中的应力（相应的位移）变化情况，并据以判断是否稳定，包括有限元法、有限差分法、边界元法、离散元法等。其中有限元法建立在连续介质力学基础上，适合于小变形分析，是发展较早、较成熟的方法，应用更为广泛。目前常用数值计算软件有 ANSYS、FLAC、Midas 等。

目前在解析解法中运用较广泛的是收敛约束法，又称为特性曲线法，它是一种以理论为基础、实测为依据、经验为参考的较为完善的隧道设计方法。最能直观反映围岩与支护的相互作用。围岩纵向变形曲线（LDP）、围岩特征曲线（GRC）以及支护特征曲线（SCC）是隧道收敛约束法的 3 个组成部分。

采用围岩-结构法研究隧道问题时，其基本步骤如下：

（1）建立几何模型、离散化、设置边界条件；

（2）求解或施加初始应力场；

（3）根据施工步骤模拟隧道开挖与支护；

（4）分析位移场、应力场、支护结构内力、围岩塑性区等。

2. 用岩体力学进行分析的思路及基础知识

（1）岩体力学方法把围岩和支护结构看作一个支承体系，分析在洞室开挖以后，支护设置前后这个体系中的应力（相应的位移）变化情况，并据以判断是否稳定。

在洞室开挖以前，围岩处于初始应力状态，也称初始应力场 $\{\sigma\}^0$，它通常是稳定的。开挖以后，地应力自我调整，且出现相应位移，称二次应力场及位移场（$\{\sigma\}^2$，$\{u\}^2$），这时，如果其应力水平及位移小于岩体的强度及允许值，那么岩体处于弹性状态，仍是稳定的。一般说，无须施作支护结构来增加整个体系的支撑能力。反之，围岩的一部分出现塑性以至松弛，就要适时修筑支护，给围岩以反力并约束其自由位移，这样两者结合成一个体系，应力再次调整，围岩出现三次应力场及位移场（$\{\sigma\}^3$，$\{u\}^3$），支护结构中相应出现了内力及位移（$\{F\}$，$\{\delta\}$），据 $\{F\}$ 及 $\{\delta\}$ 判断结构的安全状况。

完整分析流程如图 3-28 所示。

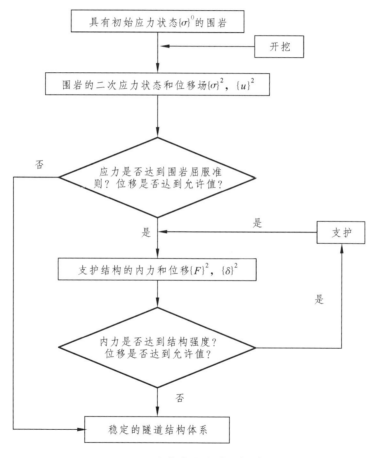

图 3-28　岩体力学方法分析流程

（2）弹性阶段围岩二次应力场及位移场的计算。

由于围岩性质十分复杂多变，洞室开挖引起的应力调整也是十分复杂的，加上不同的洞室尺寸及开挖方法的影响，使得理论分析计算十分困难，不得不借助一些简化假设，简化后和工程实际有所差异，但仍可定性地反映其变化规律，目前所用假设大多有：

① 围岩为均质、各向同性的连续介质；

② 只考虑自重形成的初始应力场；

③ 隧道形状以规则的圆形为主；

④ 隧道埋设于相当深度，看作无限平面中的孔洞问题。

基于上述假设，根据图 3-29 所示计算模型，可采用弹性理论中的基尔西（G.Kirsch）公式表示应力及位移，如式（3-34）、式（3-35）所示。

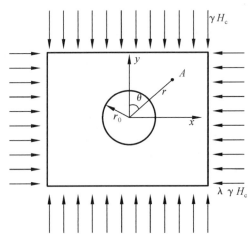

图 3-29　岩体力学方法的计算模型

$$\text{径向应力}\quad \sigma_r = \frac{\gamma H_c}{2}\left[(1+\lambda)\left(1-\frac{r_0^2}{r^2}\right)+(1-\lambda)\left(1-\frac{4r_0^2}{r^2}+\frac{3r_0^4}{r^4}\right)\cos 2\theta\right]$$

$$\text{切向应力}\quad \sigma_\theta = \frac{\gamma H_c}{2}\left[(1+\lambda)\left(1+\frac{r_0^2}{r^2}\right)-(1-\lambda)\left(1+\frac{3r_0^4}{r^4}\right)\cos 2\theta\right]$$

$$\text{剪应力}\quad \tau_{r\theta} = \frac{\gamma H_c}{2}(1-\lambda)\left(1+\frac{2r_0^2}{r^2}-\frac{3r_0^4}{r^4}\right)\sin 2\theta \qquad (3\text{-}34)$$

$$\text{径向位移}\quad u = \frac{\gamma H_c r_0^2}{4Gr}\left\{(1+\lambda)+(1-\lambda)\left[(K+1)-\frac{r_0^2}{r^2}\right]\cos 2\theta\right\}$$

$$\text{切向位移}\quad v = \frac{\gamma H_c r_0^2}{4Gr}(1-\lambda)\left[(K-1)+\frac{r_0^2}{r^2}\right]\sin 2\theta$$

$$\begin{cases} G = E/[2(1+\mu)] \\ K = 3-4\mu \end{cases} \qquad (3\text{-}35)$$

式中：E——岩体弹性模量；

　　　μ——岩体泊松比；

　　　λ——侧压力系数。

如把初始应力进一步简化（$\lambda=1$），则成为拉梅（G. Lame）解：

$$\left.\begin{array}{l} \sigma_r = \gamma H_c \left(1 - \dfrac{r_0^2}{r^2}\right) \\[2ex] \sigma_\theta = \gamma H_c \left(1 + \dfrac{r_0^2}{r^2}\right) \\[2ex] \tau_{r\theta} = 0 \\[2ex] u = \dfrac{\gamma H_c r_0^2}{2Gr} \\[2ex] v = 0 \end{array}\right\} \qquad (3\text{-}36)$$

式（3-36）及图 3-30 所示曲线清楚地显示了其二次应力分布的特性。

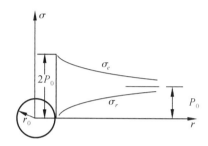

图 3-30　岩体开挖后的二次应力状态

① 随着深入岩体内部，应力变化幅度减小，恢复到初始应力状态，如 $r=6r_0$ 处，其变化只有 3% 左右，因此可以大致认为在此范围以外的岩体不受工程的影响。

② 孔壁部位变化最大，法向正应力 σ_r 从 γH 变到 0，而切向正应力 σ_θ 从 γH_c 变到 $2\gamma H_c$，而且呈单向受压状态。当该值大于岩体的单轴抗压强度 R_c，就可能出现屈服破坏。$\gamma H_c / R_c$ 遂成为反映岩体状态的一个指标。

3. 数值法——地层-结构数值计算模型

随着地下结构计算理论研究工作的进展，人们开始采用地层结构法和收敛限制法等这些以连续介质力学为基础的方法来设计和研究地下结构。然而，由于在以上领域已经取得解析解的成果不多，使这些方法的使用范围还相当有限。

近二十多年来，大型电子计算机的普遍使用使数值计算方法有了很大的发展，大大深化和扩展了岩土工程问题的计算理论。其中，有限单元法是一种发展最快的数值方法。

有限单元法可用于处理很多复杂的岩土力学和工程问题，例如岩土介质和混凝土材料的非线性问题，岩土中节理、裂隙等不连续面对分析计算的影响，土体的固结和次固结，地层和地下结构的相互作用，洞室位移和应力随时间增长变化的黏性特征，分步开挖施工作业对围岩稳定性的影响，渗流场与初始地应力和开挖应力的耦合效应，以及地下结构的抗爆和抗震动力计算等。这些问题的合理解决，对地下工程的优化设计和评价围岩与地层的稳定性就有了较为可靠的理论依据。

弹性力学平面问题的有限单元法已为广大读者所熟悉。本节主要介绍岩土工程材料非线性问题有限单元法，包括岩土地质材料和混凝土的非线性本构模型及弹塑性问题的求解方法，渗流场与地层变形的耦合效应计算，正交节理岩土中隧洞准平面问题的研究，初始地应力的反馈原理，以及地下结构静力分析的一般方法等。

（1）基本概念。

将岩土介质和衬砌结构离散为仅在节点相连的诸单元。荷载移至节点，利用插值函数考虑连续条件，由矩阵方法或矩阵位移法方程组统一求解岩土介质和衬砌结构的应力场和位移场的方法称为有限单元法。

在平面问题中，离散岩土介质常用的单元有常应变三角形单元、六节点三角形单元、矩形单元和四边形等参数单元等。这些单元各有优缺点，目前应用最广的是四边形等参数单元，因为它既具有较高的精度，又能灵活地适应复杂的边界形状。离散衬砌结构的常用单元一般是杆件单元。如结构厚度较大，也可采用上述的各种单元。

求解岩土工程问题采用的有限单元法一般是矩阵位移法，取用的基本未知数是单元节点的位移。为了在节点位移值与单元内任意点的位移值之间建立联系并保持元素之间的连续性，需要根据插值函数建立位移模式。位移模式的合理选择与单元的类型有关，将它们规定为坐标的函数。

（2）开挖效果的模拟。

岩体在开挖洞室之前都具有初始应力，开挖以后，在洞壁处应力解除。如果在开挖同时，设置一能与围岩密贴结合、共同作用的支护结构，那么这一结构可等同于那部分刚挖去的岩体，约束周围岩体因应力场调整而产生的位移，而自己也产生相应位移及应力。这种效果称为开挖效果，在做整体有限元分析时应反映出来。反映的方法常是在洞室支护结构周边各节点加上"等效释放荷载"。它是由地层初始应力产生的，经过推算，其值等于初始应力的合成（转置到各单元节点），而方向则作用在支护结构上。

如果分部开挖，则要把前部开挖后的应力重分布状态作为初始应力，再用同样方法，计算后部开挖造成的"等效释放荷载"。

（3）岩体材料的非线性性质。

通常计算中，假设岩体是处于弹性状态，这时各单元的应力和应变呈直线关系。这样计算比较简单，而且在应力水平不高的情况下也是接近实际的。但是当应力达到一定水平，岩体会呈现塑性，弹性矩阵值将随应力变化而变化。此外，有的岩体还有明显的黏性，这又把时间因素引了进来。这些统称为非线性问题，如何恰当地考虑各种力学性质，综合在应力、应变关系中反映出来，即是岩体的非线性本构模型。各国学者针对不同岩体，提出了不少简繁不一的本构模型，这些非线性本构模型的计算当然比线性模型要复杂得多，但现今力学及计算工具是能够解决的。非线性问题还有如何处理裂隙岩体，上述分析将岩体作为连续介质，在节理发育的岩体中，介质具有各向异性及明显的软弱面，可采用无拉应力本构模型、节理单元模型等进行计算。

4. 解析解法——收敛-约束法

（1）收敛-约束法原理。

收敛-约束法又称特征曲线法，它是一种以理论为基础、实测为依据、经验为参考的较为完善的隧道设计方法。该方法起源于法国，目前已引起国内外有关人员的广泛兴趣和注意，并在某些工程的设计中开始参考采用。

洞室开挖以后，洞周地层将产生变形。洞周地层的变形与外荷载、地层的性质及衬砌结构对洞周地层的支撑作用力等因素有关。将地层在洞周的变形 u 表示为衬砌对洞周地层的作

用力 P_i 的函数，即可在以 u 为横坐标、P_i 为纵坐标的平面上绘出表示两者关系的曲线。因这类曲线表示洞室开挖后地层的受力变形特征，故可称为地层特征线或地层收敛线。

洞室地层对衬砌结构的作用力，即为衬砌结构受到的地层压力，其量值也为 P_i，衬砌结构的变形 u 也可表示为 P_i 的函数，并在以 u、P_i 为坐标轴的平面上绘出两者的关系曲线。这类曲线表示衬砌结构的受力变形特征，称为支护特征线。因衬砌结构发生变形的效果是对洞周地层的变形起限制作用，故支护特征线又可称为支护限制线。

在同一 u-P_i 坐标平面上同时绘出地层收敛线与支护限制线，则两条曲线交点的 u、P_i 值即可作为设计计算的依据。对于衬砌结构，这时的 P_i 值为它承受的地层压力，u 值即为它所产生的变形，如在 P_i 作用下结构产生位移 u 后能保持持续稳定，即可判定结构安全可靠。与此同时，也可判定这时地层处于稳定状态。如在 P_i 作用下结构产生位移 u 后将失去稳定，则地层也不稳定。在这种情况下，应调整结构形状和厚度等参数，或调整施作衬砌的时间，重新进行设计计算。

如上所述，以地层收敛线与支护限制线相交于一点为依据的支护结构设计方法，称为收敛限制法。

图 3-31 为上述收敛限制法原理的示意图。图中纵坐标表示结构承受的地层压力，横坐标表示沿洞周径向位移，这些值一般都以拱顶为准测读计算。曲线①为地层特征线，曲线②为支护特征线。两条曲线交点的纵坐标即为作用在支护结构上的最终地层压力，交点的横坐标为衬砌的最终变形位移。

因洞室开挖成形后一般需要隔开一段时间后才修筑衬砌，在这段时间内洞周地层将在不受衬砌约束的情况下产生自由变形。图 3-31 中的 u_0 值即为洞周地层（毛洞）在衬砌修筑前已经发生了的初始自由变形值。

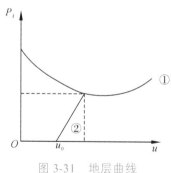

图 3-31　地层曲线

（2）确定地层收敛线的方法。

① 塑性收敛线的确定。

隧道埋深较大、周围地层较差或支护不及时，都可使洞周地层出现塑性区，相应的收敛线称为塑性收敛线。

在静水压力作用下圆形洞室周围地层塑性区的外形为圆形，由式（3-37）可得在双向相等的外压 P_0 及均匀内压 P_i 作用下地层出现塑性区后的洞周位移（即塑性收敛线方程）。

$$u = \frac{1+\mu}{E}\left\{ P_0 - c \times \cot\varphi \left[\left(\frac{R_P}{R_0} \right)^{\frac{2\sin\varphi}{1-\sin\varphi}} - 1 \right] - P_i \left(\frac{R_P}{R_0} \right)^{\frac{2\sin\varphi}{1-\sin\varphi}} \right\} \frac{R_P^2}{R_0} \qquad （3\text{-}37）$$

其中，塑性区半径 R_P 的计算式为

$$R_\mathrm{P} = \left[\frac{(P_0 + c \times \cot\varphi)(1 - \sin\varphi)}{P_i + c \times \cot\varphi} \right]^{\frac{1 - \sin\varphi}{2\sin\varphi}} \times R_0 \qquad (3\text{-}38)$$

由以上两式可知在 $u\text{-}P_i$ 坐标平面上上述塑性收敛线的形状为曲线，如图 3-32 所示。曲线与 P_i 轴的交点仍为 $(0, P_0)$，且仍表示开挖洞体前洞周地层处于初始应力状态。曲线靠近 P_i 的一段为直线，表示洞室周围地层在位移较小时处于弹性受力状态，仅当洞周位移超过一定量值后才进入塑性受力状态。

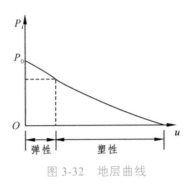

图 3-32　地层曲线

表示直线段的方程仍为

$$u = \frac{1 + \mu}{E} a(P_0 - P_i) \qquad (3\text{-}39)$$

确定直线段与曲线段分界点的条件为 $R_\mathrm{P} = R_0$，绘制曲线时应先计算 R_P，当 $R_\mathrm{P} \leqslant R_0$ 时绘制直线段，$R_\mathrm{P} > R_0$ 时绘制曲线段。

由图 3-32 可见，塑性收敛线与弹性收敛线的变化趋势相同，均为当 P_i 值减小时 u 增大，表示当衬砌刚性较大时作用在衬砌上的地层压力较大，衬砌为柔性结构时地层将产生较大的变形，使作用在衬砌上的地层压力减小。

② 松动压力线与塑性收敛线。

因塑性区发展到一定程度时洞室周围的地层会对衬砌产生松动压力，因而在三次应力状态中作用在衬砌上的地层压力应为形变压力与松动压力两者之和。

对于静水压力作用下的圆形洞室，卡柯在假定地层松动区时洞室的同心圆及体积力沿径向分布后，由垂直轴上的单元体的静力平衡条件导得松动压力 P_a 的计算式为

$$P_\mathrm{a} = -c \times \cot\varphi + c \times \cot\varphi \left(\frac{R_0}{R_\mathrm{P}} \right)^{N_\varphi - 1} + \frac{\gamma R_0}{N_\varphi - 2} \left[1 - \left(\frac{R_0}{R_\mathrm{P}} \right)^{N_\varphi - 2} \right] \qquad (3\text{-}40)$$

式中，$N_\varphi = \dfrac{1 + \sin\varphi}{1 - \sin\varphi}$，其余符号含义与前相同。进一步可得在均布松动压力 P_a 作用下洞周塑性收敛线的方程为

$$u = -P_\mathrm{a} \left(\frac{R_\mathrm{P}}{R_0} \right)^{\frac{2}{1 - \sin\varphi}} R_0 \qquad (3\text{-}41)$$

地层在洞周的最终塑性收敛线应为与外荷载 P_0 及变形压力相应的塑性区收敛线和与松动压力相应的塑性收敛线的叠加塑性收敛线，如图 3-33（a）所示。图中曲线③为与外荷载 P_0 及形变压力相应的塑性收敛线，曲线②为与松动压力相应的塑性收敛线，曲线①为最终塑性收敛线。

鉴于推导卡柯公式的假定与实际情况有差别，确定与松动压力相应的塑性收敛线时也可认为松动压力仅作用于顶拱，即认为侧向只承受形变压力，底部承受的压力为形变压力与松动压力 γR_p 之差，则洞室顶部、侧向和底部将有 3 条不同的最终塑性收敛线，分别如图 3-33（b）中的曲线①、②、③所示。底部最终塑性收敛线在经历一定位移后一般与 u 轴相交，表示底部常可不做支护。曲线①高于曲线②，表示地层顶部比侧向更需及时支护。

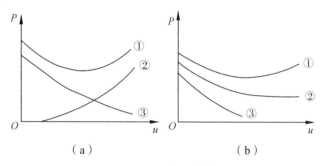

图 3-33　地层曲线

（3）确定支护限制线的方法。

设圆形洞室的支护结构处于弹性受力状态，在静水压力作用下地层对支护结构的压力为 P_i，相应的结构径向变形为 u_i，则由半无限体薄壁圆筒弹性力学原理可导出

$$P_i = K u_i / r_i \qquad (3-42)$$

式中：K——支护刚度系数；

r_i——支护半径。

如图 3-34 所示，将支护修筑前圆形洞室洞周的初始径向变形记为 u_0，则可导出支护限制线的表达式为

$$u = u_0 + \frac{P_i r_i}{K} \qquad (3-43)$$

式中 K 的取值与支护结构的形式有关，给出 K 即得与结构形式相应的支护特征线（图 3-34）。

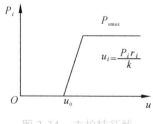

图 3-34　支护特征线

（4）支护时间设置和结构刚度选择。

在不同时间设置支护和选用不同刚度的衬砌结构，可使地层特征线与支护特征线在 u-P_i 坐

标平面上产生不同的组合，如图 3-35 所示。图中曲线①为地层开挖后变形达到稳定时的地层特征线，斜线②～⑥则为在不同时间设置支护或衬砌刚度不同时的各种支护特征线。由图 3-35 可见，地层特征线为上凹曲线，最低点为 b，如支护特征线正好在 b 点与地层特征线相交，如图中斜线④所示，则衬砌结构上承受的地层压力最小。一般说来，在施工中要严格实现使两条特征线在 b 点相交并不现实，能够达到的目标仅是两条特征线在 b 点附近相交。由于曲线①在 b 点以后上升的原因是地层施加于衬砌上的松动压力增大，意味着洞周地层将出现较大程度的破坏，因而作为收敛限制法的设计准则，应做到使支护特征线在 b 点以左附近与地层特征线相交。此外，因岩土材料物性参数的离散性较大，上述两特征线的交点也宜设计在离 b 点以左一定距离的位置上，以增加安全度。

图中斜线②为在洞室开挖后立即施作支护时的支护特征线，斜线③为在洞室开挖后隔一段时间再施作支护时的支护特征线，两条斜线相互平行，表示支护刚度完全相同。对比斜线②与③，可见同一刚度的支护如设置的时间不同，作用在衬砌结构上的地层压力及衬砌位移值都将不同。鉴于地层本身具有一定的自支撑能力，适当推迟设置支护的时间将有利于减小作用于衬砌结构上的地层压力，以达到设计经济的目的。

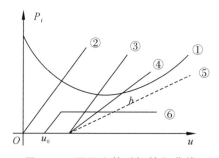

图 3-35　不同支护时间特征曲线

图 3-35 中斜线③与④为在同一时间设置的刚度不同的两种支护的支护特征线。对比两条斜线可见，若地层特征线与支护特征线均能在 b 点以左相交，则相对于柔性结构的斜线④将承受较小的地层压力，即柔性结构将优于刚性结构的结论并不是在任何情况下都是正确的。例如图中线⑤所示的支护特征线将与地层特征线不再相交，表示支护刚度严重不足时地层松动压力将急剧增长，使围岩破坏区的范围相应扩大。斜线⑥则表示，如衬砌结构刚度过于不足时，支护在围岩变形过程中早已破坏。可见，结构的柔性与刚性仅是相对而论的概念，在设计实践中选用柔性结构时仍需注意使结构保持必要的刚度。

显然，只有将地层特征、支护设置时间及支护刚度等因素综合考虑，才能做出合理的设计。

3.3　地下工程修正设计法

由于围岩性质的复杂性，加上施工等人为因素的影响，在隧道工程中，无论事先的调查和试验做得多么细致，支护的实际受力及变形状态往往难与按力学模型所分析的结果相一致。为了确保隧道工程支护结构的安全可靠和经济合理，在施工阶段进行监控量测，及时收集由于隧道开挖而在围岩和支护结构中所产生的位移和应力变化等信息，并根据一定的标准来判断是否需要修改预先设计的支护结构和施工流程，这一方法称为信息反馈法，又称监控法。

它的特点是能反映隧道开挖后围岩的实际应力及变形状态，使得设计和施工与围岩的实际动态相匹配。

1. 信息反馈方法的设计流程

施工前的设计是在认真研究勘测资料和地质调查成果的基础上进行的，对采用矿山法施工的隧道可按照图 3-36 来确定和修正支护结构的设计参数和施工流程，以实现隧道工程的最优化设计和施工。

2. 信息反馈方法

在隧道工程中所采用的反馈方法可归纳为两大类，即理论反馈法和经验反馈法。理论反馈法是基于初勘地质成果、初步设计及施工效果，对初步设计和施工效果进行理论分析（利用量测数据的回归或时间序列分析、宏观围岩参数的位移反分析、理论解析或数值方法进行隧道稳定性分析），判别隧道稳定性，修正设计参数和施工方法。经验反馈法则直接利用量测数据与经验数据（位移值、位移速率、位移速率变化率等）进行对比，判断隧道的稳定性。

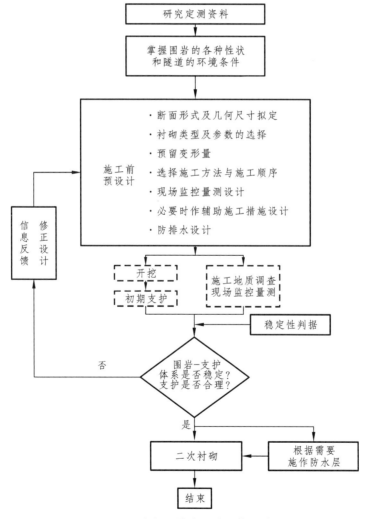

图 3-36　信息反馈法设计、施工流程

（1）围岩物理力学参数的反分析。

围岩物理力学参数是隧道计算分析的基础性数据，勘探及洞内取样试验是隧道局部点的、岩块的结果，与隧道总体岩体的结果有一定差距，在软弱、裂隙岩体中差距更大。利用施工监测位移的反分析，能获得反映等效围岩的和施工实际的宏观条件下的围岩物理力学参数。根据反分析方法不同，又有逆反分析法、直接反分析法、图解法等。

例如直接反分析法，即先按工程类比法预确定围岩物理力学参数，用分析方法求解隧道周边的位移值，并与量测到的隧道周边位移值进行比较，当两者有差异时，修正原先假定的计算参数，重复计算直至两者之差符合计算精度要求时为止。最后所用的计算参数即为围岩物理力学参数。

除弹塑性模型下的反分析法外，也可进行弹黏性模型反分析、弹黏塑性模型反分析。除定值反分析外，还可进行随机反分析。

（2）隧道极限位移。

① 根据位移量测值或预计最终位移值判断。

洞室稳定性或可靠性分析的关键和难点是位移极限值（或称位移强度）的确定。位移极限值是洞室所处围岩性质、支护结构形状和施工等条件的综合反映。它与其所处的地形、地质条件、洞室形态、支护结构形态和施工等因素有关，任一点的极限位移都是在具体条件下的隧道稳定极限状态位移。

根据隧道洞室变形动态信息反推的围岩参数和支护结构实际所受的荷载，进行洞室极限位移的计算模拟，并结合室内模拟试验和现场资料进行综合确定。

a. 极限位移。

单线及双线隧道初期支护的极限相对位移见表 3-20 和表 3-21。

表 3-20　单线隧道初期支护极限相对位移　　　　单位：%

围岩级别	埋深/m		
	≤50	50～300	300～500
拱脚水平相对净空变化			
Ⅱ	—	—	0.20～0.60
Ⅲ	0.10～0.50	0.40～0.70	0.60～1.50
Ⅳ	0.20～0.70	0.50～2.60	2.40～3.50
Ⅴ	0.30～1.00	0.80～3.50	3.00～5.00
拱顶相对下沉			
Ⅱ	—	0.01～0.05	0.04～0.08
Ⅲ	0.01～0.04	0.03～0.11	0.10～0.25
Ⅳ	0.03～0.07	0.06～0.15	0.10～0.60
Ⅴ	0.06～0.12	0.10～0.60	0.50～1.20

由于各级围岩的各项性能参数都是范围值，因而隧道极限位移均为一分布区，使用时中软质围岩取较大值，硬质围岩取较小值。

b. 用《铁路隧道设计规范》（TB 10003—2016）提供的设计参数或反分析确定的物性参数

计算极限位移。

在施工阶段可利用位移反分析求得的围岩力学指标和荷载分布状况,通过计算模拟得出极限位移。用于反分析的监测断面应选择在具有代表性的地段设置,监测项目及要求应高于一般的监测断面。测到的位移可用时间序列模型等进行数据分析和处理,以反映洞周位移随时间变化的趋势。若监测点数较少,不能满足反分析的需要,可用样条函数插值适当增加位移数据。利用上述处理过和增加后的位移值进行反分析,求出较能反映实际的围岩特性指标和荷载分布状况,以此作为推求极限位移和判别稳定的基础。

实测最大相对位移值或预测相对位移值不大于表 3-20、表 3-21 所列极限相对位移值的 2/3 时,可认为初期支护达到稳定,如果大于极限相对位移值的 2/3,意味着围岩不稳定或支护系统工作状态不安全,需要加强。

表 3-21　双线隧道初期支护极限相对位移　　　　　　　单位:%

围岩级别	埋深/m		
	≤50	50~300	300~500
拱脚水平相对净空变化			
Ⅱ	—	0.01~0.03	0.01~0.08
Ⅲ	0.03~0.10	0.08~0.40	0.30~0.60
Ⅳ	0.10~0.30	0.20~0.80	0.70~1.20
Ⅴ	0.20~0.50	0.40~2.00	1.80~3.00
拱顶相对下沉			
Ⅱ	—	0.03~0.06	0.05~0.12
Ⅲ	0.03~0.06	0.04~0.15	0.12~0.30
Ⅳ	0.06~0.10	0.08~0.40	0.30~0.80
Ⅴ	0.08~0.16	0.14~1.10	0.80~1.40

② 根据位移速率判断。

位移速率是以每天的位移量来表示的。对某一开挖断面来讲,从开始产生位移到它稳定为止,每天的位移变化速率都是不同的,位移速率是由大变小的过程,从变形曲线上可分为 3 个阶段:

a. 变形急剧增长阶段——变形速率大于 1 mm/d;

b. 变形速率缓慢增长阶段——变形速率为 1~0.2 mm/d;

c. 基本稳定阶段——变形速率小于 0.2 mm/d。

根据位移速率来判断围岩的稳定程度,是目前国内外广泛采用的方法,但还没有统一的数值标准。我国根据下坑、金家岩、大瑶山等十余座铁路隧道制定的位移变化速率标准为:当净空收敛速率小于 0.2 mm/d 时,认为围岩已达到基本稳定。我国大秦铁路复合式衬砌隧道提出围岩基本稳定的标准为:当隧道跨度小于 10 m 时,水平收敛速率为 0.1 mm/d;当隧道跨度大于或等于 10 m 时,水平收敛速率为 0.2 mm/d。

③ 根据位移-时间曲线（位移时态曲线）形态判断。

由于岩体的流变特性，岩体破坏其前变形曲线可分为 3 个阶段：

a. 基本稳定区：主要标志为变形速率逐渐下降，即 $d^2u/dt^2<0$，表明围岩趋于稳定状态。

b. 过渡区：变形速率保持不变，即 $d^2u/dt^2=0$，表明围岩向不稳定状态发展，须发出警告，加强支护系统。

c. 破坏区：变形速率逐渐增大，即 $d^2u/dt^2>0$，表明围岩已进入危险状态，须停工，进行加固。

根据量测结果可按表 3-22 所列变形管理等级指导施工。

表 3-22　变形管理等级

管理等级	管理位移	施工状态
Ⅲ	$u<u_0/3$	可正常施工
Ⅱ	$u_0/3 \leqslant u \leqslant 2u_0/3$	应加强保护
Ⅰ	$u>2u_0/3$	应采取特殊措施

注：u 为实测位移值，u_0 为极限位移值。

围岩稳定性判断是很复杂的，也是非常重要的问题，应结合具体工程实践，采用上述经验判别准则综合判断。

④ 隧道失稳的经验先兆。

局部块石坍塌或层状劈裂，喷层大量开裂；累计位移量已达极限位移的 2/3，且仍未出现收敛减缓的迹象；每日的位移量超过极限位移的 10%；洞室变形有异常加速，即在无施工干扰时的变形速率加大。

📝 思考题

1. 简述地下结构形式及基本类型。
2. 简述标准设计法与类比设计法适用范围及适用条件。
3. 简述"荷载-结构"设计法计算流程。
4. 简述"地层-结构"设计法计算流程。

参考文献

[1] 关宝树. 隧道工程设计要点集[M]. 北京：人民交通出版社，2003.

[2] 关宝树，赵勇. 软弱围岩隧道施工技术[M]. 北京：人民交通出版社，2013.

[3] 关宝树. 矿山法隧道关键技术[M]. 北京：人民交通出版社，2016.

[4] 关宝树. 隧道工程设计要点集[M]. 北京：人民交通出版社，2003.

[5] 李志业，曾艳华. 地下结构设计原理与方法[M]. 成都：西南交通大学出版社，2003.

[6] 关宝树. 隧道力学概论[M]. 成都：西南交通大学出版社，1993.

[7] 潘昌实. 隧道力学数值方法[M]. 北京：中国铁道出版社，1995.

[8] 孙钧. 地下工程设计理论与实践[M]. 上海：上海科学技术出版社，1996.

[9] 朱水全，宋玉香. 隧道工程[M]. 3 版. 北京：中国铁道出版社，2015.

[10] 中铁二院工程集团有限责任公司. 铁路隧道设计规范：TB 10003—2016[S]. 北京：中国铁道出版社，2017.

[11] 王思敬，杨志法. 地下工程岩体稳定分析[M]. 北京：科学出版社，1984.

[12] 石根华. 数值流形方法和非连续变形分析[M]. 裴觉民，译. 北京：清华大学出版社，1997.

[13] 王明年，刘大刚，刘彪，等. 公路隧道岩质围岩亚级分级方法研究[J]. 岩土工程学报，2009，31（10）：1590-1594.

[14] 王明年，魏龙海，李海军，等. 公路隧道围岩亚级物理力学参数研究[J]. 岩石力学与工程学报，2008，27（11）：2252-225.

[15] 王明年，陈炜韬，刘大刚，等. 公路隧道岩质和土质围岩统一亚级分级标准研究[J]. 岩土力学，2010，31（2）：547-552.

[16] 赵勇，等. 隧道设计理论与方法[M]. 北京：人民交通出版社，2018.

[17] 卢纳尔迪. 隧道设计与施工——岩土控制变形分析法[M]. 铁道部工程管理中心，中铁西南科学研究院有限公司，译. 北京：中国铁道出版社，2011.

[18] 王明年，李玉文. 公路隧道围岩压级分级方法[M]. 成都：西南交通大学出版社，2008.

[19] 招商局重庆交通科研设计院有限公司. 公路隧道设计规范：第一册 土建工程：JTG 3370.1—2018[S]. 北京：人民交通出版社，2018.

[20] 曾艳华，王学英，王明年. 地下结构 ANSYS 有限元分析[M]. 成都：西南交通大学出版社，2008.

[21] 马桂军，赵志峰，叶帅华. 地下工程概论[M]. 北京：人民交通出版社，2018.

[22] 王志坚. 郑万高铁大断面隧道安全快速标准化修建技术[M]. 北京：人民交通出版社，2020.

第 4 章 地下工程施工

 学习目标

1. 掌握地下工程施工基本概念。
2. 掌握地下工程施工方法的主要类型、基本概念及适用性。
3. 了解明挖法、沉管法、矿山法、盾构法、TBM法及顶管法施工装备、施工工序。
4. 了解地下工程施工技术主要内容及要点。
5. 了解、掌握地下工程施工组织管理主要内容及要点。

4.1 地下工程施工基本概念

地下工程施工是修建地下工程的施工方法、施工技术及施工管理的总称。

地下工程施工过程主要包括：在地层中开挖出土石，形成符合功能要求的设计断面与空间，进行支护和衬砌，以控制围岩变形和作用，保证地下结构的可靠性，即安全、适用和耐久。

地下工程施工方法的选择主要根据工程地质和水文地质条件，结合地下工程结构断面尺寸、长度、衬砌类型、结构的使用功能和施工技术水平等因素，综合考虑、研究确定。所选定的施工方法应体现出技术先进、经济合理和安全适用。目前，常用的地下工程施工方法有矿山法、明挖法及全断面隧道掘进机法等。

地下工程施工技术，主要研究解决：

（1）各种施工方法所需要的技术方案和措施，如开挖、掘进、支护和衬砌施工方案和措施；

（2）地下工程穿越特殊、不良地质地段，如黄土、溶洞、高地温、断层破碎带、膨胀岩土、高地应力软岩、岩爆、瓦斯等地层时，所需要的施工手段；

（3）地下工程施工过程中，通风、除尘、防有害气体及照明、风水电作业的方式方法，以及对围岩变化的监控量测方法。

地下工程施工管理主要解决施工组织设计，即施工方案选择、施工技术措施、场地布置、进度控制、材料供应、劳动力及机具安排等，以及施工中的技术、计划、质量、经济、安全管理等问题。

地下工程施工和工程实践密切联系，应将理论与生产实践紧密结合。由于地质勘探的局限性和地质条件的复杂多变性，地下工程施工过程中常会遇到突然变化的地质条件、意外情况（如塌方、涌水等），使得原先制定的施工方案、施工技术措施和进度计划安排等也必须随

之变更。因此，工程技术人员必须拥有结合工程实践经验、掌握综合运用知识的能力，以正确处理地下工程施工中遇到的各种实际问题。

4.2 地下工程施工方法

随着地下工程应用范围的扩大，人们对地下工程认识的不断深入，以及机械化、智能化技术水平的飞跃发展，地下工程施工方法越来越综合化、多样化，各种施工方法的适应性与以前相比发生了重大的改变，以至于很难像以前那样对地下工程施工方法进行分类和界定。如目前常采用的盾构施工方法，其适用范围已不只是城市土质地层中地铁区间的施工，也已应用于山岭交通隧道，TBM施工方法也已普遍应用于城市地铁的施工。因此，地下工程施工方法很难采用所通过的地层和使用的机械设备进行分类，各种具体的施工方法适用范围的界定困难且没有必要。为便于学习和理解，根据地下工程施工是否开挖地面，分为暗挖法和明挖法两大类。

另外，还有水中（也称为水下）悬浮隧道，是建设悬浮于水中的一种大型跨海交通构筑物，是为解决人类未来实现深水、宽水域跨越问题而提出的概念和构想，还处于研究阶段，尚无实际工程应用，可列为特殊施工方法。

地下工程主要的施工方法如表4-1所示。下面将主要介绍矿山法、明挖法、盾构法、TBM法和沉管法。

表 4-1　地下工程施工方法

分类	施工方法	名称
暗挖法	矿山法	传统矿山法
		钻爆法
	全断面掘进机法	盾构法
		TBM法
明挖法	基坑开挖法（一般简称明挖法）	—
	盖挖法	逆作法
		顺作法
	沉管法	—

4.2.1 矿山法

矿山法是山岭隧道常规施工方法，因最早应用于采矿坑道而得名。在矿山法中，多数情况下需采用钻眼爆破进行开挖，故又称为钻爆法。

在矿山法中，地下工程开挖后的支护有钢木构件支撑和锚杆喷射混凝土支护两类。习惯上，将采用钻爆开挖加钢木构件支撑的施工方法称为"传统的矿山法"，将采用钻爆加锚喷支护的施工方法称为"钻爆法"。

钢木构件支撑作为一种维持坑道稳定的措施，常应用于不便采用锚喷支护的现代隧道中或处理塌方等。

锚喷支护技术与传统的钢木构件支撑相比，不仅仅是手段上的不同，更重要的是工程概念的不同，是人们对隧道及地下工程问题的进一步认识和理解。由于锚喷支护技术的应用和发展，使得隧道及地下工程理论步入到现代理论的新领域，也使隧道及地下工程设计和施工更符合地下工程实际，即设计理论—施工方法—结构（体系）工作状态（结果）的一致。

随着地下工程理论及施工技术的发展，人们逐渐认识到地下结构是围岩与支护组成的体系，应充分保护围岩，发挥围岩自身的承载能力，维护围岩的自稳性。地下工程设计和施工与围岩条件密切相关，只有充分掌握围岩条件，才能合理地进行设计与施工。基于此，不同国家和地区发展形成了相应的地下工程施工理念或原则，典型的施工理念有新奥法、岩土控制变形法、浅埋暗挖法等。

1. 新奥法

（1）新奥法概念。

新奥法即新奥地利隧道施工方法（New Austrian Tunnelling Method，NATM），是以喷射混凝土、锚杆等作为主要支护手段，通过监测、控制围岩变形，充分发挥围岩自承能力的施工方法。

新奥法是在锚喷支护技术基础上，由奥地利学者腊布塞维奇（L.V. Rabcewicz）提出，于1954年首次应用于奥地利普鲁茨-伊姆斯特电站的压力输水隧洞中。后经瑞典、意大利等国家同行的理论和实践，于1963年在奥地利萨尔茨堡召开的第8次土力学会议上正式命名为新奥法，并取得了专利权。之后在西欧、北欧、美国和日本等众多地下工程中得到了迅速发展。

对于新奥法，可以理解为是在围岩中形成一个以封闭岩石支撑环为主要目的的隧道施工方法；也可以认为，新奥法不是单纯的开挖、支护的方法和顺序，而是按实际观察到的围岩动态的各项指标来指导开挖隧道的方法。

（2）新奥法施工流程。

新奥法的施工流程可用图4-1表示。

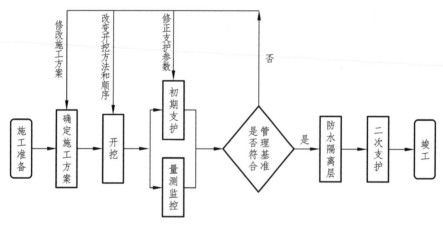

图 4-1　新奥法施工流程

（3）新奥法施工基本原则。

新奥法的施工原则为充分保护并利用围岩的承载能力，其施工要点为控制爆破、锚喷支护和施工监测，其实施方法为设计、施工和监测一体化的动态模式，可归纳为"少扰动、早支护、勤量测、紧封闭"。

"少扰动"是指在地下工程开挖时，要尽量减少对围岩的扰动次数、强度、范围和持续时间。即要求能用机械开挖的就不用钻爆法开挖；采用钻爆法开挖时，要严格进行控制爆破；尽量采用大断面开挖；根据围岩级别、开挖方法、支护条件选择合理的循环进尺；对自稳性差的围岩，循环进尺应短一些；支护要尽量紧跟开挖面，缩短围岩应力松弛时间。

"早支护"是指开挖后及时施作初期支护，使围岩的变形受到控制。这是为了使围岩不致因变形过度而产生坍塌失稳，同时使围岩变形适度发展，以充分发挥围岩的自承能力。

"勤量测"是指以直观、可靠的量测方法和数据来准确评价围岩与支护的稳定状态，判断其动态发展趋势，以便及时调整支护形式和开挖方法，确保施工安全和顺利进行。监控量测是现代隧道及地下工程理论的重要标志之一，也是掌握围岩动态变化过程的手段和进行工程设计、施工的依据。

"紧封闭"一方面是指采取喷射混凝土等防护措施，避免围岩因长时间暴露而导致强度和稳定性的衰减（尤其是对易风化的软弱围岩）；另一方面是指要适时对围岩施作封闭式支护，这样做不仅可及时控制围岩变形，且可使支护和围岩能进入良好的共同工作状态。

2. 隧道岩土控制变形分析法

（1）基本原理。

隧道岩土控制变形分析法，是 20 世纪 80 年代由意大利 Pietro Lunardi 教授基于隧道预支护，将隧道开挖过程中的变形状况按三维空间进行考虑，结合大量理论和试验研究形成的。该方法用于隧道设计与施工，可适应各种围岩条件，特别是浅埋松软地层、变形控制要求高的隧道工程。经过十余年，意大利铁路、公路及大型地下工程建设项目将此方法纳入设计规范并且广泛采用。传入我国后也称为"新意大利法"。

该方法认为，隧道掘进时对周边及前方一定范围的围岩产生扰动，改变了围岩原始应力状态。在开挖面周边区域，围岩由三轴应力逐渐转变为平面应力状态，开挖面及前方一定范围内围岩应力重分布。开挖后围岩变形也在扰动区域内提前发生，变形大小取决于开挖后的应力状态和围岩强度及变形特征。变形大小关系到地表沉降甚至隧道开挖面的失稳，这时有 3 种基本情况可能发生：

① 当开挖面前方围岩的应力状态处于弹性范围内时，在开挖轮廓线附近产生弹性变形，称为"拱部效应"，此时开挖面处于稳定状态；

② 当开挖后围岩处于弹-塑性状况，开挖轮廓四周及开挖面将朝隧道内产生塑性变形，"拱部效应"将从开挖轮廓周围向外移到地层中，但此"转移"只能通过足够的支护措施来实现和控制；

③ 当开挖后围岩产生破坏-滑移的应力状态，围岩大变形随之产生，围岩极不稳定，"拱部效应"难以形成，极易引起坍塌。这时必须采取人工支护措施协助围岩形成"拱部效应"。

上述 3 种变形与开挖面稳定状态的关系可用图 4-2 描述。

以上说明，隧道"拱部效应"的形成及其位置，取决于开挖后围岩的变形特征及其大小。研究证明，隧道开挖扰动后周边及前方围岩所产生的变形可分为 3 类：① 开挖面围岩挤出变形；② 开挖面前方围岩预收敛变形；③ 开挖后洞室围岩收敛变形。3 类变形如图 4-3 所示。

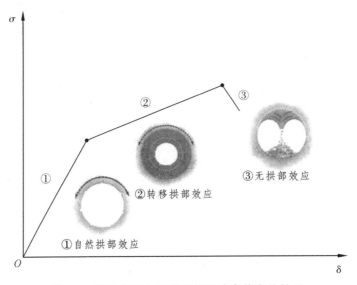

图 4-2　围岩变形与隧道开挖面稳定状态的关系

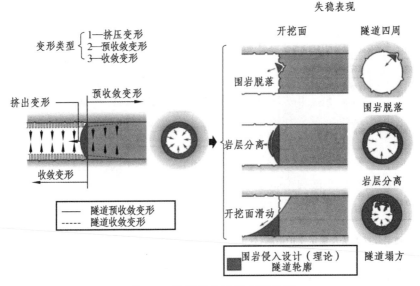

图 4-3　隧道开挖围岩变形类型

隧道岩土控制变形分析法的理念可概况为：

① 隧道开挖后围岩各种变形及失稳表现均直接或间接与开挖面前方围岩的强度有关；

② 变形反应从开挖面前方围岩变形开始，逐渐沿隧道向后发展，形成预收敛、挤压和收敛变形，收敛变形只是错综复杂应力-应变过程中最后阶段；

③可以通过控制超前围岩的变形（挤压变形、预收敛变形）来控制隧洞总变形，措施是采取相应防护及加固手段来增加超前核心围岩的强度。

按照上述理念来修建隧道，首先要充分了解围岩状况，要研究隧道开挖时是否存在"拱部效应"，以及如何采取适当的开挖和支护（包括预支护）措施来形成"拱部效应"，控制围岩变形，保持隧道的稳定。

（2）隧道岩土控制变形分析法实施要点。

该法按设计和施工 2 个阶段实施。

① 设计阶段。

在设计阶段主要完成地质勘测、诊断及处理措施设计。

a. 地质勘测。

进行详细的地质调查和勘测，了解隧道穿越地段地质及物理力学特征，获取围岩强度及变形参数，为分析围岩变形规律提供依据。依据获取的地质及地质力学特征信息，将隧道围岩分为 A、B、C 3 类。

b. 开挖过程围岩变形行为诊断。

根据围岩的地质、岩土特性、地质力学及水文地质资料，结合理论计算分析，预测各类围岩在没有采取支护措施下围岩和开挖面体系的稳定性，即将各地段围岩归纳为 A、B、C 3 个类别，3 类围岩判定的各项条件见表 4-2。

表 4-2　隧道岩土控制变形法围岩稳定性分类及判定

判定条件	A 类	B 类	C 类
岩体强度	岩体强度能够保持隧道稳定	岩体强度能够保持隧道短期稳定	岩体强度小于岩层应力，隧道失稳
拱部效应	拱部效应接近隧道墙体	拱部效应在离洞壁较远处形成	拱部效应不会形成
围岩变形	变形现象在弹性范围内发生，大小以厘米计	变形在弹—塑性范围内，以厘米计	无加固情况下围岩会出现明显的不稳定现象
掌子面	整个断面是稳定的	隧道掌子面在短期内稳定	没有支护处理情况下，掌子面将坍塌
地下水	隧道的稳定不会因有地下水而受影响	受水的影响较小	受水的影响很大，尤其是动力水的影响
支护方式	一般的处理，主要是防止洞壁弱化、落石	在掌子面后，允许采用传统的径向围岩支护措施	采取超前拱部预支护而形成拱部效应

c. 确定开挖方法及支护处理措施。

根据获得的地质及岩土信息，研究决定采取何种支护措施以保证在开挖轮廓四周形成"拱部效应"，控制隧道变形。进一步确定采用何种开挖方法与进尺，使其最适于产生"拱部效应"，并采取能保证隧道长期及短期稳定的施工工艺。

在不采用全断面隧道掘进机（TBM）开挖的情况下，隧道施工可遵循下述原则：

（a）尽量采用全断面掘进。即便是在极其复杂的围岩和困难条件下，通过必要的围岩保护和加固，也可全断面开挖，以便有效利用大型机械，并能高速、安全掘进。

（b）隧道开挖后，根据不同类别的围岩特性采取必要的预加固、预支护及初期支护措施以减小变形、防止塌方。

对稳定性体系，只需采用简单的初期支护措施；对不稳定体系的 C 类围岩，要对掌子面前方足够长度范围采取预加固或预支护等措施以改善围岩性状，对核心围岩进行加固及保护，这些措施包括对前方围岩注浆，设置玻璃纤维锚杆、水平旋喷拱、拱部机械预切槽并喷灌混凝土等，必要时还需几种措施组合使用；对短期稳定体系，可根据开挖方法和开挖进尺在普通支护或预支护间进行选择。

（c）施作混凝土二次衬砌，必要时采用钢筋混凝土二次衬砌，尽快浇筑仰拱以阻止开挖产生的极速变形。

不同类别地层可采用不同断面形状及尺寸，通过数值分析等方法对各种断面的施工及运营阶段受力情况进行分析。根据理论分析及施工经验制定不同类别围岩的施工计划，包括各工序的距离、工作循环及进尺等。同时要拟定出实施监控量测的方案，以验证设计的适应性以及遇到地质条件变化时的应对措施。

② 施工阶段。

在施工阶段，结合监控量测优化、调整施工方案，使开挖面和洞身结构形成平衡和稳定体系。施工承包单位应对施工过程中不可预见因素带来的责任和风险，包括上述设计基础上的地质风险有明确的认识和估量，并有足够应对风险的能力。

a. 施工作业。

通过现场勘察及测试复核设计的有效性及可行性，必要时可调整和优化细部设计，然后按拟定的施工方案进行作业，运用各种稳定方法控制围岩变形。

b. 监控量测。

监控与施工同步进行，目的是监测地层在开挖和稳定措施条件下的反应，反应以变形现象表现出来。为此，在开挖面前方、开挖面上方及后方安装合适的监测点，测试内容包括预收敛变形、挤出变形、收敛变形。

当隧道出现短期稳定或不稳定，而隧道的极限荷载允许，此时若对预收敛特别关注时，可在开挖前方特定断面安装多点垂直仪器以监测预收敛。采用纵向滑动测微计测取开挖面上及前方的挤出变形值。收敛变形则用常规方法量测。监测工作在施工完毕后仍须进行，以保证隧道结构设计使用年限内的安全、耐久。

c. 设计调整。

根据监测结果的分析，决定是否继续按设计和施工方案进行施工，或对某些措施进行调整，以保证开挖面和洞周围岩之间的稳定平衡，确保隧道安全建成。

（3）隧道岩土控制变形分析法与新奥法的比较。

隧道岩土控制变形分析法是归纳了大量施工实践经验，通过近代岩土力学三维分析和试验研究加以升华提炼出来的，它对隧道施工中围岩变形的控制较新奥法更为全面。隧道岩土控制变形分析法更加注重控制开挖面前方核心土变形的重要性，更加注重水平旋喷拱、预切槽及管棚等预支护技术的作用。这种方法能在极为宽广的围岩类型及各种应力-应变条件下成功运用。南欧国家运用此法后，在极其困难的地质和变形控制要求条件下不仅顺利建成隧道，还能保证一定的进度。可以认为，隧道岩土控制变形分析法是继新奥法之后隧道修建理念的又一新进展。

3. 浅埋暗挖法

我国在不良地质条件下修建隧道中积累了丰富的经验，对不稳定地层的开挖中开挖面稳定作用也有一定的认识。例如很早就运用注浆技术加固前方及周边的地层；土质隧道中拱部常环状开挖预留核心土以防止开挖面坍塌；在松散破碎岩体中利用超前小导管注浆及管棚技术以保护开挖面前方地层等。

新奥法的概念是在 20 世纪 70 年代末在我国开始被了解和接受的。从 20 世纪 80 年代开始，在一些隧道设计中贯彻了新奥法基本原理，采用了信息设计方法，例如大瑶山隧道、南岭隧道、枫林隧道、岭前隧道、军都山隧道等。1988 年颁布了《铁路隧道新奥法指南》，并发布了《喷锚技术法规则》《复合衬砌标准设计》等作业标准。随着新奥法基本原理在铁路隧道工程实践中的应用，开挖方法、辅助工法、锚喷技术、现场监测技术等的不断完善和提高，逐步形成了具有中国特色的浅埋暗挖法和复合式衬砌等隧道施工技术，大大丰富和发展了新奥法原理。

浅埋暗挖法施工原则可概括为"管超前、严注浆，短开挖、强支护、快封闭、勤量测"十八字诀。

（1）管超前——超前支护稳定掌子面。

采用超前管棚或超前导管注浆加固地层，保障掌子面的稳定性。

（2）严注浆——强调注浆加固围岩。

在导管超前支护后，立即进行压注水泥浆液填充砂层孔隙，浆液凝固后，土体集结成具有一定强度的"结石体"使周围地层形成一个壳体，增强其自稳能力。

（3）短开挖——限制开挖进尺。

根据地层情况不同，采用不同的开挖长度，一般在地层不良地段每次开挖进尺采用 0.5 ~ 0.8 m，甚至更短，由于开挖距离短，可争取时间架立钢拱架，及时喷射混凝土，减少坍塌现象的发生。

（4）强支护——保障初期支护具备一定刚度。

一定按照喷射混凝土—开挖—架立钢架—挂钢筋网—喷混凝土的次序进行初期支护施工。可采用加大拱脚的办法以减小地基承载应力。

（5）快封闭——仰拱或临时仰拱及时实施。

初期支护从上至下及早形成环形结构，是减小地基扰动的重要措施。采用正台阶法施工时，下半断面及时紧跟，及时封闭仰拱。

（6）勤量测——及时掌握施工动态。

坚持监控量测资料反馈指导施工是浅埋暗挖法施工的基本指导思想，所以地面、洞内都要埋设监控点，通过这些监控点可以随时掌握地表和洞内土体各点因开挖和外力产生的位移来指导施工。

4. 开挖方法

开挖是隧道施工的关键工序。在坑道的开挖过程中，围岩稳定与否，除主要取决于围岩本身的工程地质条件外，开挖方法也对围岩稳定状态有重要的影响。因此，隧道开挖的基本原则是：在保证围岩稳定或减少对围岩扰动的前提条件下，选择恰当的开挖方法和掘进方式，并应尽量提高掘进速度。即在选择开挖方法和掘进方式时，一方面应考虑隧道围岩地质条件及其变化情况，选择能很好地适应地质条件及其变化，并能保持围岩稳定的方法和方式；另一方面应考虑坑道范围内岩体的坚硬程度，选择能快速掘进，并能减少对围岩扰动的方法和方式。

隧道施工中，开挖方法是影响围岩稳定的重要因素之一。在选择开挖方法时，应对隧道断面大小及形状、围岩的工程地质条件、支护条件、工期要求、工区长度、机械配备能力、经济性等因素进行综合分析，确定恰当的开挖方法。

根据开挖隧道的横断面分部情况，开挖方法可分为全断面开挖法、台阶开挖法、分部开挖法等。

（1）全断面开挖法。

采用全断面一次开挖法，必须注意机械设备的配套，以充分发挥机械设备的效率。隧道机械化施工有 3 条最主要的作业线，见表 4-3。

表 4-3　隧道机械化施工作业线

作业线	采用的大型机械设备
开挖作业线	钻孔台车、装药台车，装载机配合自卸汽车（无轨运输时）、装渣机配合矿车及电瓶车或内燃机车（有轨运输时）
喷锚作业线	混凝土喷射机、混凝土喷射机械手、喷锚作业平台，进料运输设备及锚杆灌浆设备
模筑衬砌作业线	混凝土拌和作业厂，混凝土输送车及输送泵、施作防水层作业平台，衬砌钢模台车

为加快隧道建设，必须实现隧道施工机械化，而隧道工程新技术、新工艺的推广又为机械化施工奠定了基础。同时，机械化的发展又推动了隧道施工工艺水平的不断提高。机械设备选型时应遵循可靠性、经济性、配套性等原则。

（2）台阶法。

根据台阶长度不同，划分为微台阶、短台阶和长台阶 3 种。

施工中采用哪一种台阶法，要根据两个条件来决定：

① 对初期支护形成闭合断面的时间要求，围岩越差，要求闭合时间越短；

② 对上部断面施工所采用的开挖、支护、出渣等机械设备需要以及施工场地大小的要求。

对软弱围岩，主要考虑前者，以确保施工安全；对较好围岩，主要考虑如何更好地发挥机械设备的效率，保证施工中的经济效益。

（3）分部开挖法。

分部开挖法主要是针对结构跨度大、软弱地层、浅埋隧道及需要严格控制地表变形等地下工程的施工，包括环形开挖预留核心土法、单侧壁导坑法、双侧壁导坑法、中隔壁法、交叉中隔壁法等。

以上各开挖方法的定义、适应性及特点等详见表 4-4。

表 4-4　矿山法隧道常用开挖方法

施工方法		定义	适用条件及特点	示意图
全断面法	全断面法	按设计断面一次开挖成形的施工方法，掌子面可为斜面	全断面法适用于 Ⅰ～Ⅳ 级围岩，自稳能力强，开挖断面与作业空间大，干扰小，能充分采用机械化作业，工序少，开挖一次成型	

施工方法		定义	适用条件及特点	示意图
台阶法	微台阶法	分成上下两部分，但上台阶仅超前3~5m，只能采用交替作业	微台阶法是全断面开挖的一种变异形式，适用于V~VI级围岩，一般台阶长度为3~5m。台阶长度小于3m时，无法正常进行钻眼和拱部的喷锚支护作业；台阶长度大于5m时，利用爆破将石渣翻至下台阶有较大的难度，必须采用人工翻渣。微台阶法上下断面相距较近，机械设备集中，作业时相互干扰大，生产效率低，施工速度慢	
	短台阶法	分成上下两个断面进行开挖，只是两个断面相距较近，一般上台阶长度小于5倍但大于1~1.5倍洞跨。上下断面采用平行作业	短台阶法适用于III~V级围岩，台阶长度定为10~15m，即1~2倍开挖宽度，主要是考虑既要实现分台阶开挖，又要实现支护及早封闭。上台阶一般采用小药量的松动爆破，出渣采用人工或小型机械转运至下台阶。因此台阶长度又不宜过长，如果超过15m，则出渣所需的时间显得过长。短台阶法可缩短支护闭合时间，改善初期支护的受力条件，有利于控制围岩变形。缺点是上部出渣对下部断面施工干扰较大，不能全部平行作业	
	长台阶法	将断面分成上半断面和下半断面两部分进行开挖，上、下断面相距较远，一般上台阶超前50m以上或大于5倍洞跨	长台阶法开挖断面小，有利于维持开挖面的稳定，适用范围较全断面法广，一般适用I~IV级围岩。在上、下两个台阶上，分别进行开挖、支护、运输、通风、排水等作业，因此台阶长度长。但台阶长度过长，因此长台阶一般在围岩条件相对较好、工期不受控制无大型机械化作业时选用	

施工方法		定义	适用条件及特点	示意图
分部开挖法	环形开挖留核心土法（台阶分部开挖法）	先开挖上部环形导坑并进行支护，再分部开挖两侧边墙及中部核心土的开挖方法	适用于Ⅳ～Ⅴ级围岩的一般土质或易坍塌的软弱围岩地段。 特点：显著缩小上台阶开挖高度，但作业空间狭窄，核心土有利于保护掌子面的稳定	
	单侧壁导坑法	将设计开挖断面分成左、右两个断面，先开挖隧道左侧断面，并施工隔离墙竖向支撑，再分部开挖右侧断面的开挖方法	适用于Ⅳ～Ⅵ级围岩浅埋大跨度隧道。 特点：导坑断面宜近于椭圆形，及时支护封闭成环，稳定性好，但施工速度慢、造价高	
	双侧壁导坑法	将设计开挖断面分成左、中、右3个断面，先开挖隧道两侧断面，并施工隔离墙竖向支撑，再分部开挖中间断面的开挖方法		
	中隔壁法（Center Diaphragm Method，简称CD法）	将设计开挖断面分成左、右两个断面，先开挖隧道一侧，并施工中隔壁竖向支撑，再开挖另一侧的开挖方法	适用于Ⅴ～Ⅵ级围岩的双线或多线隧道。 特点：显著缩小开挖跨度和高度，初期支护快速临时封闭成环，工序较复杂	
	交叉中隔壁法（Cross Diaphragm Method，简称CRD法）	将设计开挖断面分成左、右两个断面，先按台阶法开挖隧道一侧，施工中隔壁竖向支撑和横隔板，再按台阶法开挖隧道另一侧，并施工横隔板的开挖方法		

5. 山岭隧道洞口施工

（1）隧道洞口段的概念。

隧道施工的洞口地段，是指隧道进、出口附近对隧道施工有影响的地段，该地段通常因地质、地形复杂需要做特殊处理。

隧道洞口工程主要包括边、仰坡土石方，边、仰坡防护，端墙、翼墙等洞门结构，洞口排水系统，洞口检查设备安装，洞口段洞身施工。

隧道洞口地段一般地质条件差，且地表水汇集，施工难度较大。施工时要结合洞外场地和相邻工程的情况，全面考虑、妥善安排、及早施工，为隧道洞身施工创造条件。

由于每座隧道的地形、地质及线路位置不同，要很明确规定洞口段的范围是比较困难的。一般情况下，可将由于隧道开挖可能给上坡地表造成不良影响的洞口范围称为洞口加强段。每座隧道应根据各自的围岩条件来确定洞口段范围，一般可参照图 4-4 确定。

洞口工程中的洞门施工，一般可在进洞后做，并应做好边坡、仰坡防护，以减少洞门施工对洞身施工的干扰。为有效防止洞口地段围岩失稳，保证进出隧道的道路畅通，应及早修好隧道洞口开始一段的衬砌和洞门。

洞口地段是隧道的咽喉，该地段地形、地质均对隧道施工不利，其特点为：

① 洞口地段地层一般较破碎，多属堆积、坡积、严重风化或节理裂隙发育的松软岩层，稳定性较差。

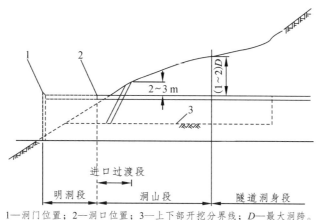

1—洞门位置；2—洞口位置；3—上下部开挖分界线；D—最大洞跨。

图 4-4 隧道洞口段范围

② 当岩层层面坡度与洞门主墙开挖坡度一致时，容易产生纵向推滑力；洞口附近山体覆盖层较薄，一旦塌方可能塌穿到地表面。

③ 若隧道处于沟谷一侧或傍山时，通常会产生侧向压力。

因此，该地段在开挖时宜特别谨慎小心，随挖随撑，并尽快做好衬砌。

（2）洞口地段施工注意事项。

洞口段施工时应注意以下事项：

① 在场地清理作施工准备时，应先清理洞口上方及侧方有可能滑塌的表土、灌木及山坡危石等。平整洞顶地表，排除积水，整理隧道周围流水沟渠，之后施作洞口边坡、仰坡上的天沟。

② 洞口施工宜避开雨季和融雪期。在进行洞口土石方工程时，不得采用深眼大爆破或集

中药包爆破，以免影响边坡、仰坡稳定。应按设计要求进行边坡、仰坡放线，自上而下逐段开挖，不得掏底开挖或上下重叠开挖。

③洞口部分结构基础必须置于稳固的地基上。须将虚渣杂物、泥化软层和积水清除干净。对于地基强度不够时，可结合具体条件采取扩大基础、桩基、压浆加固地基等措施。

④洞门拱墙应与洞内相邻的拱墙衬砌同时施工连接成整体，以确保拱墙连接良好。洞门端墙的砌筑与回填应两侧同时进行，防止对衬砌产生侧压。

⑤洞口段洞身施工时，应根据地质条件、地表沉陷控制以及保障施工安全等因素选择开挖方法和支护方式。洞口段洞身衬砌应根据工程地质、水文地质及地形条件，至少设置不小于 5 m 长的模筑混凝土加强段，以提高结构的整体性。

⑥洞门完成后，洞门以上仰坡脚受破坏处，应及时处理。如仰坡地层松软破碎，宜用浆砌片石或铺种草皮防护。

洞口段施工中最关键的工序就是进洞开挖。隧道进洞前应对边坡、仰坡进行妥善防护或加固，做好排水系统。

（3）洞口的施工方法。

洞口段施工方法的确定取决于诸多因素，如施工机具设备情况、工程地质、水文地质和地形条件，洞外相邻建筑的影响，隧道自身构造特点等。根据地层情况，可分为以下几种施工方法：

①洞口段围岩为Ⅲ级以下，地层条件良好时，一般可采用全断面直接开挖进洞，初始 10～20 m 区段的开挖，爆破进尺应控制在 2～3 m。施工支护于拱部可施作局部锚杆，于墙、拱部采用素喷混凝土支护，洞口 3～5 m 区段可以挂网喷混凝土及设钢拱架予以加强。

②洞口段围岩为Ⅲ～Ⅳ级，地层条件较好时，宜采用正台阶法进洞（不短于 20 m 区段），爆破进尺控制在 1.5～2.5 m。施工支护采用拱、墙系统锚杆和钢筋网喷射混凝土，必要时设钢拱架加强施工支护。

③洞口段围岩为Ⅳ～Ⅴ级，地层条件较差时，宜采用上半断面长台阶法进洞施工。上半断面先进 50 m 左右后，拉中槽落底，在保证岩体稳定的条件下，再进行边墙扩大及底部开挖。上部开挖进尺一般控制在 1.5 m 以下，并严格控制爆破药量。施工支护采用超前锚杆与系统锚杆相结合，挂网喷射混凝土。拱部安设间距为 0.5～1.0 m 的钢拱架支护，及早施作混凝土衬砌，确保稳定和安全。

④洞口段围岩为Ⅴ级以上，地层条件差时，可采用分部开挖法和其他特殊方法进洞施工。具体方法有：开挖前应对围岩进行预加固措施，如先采用超前预注浆锚杆或采用管棚注浆法加固岩层，然后用钢架紧贴洞口开挖面进行支护，再采用短台阶或预留核心土环形开挖法等进行开挖作业。在洞身开挖中，支撑应紧跟开挖工序，随挖随支。施工支护采用网喷混凝土、系统锚杆支护；架立钢拱架间距为 0.5 m，必要时可在开挖底面施作临时仰拱。开挖完毕后及早施作混凝土内层衬砌。

4.2.2 明挖法

1. 概 述

明挖法是从地表面向下，在预定位置修筑结构物的方法的总称。它是一种用垂直开挖方式修建隧道的方法（对应于水平方向掘进隧道而言）。

明挖法具有施工作业面多、速度快、工期短、易保证工程质量、工程造价低等优点，但也存在对地面交通和周围环境影响较大的缺点，且随着埋深的增加，明挖法的工费、工期均将增大。

明挖法一般适用于平坦地形、埋深小于 30 m 的场合，如浅埋的地下铁道工程中、在水底隧道两端河岸段、洞门入口附近等。

明挖法隧道采用的结构形式是多种多样的，大体可归结为直墙拱及单跨、双跨或多跨矩形闭合框架等。但一般都是箱形的、纵向连接的结构。中间构件多采用柱结构或墙结构。箱形结构的侧墙多采用连续墙作为主体结构的一部分。箱形结构的断面形状，视隧道的使用目的不同，有各种各样的形式，如图 4-5 所示。

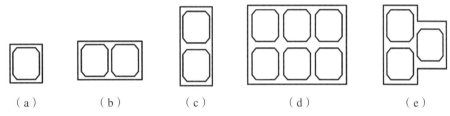

图 4-5 明挖隧道的断面形状

2. 明挖法施工

明挖法按照基坑开挖、主体结构施工顺序可分为明挖顺作法（也叫基坑开挖法）、盖挖法，盖挖法又可分为盖挖顺作法、盖挖逆作法、盖挖半逆作法。

（1）明挖顺作法。

明挖顺作法是从地表面向下开挖基坑至设计标高，然后在基坑内的预定位置由下而上地建造主体结构物及其防水措施，最后回填土并恢复路面的施工方法，其施工流程如图 4-6 所示。

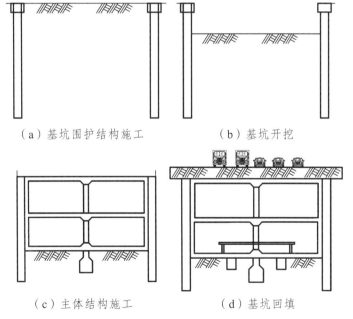

图 4-6 明挖顺作法施工一般流程

明挖法施工一般包括基坑开挖、主体结构施工、基坑回填等内容，其要点如下：

① 基坑类型。

明挖法施工的基坑可以分为敞口放坡基坑和有围护结构的基坑两类，在这两类基坑施工中，又可采用不同的维护基坑边坡稳定的技术措施和围护结构。

a. 敞口放坡基坑。

敞口放坡基坑指敞口放坡开挖，不加围护结构的基坑形式，其一般适用于没有建筑物的空旷地段，以及便于采用高效率的挖土机及翻斗卡车的情况。

敞口放坡基坑开挖包括全放坡开挖和半放坡开挖两种，如图 4-7 所示。

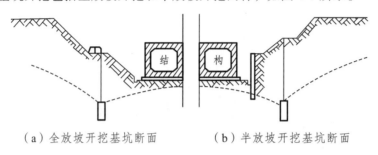

（a）全放坡开挖基坑断面　　　　（b）半放坡开挖基坑断面

图 4-7　放坡开挖基坑断面

全放坡开挖是指基坑采取放坡开挖不进行坑墙支护，根据地质条件采用相应的边坡坡度，分段开挖至所需位置进行结构施工，完成后进行回填，将地面恢复到原来状态。半放坡开挖是在基坑底部设置一定高度的悬臂式钢桩加强土壁稳定。其槽底宽度是根据地下结构宽度的需要并考虑施工操作空间确定的。

b. 有围护结构基坑。

基坑围护结构是指为保证基坑开挖、地下结构施工和周边环境的安全，对基坑侧壁进行临时支挡、加固使基坑侧壁岩土体基本稳定的结构，包括围护桩（墙）和支撑（或锚杆）等结构。基坑围护结构的形式按制作方式分类，如图 4-8 所示。

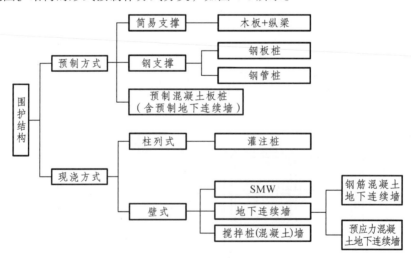

图 4-8　围护结构分类

上述各类围护结构的特点如表 4-5 所示。

表 4-5　各围护结构的特点

类型	特点
简易支挡	一般用于局部开挖、短时期、小规模；一边自稳开挖，一边用木挡板和纵梁控制地层坍塌；刚度小、易变形、透水
桩板式墙	H 型钢的间距在 1.2～1.5 m；造价低，施工简单，有障碍物时可改变间距；止水性差，地下水位高的地方不适用
钢板桩墙	成品制作，可以反复使用；施工简便，但施工有噪声；刚度小、变形大，与多道支撑结合，在软弱土层中也可以采用；新建的时候止水性尚好，如有漏水现象，需加防水措施
钢管桩	截面刚度大于钢板桩，在软弱土层中开挖深度可较大；需有防水措施相配合
预制混凝土板桩	施工简便，但施工有噪声；需辅以止水措施；自重大，受起吊设备限制，不适合深大基坑
灌注桩	刚度大，可用在深大基坑；施工对周边地层、环境影响小；需和止水措施配合使用，如搅拌桩、悬喷桩等
地下连续墙	刚度大，开挖深度大，可适用于所有地层；强度大，变位小，隔水性好，同时可兼作主体结构的一部分；可邻近建（构）筑物使用，环境影响小；造价高
SMW 工法	强度大，止水性好；内插的型钢可拔出反复使用，经济性好
水泥搅拌桩挡墙	无支撑，墙体止水性好，造价低；墙体变位大

② 基坑开挖。

基坑土方开挖一般包括以下步骤：准备基坑土方开挖条件→基坑开挖常用的机械设备和车辆→设置运输通道→土方开挖。

对于有围护结构的基坑，尚应进行围护结构施工。

此外，地下空间工程多位于城市，同时又邻近建筑物和交通要道，为确保施工安全，对于围护桩（工字钢桩、钢板桩、钢筋混凝土支护桩等）、地下连续墙和土钉墙等支护的基坑，在墙体上应设置观测点，观测水平位移和侧向位移，并绘制出时间-位移曲线。根据需要，还可以进行土压力和结构应力测试，以获得综合资料。

③ 基坑回填。

基坑回填前，应选好土料（砂性土为宜）、清理基底、做好质量控制等准备工作。基坑回填应分层，并从低处开始逐层回填、压实。基坑边坡与主体结构之间狭窄之处，应采取人工回填。地下管线处应从两侧用细土均匀回填。特殊部位处理好之后，再采用机械进行大面积回填。为确保回填密实度，在回填过程中，应根据相关规定进行密实度检查，合格后方可回填上层土。

④ 主体结构施工。

a. 防水层施工。

我国明挖法施工的地下结构，其防水多为两道防线，第一道为地下结构本身的防水混凝土，第二道为附加防水层（外贴卷材、防水涂料、防水砂浆等）。通常防水层都做在结构的外侧（迎水面），要求与结构的表面粘贴良好。

b. 钢筋工程。

钢筋工程包括钢筋加工和钢筋绑扎与安装 2 部分内容。

工厂加工钢筋及骨架，应按规范和设计要求进行，出厂前进行检查验收，合格后运往现场进行绑扎施工。

施工准备做好之后，按照规范和设计要求进行绑扎。

c. 模板工程。

为保证钢筋混凝土质量，应尽量采用钢模板或胶制叠合板，有条件的地段，可采用整体模板。但在地铁结构特别是车站、通风道和车站出入口等处，预埋件较多，应考虑采用钢、木模板的结合，以利预埋件的固定和穿出。结构顶板模板支立时应考虑 1~3 cm 的沉落量。

d. 混凝土工程。

地下空间工程结构的材料、配合比、搅拌、运输和混凝土灌注等均应符合防水混凝土的要求。在城市范围施工时，混凝土多为商品混凝土，采用搅拌站集中生产，搅拌车运送，输送泵车输送至灌注地点。

（2）盖挖顺作法。

盖挖顺作法是指完成围护结构及盖板后，分层开挖土方、架设支撑，再自下而上施作地下结构的方法。

在路面交通不能长期中断的道路下修建地下工程时，则可采用盖挖顺作法。该方法先在现有道路上，按所需宽度，由地表面完成挡土结构后，以定型的预制标准覆盖结构（包括纵、横梁和路面板）置于挡土结构上维持交通，往下反复进行开挖和架设横撑，直至设计标高。由下而上建筑主体结构和防水措施，回填土并恢复管线路或埋深新的管线路。最后，视需要拆除挡土结构的外露部分及恢复道路。

盖挖顺作法施工流程如图 4-9 所示。

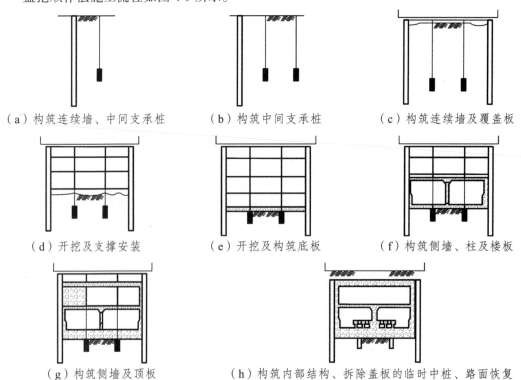

（a）构筑连续墙、中间支承桩　　（b）构筑中间支承桩　　（c）构筑连续墙及覆盖板

（d）开挖及支撑安装　　（e）开挖及构筑底板　　（f）构筑侧墙、柱及楼板

（g）构筑侧墙及顶板　　（h）构筑内部结构、拆除盖板的临时中桩、路面恢复

图 4-9　盖挖顺作法施工流程

如开挖宽度很大，为了缩短横撑的自由长度，防止横撑失稳，并承受横撑倾斜时产生的垂直分力以及行驶于覆盖结构上的车辆荷载和吊挂于覆盖结构下的管线重量，经常需要在建造挡土结构的同时建造中间桩柱以支承横撑。中间桩柱可以是钢筋混凝土的钻（挖）孔灌注桩，也可以采用预制的打入桩（钢或钢筋混凝土的）。中间桩柱一般为临时性结构，在主体结构完成时将其拆除。为了增加中间桩柱的承载力或减少其入土深度，可以采用底部扩孔桩或挤扩桩。

（3）盖挖逆作法。

盖挖逆作法是指完成围护结构及盖板后，利用各层结构板和结构梁作为基坑水平支撑，自上而下分层开挖土方、由上至下逐层施作地下结构的方法。

如果开挖面较大、覆土较浅、周围沿线建筑物过于靠近，为尽量防止因开挖基坑而引起邻近建筑物的沉陷，或需及早恢复路面交通，但又缺乏定型覆盖结构，可采用盖挖逆作法施工。

盖挖逆作法施工流程如图 4-10 所示。

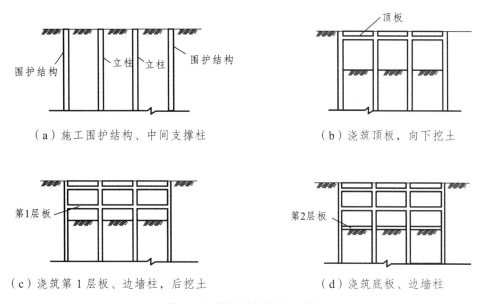

（a）施工围护结构、中间支撑柱　　　　　（b）浇筑顶板，向下挖土

（c）浇筑第 1 层板、边墙柱，后挖土　　　　（d）浇筑底板、边墙柱

图 4-10　盖挖逆作法施工流程

采用盖挖逆作法施工时，若采用单层墙或复合墙，结构的防水层较难做好。只有采用双层墙，即围护结构与主体结构墙体完全分离，无任何连接钢筋，才能在两者之间敷设完整的防水层。顶板一般都搭接在围护结构上，以增加顶板与围护结构之间的抗剪能力和便于敷设防水层。所以，需将围护结构外露部分凿除，或将围护结构仅做到顶板搭接处，其余高度用便于拆除的临时挡土结构围护。

（4）盖挖半逆作法。

盖挖半逆作法类似盖挖逆作法，其区别仅在于顶板完成及恢复路面后，向下挖土至设计标高后先建筑底板，再依次序向上逐层建筑侧墙、楼板。在盖挖半逆作法施工中，一般都必须设置横撑并施加预应力，如图 4-11 所示。

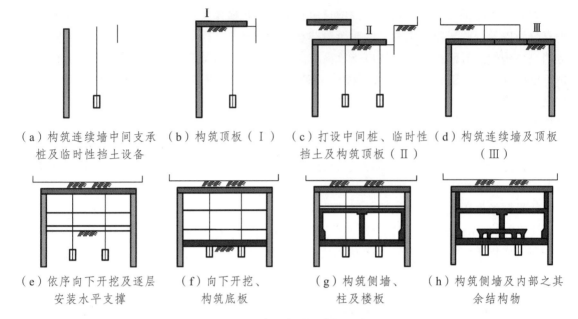

（a）构筑连续墙中间支承　　（b）构筑顶板（Ⅰ）　　（c）打设中间桩、临时性　　（d）构筑连续墙及顶板
　　桩及临时性挡土设备　　　　　　　　　　　　　　　挡土及构筑顶板（Ⅱ）　　　　　　（Ⅲ）

（e）依序向下开挖及逐层　　（f）向下开挖、　　　（g）构筑侧墙、　　　（h）构筑侧墙及内部之其
　　安装水平支撑　　　　　　构筑底板　　　　　　柱及楼板　　　　　　　余结构物

图 4-11　盖挖半逆作法施工流程

4.2.3　盾构法

1. 概　述

盾构法是使用盾构机在地下掘进，一边防止开挖面土砂崩塌，一边在盾构机内安全地进行开挖作业和衬砌作业，从而构筑成隧道的施工方法。

盾构法具有如下优势：

（1）护筒掩护下作业，施工作业安全。

（2）速度快，推进、出土、拼装衬砌全过程可实现机械化、自动化作业，施工劳动强度低。

（3）对围岩的扰动小，地表沉降控制较好，地面交通不受影响。

（4）越江时不影响航运，施工不受气候条件影响。

（5）在松软含水地层中修建埋深较大的长隧道往往具有技术和经济方面的优越性。

盾构法存在的问题：

（1）盾构机价格较高，一次投入大，地层针对性强，灵活性较差。

（2）隧道曲率半径过小或隧道顶覆土太浅时施工难度大、风险高。

（3）在富水松软土层中，地表沉降难以控制，对衬砌整体防水技术要求高。

（4）对水底隧道，覆土太浅时施工不够安全。

（5）采用全气压法疏干和稳定地层时，施工条件差，对劳动保护要求较高。

采用盾构法施工的隧道应具备以下条件：

（1）线位上允许建造用于盾构进出洞和出渣进料的工作井。

（2）隧道要有足够的埋深，覆土深度宜不小于 6 m 且不小于盾构直径。

（3）相对均质的地质条件。

（4）如果是单洞则要有足够的线间距，洞与洞及洞与其他建（构）筑物之间所夹土（岩体加固处理的最小厚度为水平方向 1.0 m，竖直方向 1.5 m。

（5）从经济角度讲，连续的施工长度不小于 300 m。

目前，盾构法施工仍是在闹市区和水底的软弱地层中修建地下工程较好的施工方法之一。近年来，盾构机械设备和施工工艺高速发展，适应大范围的工程地质和水文地质条件的能力大为提高。在发达国家，使用盾构施工的隧道的数量已占隧道总量的 90% 以上，我国现已成为隧道施工大国，约占全球市场份额的 60%，在新一轮的地铁及地下管廊建设过程中，盾构将迎来一个新的发展高潮。

2. 盾构机的种类

盾构机（Shield Machine）在钢壳体保护下完成隧道掘进、出渣、管片拼装等作业，是由主机和后配套设备组成的全断面推进式隧道施工机械设备。

盾构机是盾构法施工的主要机械，按断面形状大小可分为圆形盾构机、矩形盾构机、异形盾构机，按开挖面与作业室之间的隔墙构造可分为全开敞式盾构机、半开敞式盾构机及密封式盾构机。盾构机种类划分如图 4-12 所示。

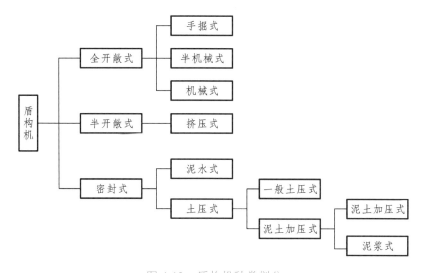

图 4-12　盾构机种类划分

全开敞式盾构机是指没有隔墙和大部分开挖面呈敞露状态的盾构机。根据开挖方式不同，又分成手掘式盾构机、半机械式盾构机及机械式盾构机 3 种。这种盾构机适用于开挖面自稳性好的围岩。

半开敞式盾构机一般指挤压式盾构机，其是在开挖面的后方设置隔墙，在隔墙上设有孔口面积可调的排土口。盾构机正面贯入围岩向前推进，使贯入部位土砂流动，由孔口部位绞出，进行排土。

密封式盾构机是指在机械开挖式盾构机内设置隔墙，将开挖土砂送入开挖面和隔墙间的刀盘腔内，由泥水和土提供足以使开挖面保持稳定的压力。密封式盾构机又分成泥水式盾构机和土压式盾构机。土压式盾构机又分成泥水加压式盾构机和一般土压式盾构机。

各种盾构机结构特点及适应条件如表 4-6 所示。

表 4-6　盾构机种类及特点

盾构机	结构特点	适应条件
手掘式盾构机	通常设置防止开挖顶面坍塌的活动前檐及上承千斤顶、工作面千斤顶及防止开挖面坍塌的挡土千斤顶	适应自稳性强的洪积层压实的砂、砂砾、固结粉砂和黏土
半机械式盾构机	配备液压铲土机、臂式刀盘等挖掘机械和皮带运输机等出渣机械，或配备具有开挖与出渣双重功能的机械，以图省力；为防止开挖面顶面坍塌，盾构机内装备了活动前檐和半月形千斤顶	适应土质以洪积层的砂、砂砾、固结粉砂和黏土为主，也可用于软弱冲积层
机械式盾构机	前面装备有旋转式刀盘，增大了盾构机的挖掘能力，开挖的土砂通过旋转铲斗和斜槽装入皮带输送机	开挖自稳性好的围岩时，机械式盾构机适应的土质与手掘式、半机械式盾构机一样，需采用辅助施工方法
挤压式盾构机	在开挖面的后方设置隔墙，在隔墙上设有孔口面积可调的排土口。盾构机正面贯入围岩向前推进，使贯入部位土砂流动，由孔口部位绞出，进行排土	适用于自稳性很差、流动性很大的软黏土和粉砂质围岩，而不适用于含砂率高的围岩和硬质地层
泥水式盾构机	在机械式盾构机的前部设置隔墙，装备刀盘面板、输送泥浆的送排泥管和推进盾构机的盾构千斤顶，在地面上还配有分离排出泥浆的泥浆处理设备	泥水式盾构机适用的地质范围很大，从软弱砂质土层到砂砾层都可以使用
一般土压式盾构机	将刀盘开挖的土砂充满土室，由盾构千斤顶的推进力加压，使土压作用于整个开挖面，以稳定开挖面，同时由螺旋输送机进行排土	适用于仅仅可用切削刀开挖且含砂量小的塑性流动性软黏土
泥土加压式盾构机	在泥土加压式盾构机刀盘后部设置了强制搅拌整个土室的搅拌翼；在开挖土砂中添加膨润土、CMC、黏土或起泡材料等，通过盾构千斤顶的推力使泥土受压，使与开挖面土压和水压平衡，稳定开挖面	这种盾构机的刀盘形状多为轮辐形的，设有面板，故开挖面是开敞的，容易进行土压管理，适用于大范围的土质
泥浆盾构机	在刀盘开挖的土砂内注入膨润土、CMC、黏土或起泡剂等泥浆材料，将成为浆状的泥土充填到无轴带式螺旋机内并对其加压，在其压力与地下水压力和围岩土压力达到平衡的状态下进行排土	主要适用于巨砾层

3. 盾构机的构成

从纵向可将盾构机分为切口环、支承环和盾尾 3 部分，基本组成如图 4-13 所示。

切口环为盾构机的前导部分，其内部和前方可以设置各种类型的开挖和支撑地层的装置。

支承环是盾构的主要承载结构，沿其内周边均匀地装有推动盾构前进的千斤顶，以及开挖机械的驱动装置和排土装置。

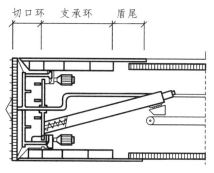

图 4-13　盾构机的组成

　　盾尾主要是衬砌作业的场所，其内部设置衬砌拼装机，尾部有盾尾密封刷、同步注浆管和盾尾密封刷油膏注入管等。

　　切口环和支承环都是用厚钢板焊成的或铸钢的肋形结构，而盾尾则是用厚钢板焊成的光滑筒形结构。

4. 盾构隧道衬砌

（1）衬砌的组成。

　　盾构隧道的衬砌，通常是由预制的钢筋混凝土块体构件（管片）组装而成的圆形装配式衬砌。

　　当大直径盾构隧道面临下穿江海、软弱地层、强透水地层等情况时，对结构耐久性、稳定性及纵向刚度的要求大幅提升，须铺设二次衬砌。此时管片装配式衬砌称为一次衬砌，二次衬砌是在一次衬砌内侧灌注的混凝土结构。

　　由于在盾尾内拼成圆环的衬砌，在盾构向前推进时，要承受千斤顶推进的反力，同时由于盾构的前进而使部分衬砌暴露在盾尾外，承受了地层给予的压力。因此衬砌应能立即承受施工荷载和永久荷载，具有足够的刚度和强度，具备不透水、耐腐蚀等耐久性能，并满足装配安全、简便、构件能互换的施工要求。

　　衬砌一般由数块标准块 A、2 块邻接块 B 和 1 块封顶块 K 组成，如图 4-14 所示，彼此之间用螺栓连接而成。K 形管片的就位方式有 2 种，过去常采用径向插入，只能靠螺栓承受剪力，有诸多缺点。因此目前常采用沿隧道纵向插入，靠与 B 型块的接触面承受荷载，提高了整环的承载力。此法需要使千斤顶的行程加长，故盾构的盾尾也由此增长。

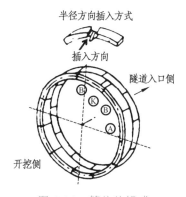

图 4-14　管片的组成

（2）管片衬砌的类型。

衬砌的材料通常有混凝土、钢筋混凝土、铸铁、钢、钢壳与钢筋混凝土复合而成的几种。一般选用钢筋混凝土，近年来采用钢纤维混凝土的情况也在逐渐增加。

衬砌断面的形式，在盾构法发展的初期，一般都与盾构机的形状一致，即多采用圆形，近年来由于矩形、半圆形、椭圆形、多圆形等盾构机的出现，衬砌断面形式也多样化起来。

管片衬砌按其形状和连接方式分为箱形管片衬砌、平板形管片衬砌、砌块形衬砌。

① 箱形管片衬砌。此类衬砌由钢、铸铁和钢筋混凝土等不同材质制作的管片构成。铸铁管片各部分构造如图 4-15（a）所示，钢筋混凝土箱形管片各部分构造如图 4-15（b）所示。

② 平板形管片衬砌。平板形管片衬砌常用钢筋混凝土制成，其各部分构造如图 4-15（c）所示。

③ 砌块形衬砌。砌块形衬砌常用钢筋混凝土或混凝土制成，与其他 2 种砌块的主要区别是无连接螺栓，如图 4-15（d）所示。这种砌块适用于能提供弹性抗力的地层。

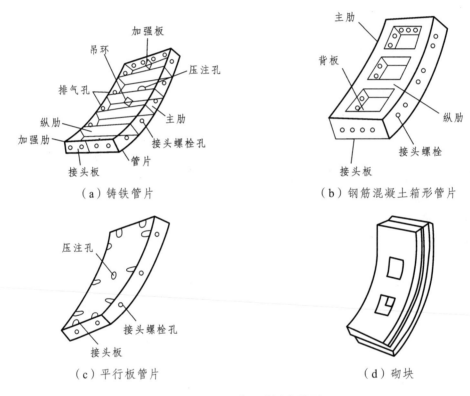

图 4-15　装配式衬砌类型

（3）管片的连接构造。

管片间的连接有沿隧道纵轴的纵向连接和与纵轴垂直的环向连接。通过长期的试验、实践和研究，管片的连接方式经历了从刚性连接到柔性连接的过渡。

管片的连接方式有螺栓连接、无螺栓连接、销钉连接等。

① 螺栓连接。

如图 4-16 所示，连接螺栓有直螺栓和弯螺栓、贯穿螺栓 3 种。弯螺栓主要用于平板形管片，以减小螺栓孔对截面的削弱。

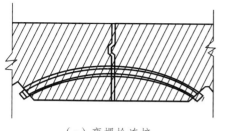

（a）弯螺栓连接

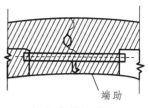

（b）直螺栓连接

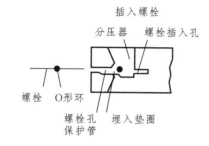

插入螺栓

分压器　螺栓插入孔

螺栓　O形环

螺栓孔　埋入垫圈
保护管

螺栓到位　　　紧固螺栓

螺栓到位正确的　　螺栓紧固正确的
O形环位置　　　　O形环位置

（c）贯穿螺栓连接

图4-16　螺栓连接方式

② 无螺栓连接。

无螺栓连接用于砌块的接头连接，是依靠本身接头面形状的变化而无须其他附加构件连接的方式。接头构造形式如图4-17所示。

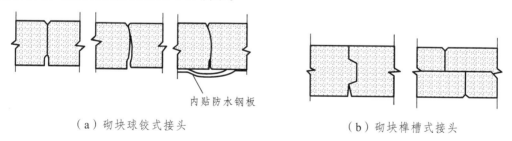

内贴防水钢板

（a）砌块球铰式接头　　　　　　　　（b）砌块榫槽式接头

图4-17　无螺栓连接方式

③ 销钉连接。

销钉连接方式有沿环向设置的，如图4-18（a）所示；有沿径向插入的，如图4-18（b）所示；也有沿纵向套合的，如图4-18（c）所示。由于它的作用是防止接头面错动，有时被称为抗剪销。同螺栓连接相比，销钉连接时衬砌内壁光滑，连接省时省力，可以用较少的材料、简单的工序达到较好的效果。

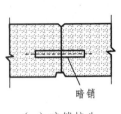

（a）暗销接头

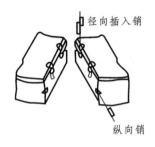

（b）纵向、径向销接头

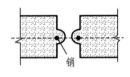

（c）套合接头

图 4-18　销钉连接方式

5. 盾构法施工

盾构法施工的内容包括盾构始发和接收、盾构掘进、管片拼装、壁后注浆和隧道防水等。

（1）盾构的始发和接收。

① 工作井。

盾构法施工的隧道，在始发和接收时，需要有拼装和拆卸盾构用的工作井，分别称为始发工作井和接收工作井。此外，当盾构需要调头或线路在急曲线的部位，需要设置盾构中间工作井和盾构转向工作井。施工过程中，这些工作井是人、材料和石渣的运输通道。在隧道竣工后，这些工作井多被用于车站、通风口、出入口等永久建筑。

a. 始发工作井。

始发工作井的任务是为盾构机出发提供场所，用于盾构机的固定、组装及设置附属设备，如反力座、引入线等；与此同时，也作为盾构机掘进中出渣、掘进物资器材供应的基地。因此，始发工作井的周围是盾构施工基地，必须要有搁置出渣设备、起重设备、管片储存、输变电设备、回填注浆设备和物资器材的场地。

b. 接收工作井。

两条盾构隧道的连接方式有接收工作井连接方式和盾构机与盾构机在地下对接的方式。其中，地下对接方式是在特殊情况下采用，例如，连接段在海中难以建造工作井，或者没有场地不能设置工作井等。但在正常情况下，一般都以接收工作井连接。

c. 中间工作井。

设计的转向工作井，既要作为接收工作井用，又要作为始发工作井并用，所以，到达方向的内空长度等于盾构机长加富余量，始发方向的内空取出发所需要的长度。大直径盾构机不能用吊车调头时，要在工作井内用千斤顶使盾构机调头，所以必须考虑足够的空间。一般情况下，换向长等于盾构机的对角线长加上 1.0 m 以上的富余量。

② 盾构始发。

盾构机的始发是指利用临时拼装管片等承受反作用力的设备，将盾构机从始发工作井进入地层，沿所定的线路方向掘进的一系列施工作业。

根据临时拆除方法和防止开挖面地层坍塌方法的不同，施工方法有化学注浆施工法、冻结施工法、高压喷射注浆施工法、工作井压气施工法、双重钢板桩施工法、开挖回填施工法（双层工作井施工法）、换基法、临时墙开挖法等几种，各方法施工示意如图 4-19 所示。

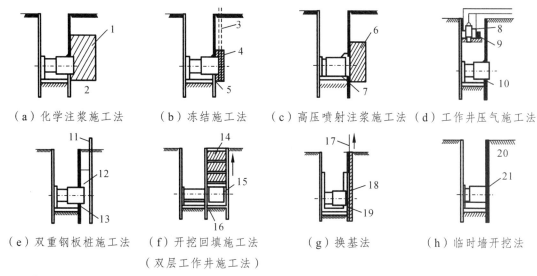

（a）化学注浆施工法　　（b）冻结施工法　　（c）高压喷射注浆施工法（d）工作井压气施工法

（e）双重钢板桩施工法　　（f）开挖回填施工法　　（g）换基法　　　（h）临时墙开挖法

（双层工作井施工法）

1—化学注浆施工法改良范围；2，5，7—入口衬垫；3—冻结管；4—冻土墙；6—高压喷射注浆改良范围；8—锁气室；
9—压气板；10，13，19—入口衬垫；11，15—钢板桩（开始推进时拔出）；12—化学注浆范围；14—开挖回填段；
16—防渗混凝土；17—工字钢（开始推进时拔出）；18—泥浆固化墙；
20—直接开挖临时墙后始发；21—灰浆或泡沫灰浆。

图 4-19　始发施工方法

始发施工作业步骤包括始发准备作业、拆除临时墙和掘进，始发流程如图 4-20 所示。

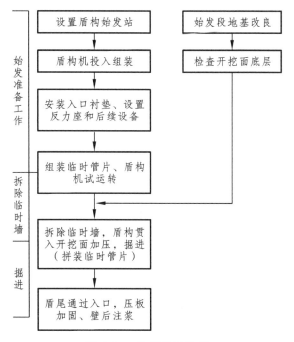

图 4-20　始发施工流程

③ 盾构接收。

盾构机的接收是指在稳定地层的同时，将盾构机沿所定路线推进到工作井边，然后从预先准备好的大开口处将盾构机拉进工作井内，或推进到到达墙的所定位置后停下等待的一系列作业。

施工方法有 2 种，一种是盾构机到达后拆除到达工作井的挡土墙再推进，另一种是事先拆除挡土墙，再推进到指定位置，如图 4-21 所示。

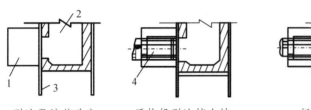

到达段地基改良　　盾构机到达挡土墙　　　拆除挡土墙　　　盾构机再推进

1—改良地基；2—接收工作井；3—挡土墙；4—盾构机；5—拆除挡土墙；6—再推进。

（a）施工步骤（拆除挡土墙，再推进的方法）

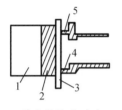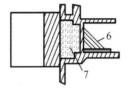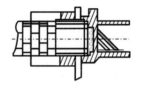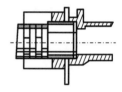

到达段地基改良　　设置隔墙，拆除挡土墙　　盾构机到达　　　拆除隔墙
置换成贫配比砂浆

1—防渗等地基改良；2—为拆除挡土墙进行地基改良；3—挡土墙；4—接收工作井；
5—反力座；6—隔墙；7—贫配比砂浆。

（b）施工步骤（拆除挡土墙，再接收的方法）

图 4-21　盾构机到达施工步骤

（2）盾构掘进。

盾构掘进时必须根据围岩条件，保证工作面的稳定，适当地调整千斤顶的行程和推力，沿所定路线方向准确地进行掘进。掘进时应注意以下问题：

① 正确地开启所需台数的千斤顶，使之产生推力按设计的线路方向行走，并能进行必要的纠偏。

② 不应使开挖面的稳定受到损害，控制推进速度、一次推进距离，尽量缩短开挖面的暴露时间。

③ 不应使衬砌等后方结构受到损害。推进时应根据衬砌构件的强度，尽量发挥千斤顶的推力作用。在当采用的推力可能损及衬砌等后方结构物时，应对衬砌进行加固，或者采取一定的措施。

④ 加强施工前和施工过程中的测量，使盾构能在计划路线上正确推进，衬砌正确安装。

（3）管片拼装。

盾构管片是盾构法隧道的永久衬砌结构，盾构管片质量直接关系到隧道的整体质量和安全，影响隧道的防水性能及耐久性能。

管片拼装前，应对上一衬砌环面进行清理，控制盾构推进液压缸的压力和行程，并应保持盾构姿态，根据管片位置和拼装顺序，逐块依次拼装成环。拼装管片时，应防止管片及防水密封条损坏，对已拼装成环的衬砌环应进行椭圆度抽查。管片连接螺栓紧固扭矩应符合设计要求，管片拼装完成，脱出盾尾后，应对管片螺栓及时复紧。

管片拼装具体操作方法如下：

① 拼装成环方式。

盾构推进结束后，迅速拼装管片成环。除特殊场合外，大都采取错缝拼装。在纠偏或急曲线施工的情况下，有时采用通缝拼装。

② 拼装顺序。

一般从下部的标准（A 型）管片开始，依次左右两侧交替安装标准管片，然后拼装邻接（B 型）管片，最后安装楔形（K 型）管片。

③ 盾构千斤顶操作。

拼装时，若盾构千斤顶同时全部缩回，则在开挖面土压的作用下盾构会后退，开挖面将不稳定，管片拼装空间也将难以保证。因此，随管片拼装顺序分别缩回盾构千斤顶非常重要。

④ 紧固连接螺栓。

先紧固环向（管片之间）连接螺栓，后紧固轴向（环与环之间）连接螺栓。采用扭矩扳手紧固，紧固力取决于螺栓的直径与强度。

⑤ 楔形管片安装方法。

楔形管片安装在邻接管片之间，为了不发生管片损伤、密封条剥离，必须充分注意正确地插入楔形管片。为方便插入楔形管片，可装备能将邻接管片沿径向向外顶出的千斤顶，以增大插入空间。拼装径向插入型楔形管片时，楔形管片有向内的趋势，在盾构千斤顶推力作用下，其向内的趋势加剧。拼装轴向插入型楔形管片时，管片后端有向内的趋势，而前端有向外的趋势。

⑥ 连接螺栓再紧固。

一环管片拼装后，利用全部盾构千斤顶均匀施加压力，充分紧固轴向连接螺栓。盾构继续掘进后，在盾构千斤顶推力、脱出盾尾后土（水）压力的作用下衬砌产生变形，拼装时紧固的连接螺栓会松弛。为此，待推进到千斤顶推力影响不到的位置后，用扭矩扳手等，再一次紧固连接螺栓。再紧固的位置随隧道外径、隧道线形、管片种类、地质条件等而不同。

（4）壁后注浆。

壁后注浆是指用浆液填充隧道衬砌环与地层之间空隙的施工工艺。

盾构壁后注浆，主要是盾构管片拼装好后，管片外与土体之间存在一点的间隙，就可以通过壁后注浆将空隙填充好，同时可以防止管片及土体沉降等。应根据工程地质条件、地表沉降状态、环境要求及设备性能等选择注浆方式，管片与地层间隙应填充密实，要求壁后注浆过程中，应采取减少注浆施工对周围环境影响的措施。

注浆前，应根据注浆施工要求准备拌浆、储浆、运浆和注浆设备，并应进行试运转，对注浆孔、注浆管路和设备进行检查。浆液应符合下列规定：

① 浆液应按设计施工配合比拌制。

② 浆液的相对密度、稠度、和易性、杂物最大粒径、凝结时间、凝结后强度和浆体固化收缩率均应满足工程要求。

③ 拌制后浆液应易于压注，在运输过程中不得离析和沉淀。

应合理制定壁后注浆的工艺，并应根据注浆效果调整注浆参数。宜配备对注浆量、注浆压力和注浆时间等参数进行自动记录的仪器，并且注浆作业应连续进行。作业后，应及时清洗注浆设备和管理路。采用管片注浆口注浆后,应封堵注浆口。

(5)隧道防水。

隧道防水是为确保隧道运营不致因漏水、积水造成灾害,影响使用功能和腐蚀设备而采取的防水措施。一般采用截、堵、排相结合的综合治理方法。隧道防水应包括管片自防水、管片接缝防水和特殊部位防水,遇水膨胀防水材料在运输、存放和拼装前应采取防雨、防潮措施。

① 接缝防水。

防水材料应按设计要求选择,施工前应分批进行抽检。

防水密封条粘贴应符合下列规定:

a. 应按管片型号选用。

b. 变形缝、柔性接头等接缝防水的处理应符合设计要求。

c. 密封条在密封槽内应套箍和粘贴牢固,不得有起鼓、超长或缺口现象,且不得歪斜、扭曲。

采用遇水膨胀橡胶密封垫时,应按设计要求粘贴。采用嵌缝防水材料时,应清理管片槽缝,并应按规定进行嵌缝作业,填塞应平整、密实。

② 特殊部位防水。

a. 采用注浆孔注浆时,注浆后应对注浆孔进行密封防水处理。

b. 注浆孔及螺栓孔处密封圈应定位准确,并应与密封槽相贴合。

c. 隧道与工作井、联络通道等附属构筑物的接缝处,应按设计要求进行防水处理。

4.2.4 TBM 法

1. 概 述

(1)基本概念。

TBM 法施工是使用 TBM 在地下利用回转刀具开挖(同时破碎和掘进)并采用机械支护构筑成隧道的施工方法。

TBM 是岩石隧道掘进机(Hard Rock Tunnel Boring Machine)的简称,其是通过旋转刀盘推进,使滚刀挤压破碎岩石,采用主机带式输送机出渣的全断面隧道掘进机。

目前关于 TBM、盾构、掘进机等概念较多,相关界限较模糊。我国及日本一般将用于土质隧道开挖的称为盾构,将用于岩质隧道开挖的称为 TBM;国外(欧洲)一般不做刻意区分,统称为掘进机。

根据《全断面隧道掘进机 术语和商业规格》(GB/T 34354—2017)规定,全断面隧道掘进机(Full Face Tunnel Boring Machine)是通过开挖并推进式前进实现隧道全断面成形,且带有周边壳体的专用机械设备,主要包括盾构机、岩石隧道掘进机、顶管机等。其中岩石隧道掘进机也称硬岩隧道掘进机或 TBM。

(2)特点及适用条件。

① TBM 法的优点。

a. 开挖作业能连续进行,因此,施工速度快、工期得以缩短。特别是在稳定的围岩中长距离施工时,此特征尤其明显。

b. 没有像爆破那样大的冲击，对围岩的损伤小，几乎不产生松弛、掉块，崩塌的危险小，可减轻支护的工作量。此外，超挖小，节省衬砌材料。用爆破法施工时，围岩的损伤范围为 2 ~ 3 m，在机械掘进的情况下，只有 1 m 左右。

c. 开挖表面平滑，在水工隧洞的情况下，无衬砌区间的阻力小。

d. 震动、噪声小，对周围的居民和结构物的影响小。

e. 因机械化施工，作业人员少，更加安全。

f. TBM 可在防护棚内进行刀具更换，密闭式操纵室、高性能的集尘机等的采用使安全性和作业环境有了较大的改善。

② TBM 法存在的问题。

a. 机械的购置费和运输、组装解体等的费用高，机械的设计制造时间长，初期投资高。因此，很难用于短隧道。

b. 施工途中不能改变开挖直径。如用同一机种开挖不同直径的断面，在硬岩的情况下，更换附属部件，在数十厘米范围内，还是可能的。

c. 地质的适应性受到一定限制。目前虽然正在开发全地质型的机种，但还满足不了这种要求。对软弱围岩，还存在不少问题；对硬岩，当强度超过 2 000 kgf/cm^2 后，刀具成本急剧增大，开挖速度也随之降低。

d. 开挖断面的大小、形状变更难，在应用上受到一定的制约。因此高性能的、高出力的自由断面掘进机得到了相应的发展。

③ 适用条件。

相对于盾构，TBM 不具备泥水压、土压等维持掌子面稳定的功能，开挖面的稳定方式是盾构工作原理的最主要方面，也是盾构区别于 TBM 的最主要方面。TBM 是以岩石地层为主要掘进对象，相对于盾构法，其适用环境明确。

一般而言，TBM 法主要适用于长度超过 3 000 m、围岩强度比较大但小于 200 MPa、节理裂隙不发育、地下水不发育地段施工。

2. TBM 的分类

TBM 按照刀盘大小可分为微型($\phi 0.25 \sim 3.00$ m)、中型($\phi 3.0 \sim 8.0$ m)、巨型($\phi > 8.0$ m)；按照机器构造及施工方式可分为敞开式 TBM、单护盾式 TBM、双护盾式 TBM，如图 4-22 ~ 图 4-24 所示。

图 4-22　敞开式 TBM

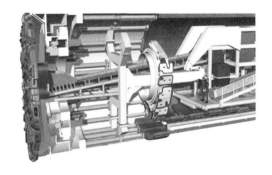

图 4-23　单护盾式 TBM

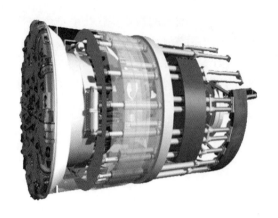

图 4-24 双护盾式 TBM

（1）敞开式 TBM。

敞开式岩石隧道掘进机在稳定性较好的岩石中，利用撑靴撑紧洞壁以承受掘进反力及扭矩，不采用管片支护的岩石隧道掘进机，也称撑靴式岩石隧道掘进机。

在掘进通过破碎带岩体时，敞开式 TBM 可以用自身的支护系统，采用打锚杆、架设钢拱架、挂钢筋网、喷射混凝土等系列措施稳定围岩。当掌子面前方遇到局部破碎带时，TBM 可以用自身携带的超前钻机和注浆系统提前加固破碎带岩体，确保顺利通过。一般情况下，相比护盾式 TBM，敞开式 TBM 具有设备造价低、转弯半径小、不需要钢筋混凝土衬砌管片、护盾相对短不易被卡等诸多优势，适用范围较广。

一般而言，敞开式 TBM 主要适用于岩石整体较完整、有较好自稳性的较硬岩、坚硬岩地层（20~150 MPa），一般不适用于软岩、极软岩（≤15 MPa）及破碎地层。

（2）单护盾式 TBM。

单护盾岩石隧道掘进机具有护盾保护，是仅依靠管片承受掘进反力的岩石隧道掘进机。

当软弱围岩所占比例较大，且撑靴无法支撑住洞壁的隧道时，可考虑采用单护盾式 TBM 掘进。单护盾式 TBM 的主机相比双护盾式 TBM 的要短一些，方向调整相对灵活，更容易避免隧道覆盖层较厚或围岩收缩挤压作用较大时护盾被卡，掘进速度的影响因素中减少了岩石支护的处理时间；另外，单护盾式 TBM 的价格相比双护盾式 TBM 要低。

一般而言，单护盾式 TBM 主要适用于开挖地层以软弱围岩为主、岩石抗压强度较低的隧道，适用于有一定自稳性的岩石（5~100 MPa）。

（3）双护盾式 TBM。

双护盾岩石隧道掘进机具有护盾保护，是依靠管片和/或撑靴撑紧洞壁以承受掘进反力和扭矩，掘进可与管片拼装同步的岩石隧道掘进机。

双护盾式 TBM 又称伸缩护盾式 TBM。与敞开式 TBM 不同的是双护盾式 TBM 具有全长的护盾，与单护盾式 TBM 不同的是双护盾式 TBM 在地质良好时可以掘进与安装管片同时进行。双护盾式 TBM 在任何循环模式下都在开敞状态下掘进，伸缩护盾是双护盾式 TBM 独有的技术特点，是实现软硬岩作业转换的关键。

双护盾式 TBM 可采用管片支护，具有主推进油缸、辅助推进油缸以及撑靴油缸，掘进和管片拼装可以同步进行，互不干扰，理论上其掘进速度较快。双护盾式 TBM 在经过良好地层和不良地层时，通过工作模式的转变能较好地适应。但是，双护盾式 TBM 机身较长，调向相对困难，容易造成卡机等问题。

双护盾式 TBM 的地质适应性非常广泛，涵盖了敞开式 TBM 和单护盾式 TBM 适用的地质条件，主要适用于围岩较完整、具有一定自稳性的软岩～硬岩地层（5～150 MPa）。

3. TBM 的构成

TBM 掘进机大体上可分为开挖部、反力支撑部、推进部和排土部几个部分。由切削破碎装置、行走推进装置、出渣运输装置、驱动装置、机器方位调整机构、机架和机尾，以及液压、电气、润滑、除尘系统等组成。

4. TBM 施工隧道支护参数

在公路和铁路隧道中，是基于围岩弹性纵波速度、岩类、地质时代来划分围岩级别的，适应各种围岩级别的支护形式大多已模式化了。在 TBM 法施工时，支护同 NATM 法一样，也多采用喷混凝土、锚杆、钢支撑等，也有采用管片作为衬砌。TBM 隧道施工支护形式选择考虑的因素包括隧道直径、用途、线路坡度及机型。

（1）隧道直径。

从隧道直径看，2～3 m 的小直径的 TBM 采用钢支撑和管片较多，在 3 m 以上的工程中，采用喷混凝土、锚杆、钢支撑的组合形式较多。

（2）隧道用途。

用 TBM 开挖导坑时，支护多是临时的，导坑扩挖时要拆除，因此，要尽量采用轻型的，易于拆除的支护形式。当导坑扩挖也采用 TBM 时，导坑的支护要采用可切削的材料。二次衬砌多在隧道开挖完成后施工。

TBM 掘进和二次衬砌平行作业有困难时，为缩短工期，可采用兼有支护和衬砌作用的管片。此时，管片和盾构法中的功能一样，起支护围岩的作用，同时，在支承靴无效时起提供推进反力的功能。

（3）TBM 的形式。

在敞开式 TBM 中，围岩条件差时，在刀盘和主支承靴间施设支护是可能的。在盾构式 TBM 中，后筒中或后筒后面可直接构筑支护，敞开式 TBM 不能采用管片，但在盾构式 TBM 中多采用管片。其理由是：采用管片多是在围岩差的条件下，但在敞开式 TBM 中，支承靴无效时，可以喷混凝土加强支承靴处，但在盾构式 TBM 中，是不可能进行这种加强的，此时，可在盾构式 TBM 中，装备盾构千斤顶，以管片为反力进行掘进。

（4）隧道坡度。

支护形式与 TBM 的掘进坡度是相关的。在斜井中采用 TBM 时，导坑 TBM 可向上掘进，但支护要具有以下功能并采用纤维喷浆和 FRP 锚杆等特殊支护手段，环形支护要采用可切削的材料。

为防止出现掉块、崩塌、落石等重大事故，要设置安全所需的护壁；导坑直径小，要采用能保持良好作业环境的工法；要能早期产生支护效果；采用扩大 TBM 时，要采用可切削的材料。

TBM 隧道施工支护形式基本要素详见表 4-7。

表 4-7 TBM 隧道施工支护形式的基本要素

隧道用途		支护特征
隧道完成断面	TBM 开挖断面	在公路隧道中采用 RC 管片作为永久衬砌；在水工隧洞中采用喷混凝土、锚杆、钢支撑等组合支护
TBM 导坑	爆破扩大	事前要拆除管片支护
	TBM 扩大	使用可拆除和可切削的材料
隧道直径	2~5 m	多采用无支护钢支撑管片
	>5 m	多采用无支护、喷混凝土、锚杆、钢支撑等组合支护
TBM 形式	敞开式	不使用管片支护
	盾构式	围岩不良处，采用仰拱管片，全闭合管片
隧道坡度	水平斜井	导坑时，可采用纤维喷浆等特殊配比的材料

5. TBM 施工关键技术

经过多年的发展，TBM 应用案例越来越多，施工技术也已日趋成熟，在不断实践应用过程中，总结了一些新的关键施工技术。

（1）TBM 掘进与二次衬砌同步施工技术。

敞开式 TBM 隧道一般设计为复合式衬砌，常规二次衬砌将在 TBM 完成掘进后，由圆形模筑衬砌台车浇筑施工，二次衬砌成为制约工期的控制点。为确保施工进度，提高施工质量，采用 TBM 掘进与二次衬砌同步施工技术。

例如南疆线中天山隧道、兰渝线西秦岭隧道等所采用的穿行式同步衬砌模板台车，如图 4-25 所示，可满足连续皮带机、大直径通风管路、电力通信电缆及四轨三线运输列车等穿行要求，确保 TBM 掘进与二次衬砌作业同步进行。

图 4-25 TBM 衬砌模板台车

（2）TBM 施工出渣运输技术。

TBM 施工作业中，掘进效率的高低在很大程度上取决于出渣运输和进料是否及时到位。为充分发挥 TBM 连续、快速掘进的特点，要求出渣运输作业与掘进作业同步进行，且相互影响程度最小。

出渣时可供选择的运输方式有轨道运输及皮带运输，两种运输方案均能满足洞内出渣需要。轨道运输在秦岭隧道、中天山隧道中采用，目前皮带运输应用更广泛。皮带运输系统具有适用性强、装卸料灵活、可靠性强、安全性高、综合费用低、运行无污染等优点，洞内只需铺设进料轨道即可，洞内工序组织更为合理。随着技术水平发展，皮带机技术已趋于成熟和完善，连续皮带机可通长延伸，目前成熟的技术水平可达 15 km 左右。

出渣运输与进料设备的选型首先要考虑与 TBM 掘进速度相匹配，不能制约 TBM 掘进；其次须从技术经济角度分析，选用技术可靠、经济合理的方案。设备的具体规格、数量等由开挖洞径、掘进进尺、隧道长度和坡度等因素综合决定。

（3）TBM 卡机脱困专项处置技术。

由于软弱破碎围岩塌方、大变形或遭遇松散体含水等不良地质问题，TBM 卡机情况时有发生。尤其是双护盾式 TBM 盾体较长，具有伸缩护盾，更易卡机。国内外 TBM 被卡、被困情况时常发生，某些不成功的案例某种程度上也影响了双护盾式 TBM 的应用。总之，TBM 卡机脱困技术非常关键，主要有以下几种处理方法：

① 超高压换步。

双护盾式 TBM 支撑盾和尾盾发生卡机时，可采用超高压泵站和辅助推进油缸进行超高压换步脱困，一般适用于支撑盾和尾盾轻微被卡的情况。

② 设备技术改造法。

无法满足出渣需要以及收敛变形速率快是造成双护盾式 TBM 卡机的主要原因。可以从以下两个方面对 TBM 进行改造：一是增加刀盘开口率，满足软弱围岩在掘进中出渣量的需要，在掌子面出现坍塌时能够及时将刀盘与掌子面之间的渣料出净；二是增加边刀行程或在设备设计阶段扩大刀盘，在维持盾壳不变的情况下增大开挖轮廓面，增加围岩与盾壳之间的空隙，在围岩塑性变形尚未抵达盾壳的情况下快速通过。

③ 开挖导洞人工扩挖。

在前盾被卡或超高压仍不能推动支撑盾和尾盾的情况下，可以通过人工扩挖的方式掏空盾壳周围，释放围岩作用在盾壳上的压力。具体方法如下：以伸缩盾观察窗和尾盾临时开孔为通道，向支撑盾、前盾和尾盾方向将围岩挤压的区域扩挖，搭建临时支撑，将盾壳半圆以上部位全部掏空。

TBM 刀盘及护盾因塌方和围岩收敛变形被困时，为确保设备安全，首先应尽快解除刀盘和护盾压力，可采取开挖上导洞和侧导洞的方式彻底解除作用在 TBM 护盾上的压力；掌子面破碎岩体坍塌后挤压在刀盘前，导致刀盘无法转动，此时还需挖除刀盘前的松散岩体。

④ 超前化学灌浆法。

化学灌浆是对不良地质洞段进行处理的重要手段之一。利用灌浆泵压力将化学灌浆材料灌注到岩体裂隙中，使松散或破碎的围岩结成整体，提高围岩完整性，有利于 TBM 施工通过。

在陕西引红济石项目及山西万家寨项目采用化学灌浆法均取得了成功，一般采用聚氨酯类和硅酸盐改性聚氨酯类灌浆材料。

⑤ 辅助坑道法。

以青海引大济湟工程为例，双护盾式 TBM 在第 6 次卡机后经过专家论证，考虑到此段断层破碎带距离较长，采用其他辅助工法无法保证 TBM 顺利脱困，故采用修建迂回导洞，提前修建正洞步进洞室，接收 TBM 通过。

实践证明，无论采用何种 TBM 卡机脱困措施，在一定程度上均具有局限性，科学合理地选择卡机处理措施是保证 TBM 顺利脱困的关键。

4.2.5 沉管法

1. 概　述

沉管隧道（Immersed Tunnel），是在水域中主要由若干预制完成的基本结构单元，将其通过浮运、沉放、水下对接形成的隧道，又称沉埋管段法隧道。

沉管隧道一般用于埋深很浅、流速不大的海底或河底隧道，与其他水下隧道相比，沉管隧道特点如下：

（1）沉管隧道因其能够设置在只要不妨碍通航的深度下，故隧道全长可以缩短。

（2）隧道管段是预制的，质量好，水密性高。

（3）固有浮力作用在隧道上，所以视比重比较小，要求的地层承载力不大，故也适用于软弱地层。

（4）断面形状无特殊限制，可按用途自由选择，特别适应较宽的断面形式。

（5）沉管沉放，虽然需要时间，但基本上可在 1~3 日内完成，对航运的限制较小。

（6）不需要沉箱法和盾构法的压缩空气作业，在相当水深的条件下，能安全施工。

（7）因采用预制方式施工，效率高，工期短。

2. 沉管法施工

沉管隧道主体施工主要可分为管节制作、基槽开挖、管节地基及垫层施工、管节安装、覆盖回填等工序，如图 4-26 所示。

（1）管节制作。

管节指一次或分次预制完成，可实施浮运、沉放、水下对接组成沉管结构的基本单元。每节管段的长度一般为 60~140 m，多数在 100 m 左右，最长的已达 268 m。

① 管节分类。

a. 按材料分类。

按材料分类，常用的有混凝土管节、钢筋混凝土管节、预应力混凝土管节等。

钢筋混凝土断面因在干船坞内制造节段，对节段大小无很大限制，因此可制造大宽度的节段。与圆形断面比，无效空间可大为减小。从力学上看，对外压来说，弯矩是主要的。因此，断面要比圆形的厚些。因节段的宽度大，基底的处理要困难些。

预应力混凝土断面最大的特点是因导入预应力而减少开裂，提高了水密性。与钢筋混凝土相比，构件厚度小些，节段重量也轻些，因而节段高度变小，故土方量减少了。

b. 按断面形状分类。

断面形式有圆形、矩形等，除上述断面外，尚有一些变化断面，如眼镜形断面，长方形的变形断面等。

圆形断面对水压力和土压力等外压来说，构件断面内力主要是轴力，受力条件是有利的。在水深条件下采用这种断面是经济的。

矩形断面要注意保证在浮运状态下，灌注混凝土时的刚性。多数沉管隧道均采用矩形钢筋混凝土断面，如港珠澳大桥沉管隧道（图 4-27）。

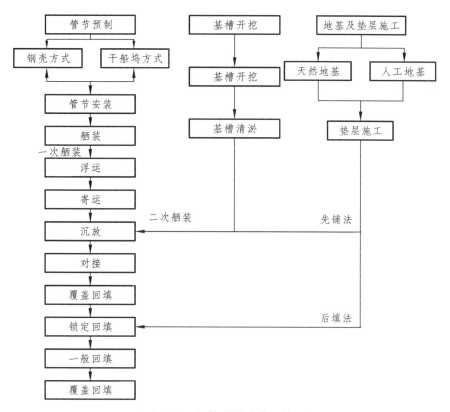

图 4-26　沉管隧道的施工流程

图 4-27　港珠澳大桥矩形沉管隧道

c. 按施工方式分类。

管节施工方式包括钢壳方式和干船坞方式。

钢壳方式是指不须修建特殊的船坞，用浮在水上的钢壳箱体作为模板制造管段。

干船坞是指用于管节预制的场地，可兼用于舾装、起浮、系泊，通常为固定干坞；特殊情况下利用大型驳船作为管节预制、舾装的场地则称为移动干坞。

钢壳方式与干船坞方式的比较详见表 4-8。

表 4-8　钢壳方式与干船坞方式的比较

项目	钢壳方式	干船坞方式
用途	双车道公路，单线铁道，下水管等管段宽度在 10 m 以内的	多车道宽度大的公路（铁道，人行道并置的情况也包括在内）
断面形状	圆形，外廓为变态八角形的	矩形
材料	钢壳及钢筋混凝土	钢筋混凝土
管段制造地点	船台等	临时干船坞
防水方法	钢壳	防水层[钢板（6~8 mm）、沥青、橡胶等]
基础处理	一般整平机敷设砂砾	要设临时承台，填充砂或砂浆
水中接合	水中混凝土或橡胶密封垫水压连接	橡胶密封垫水压连接
浮运沉放	干舷高度 30~50 cm，拖航；水上向管段投入砂和混凝土，沉放	干舷高度 10 cm 左右，拖航；用管段内的水平衡方法沉放

② 钢壳方式制作管节。

这种管段通常是只在造船厂的码头、船台或岸壁等处制作钢壳，而后将其牵引、停泊在悬浮状态下，灌注内部混凝土而完成的。其主要施工流程及施工要点如下：

a. 钢壳制作。

钢壳的制作有 2 种情况：一种是顶面一直敞开着，直至混凝土浇注结束后才铺设顶部钢板；另一种是顶面也用钢板封死，只留出器材搬运口。对于钢筋等材料及支承材料的搬入和混凝土的浇筑来说，前者比较方便；对承受混凝土浇注结束前的荷载所需的强度来说，后者有利。

b. 灌注作业。

钢壳方式的混凝土灌注作业，包括配筋架、制模板、运入材料、灌注混凝土等，直到完成管节。

c. 钢筋的配置。

钢壳内部有加强构件，钢筋直径也较大，因此配筋作业是很烦琐的，而且作业效率低。因此，主筋、剪力筋和轴向筋等的安设顺序，必须事先规划好。

d. 混凝土灌注。

管节制作的最重要一点是混凝土的灌注顺序。钢壳在悬浮状态时受到灌注的混凝土部分重量而变形。这种变形会随着每一次灌注而积累到最终状态。因此，要调整一次灌注量、灌注地点、灌注顺序等，使灌注完成时的变形最小，并使钢壳在灌注过程中的应力最大值最小等。

圆形钢壳管节浇注混凝土的步骤如图 4-28 所示。在混凝土灌注过程中，侧壁、中壁的混凝土对横断面来说是集中荷载，灌注较难，多分段灌注。另外，顶板和钢壳间会产生空隙，要进行压浆，把空隙完全填满。混凝土的灌注可采用泵或料斗等。

e. 装配码头。

装配码头要设在靠近隧道建设地点平静的水域中，能安全地停泊管节，而且材料的搬入要方便；装配码头需要有一定的水深，因此，多采用离护岸一定距离的栈桥方式。

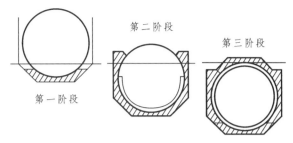

第二阶段

第三阶段

第一阶段

注：第一阶段为部分龙骨混凝土浇注好后下水；第二阶段为完成筒内混凝土部分内衬（环）
　　和夹层混凝土；第三阶段为完成筒内混凝土部分内衬（环）和结构帽盖混凝土。

图 4-28　圆形钢壳管节浇注混凝土的步骤

③ 干船坞方式制作管节。

与钢壳方式制作管节不同，此时管段是在管段制作码头制作，完成后牵引，在装配码头
处搭载各种沉放设备并沉放的。一般说来，在这种情况下，几个管段是同时制作的。因此，
干船坞的规模要求很大。其主要施工流程及施工要点如下：

a. 修建干船坞。

船坞的位置要确保一定的水深，对航道的影响要小，并接近施工现场。管节完成后，因
要出渠，所以渠口都要采用双层挡板支挡结构。干船坞的平面布置如图 4-29 所示。

图 4-29　干船坞平面布置

船坞的修建多采取明挖法。明挖修建的干船坞，为防止水的渗透，周围要设止水挡板并
用人工降水。管节的质量在 10 t/m 左右，故要注意基础的处理，一般多采用经过碾压的碎石
基础。

b. 管节制作。

管节混凝土一般都是现场灌注的，而且是大体积的结构物。因此，要采用发热量小的水
泥或高炉水泥。混凝土的比重差，要控制在 1%以内。

管节制作流程如图 4-30 所示。

管节的端部是由在工厂制作的端部钢壳形成的，并与底部防水钢板依次焊接在一起，然
后灌注底板混凝土。横断面方向分为底板、壁和顶板，沿轴向分为 15 m 左右的段落灌注。侧
壁外面的防水钢板可作为模板。顶板灌注后，施工顶层防水层，而后灌注保护混凝土。本体
完成后，安设牵引、沉放等设施。

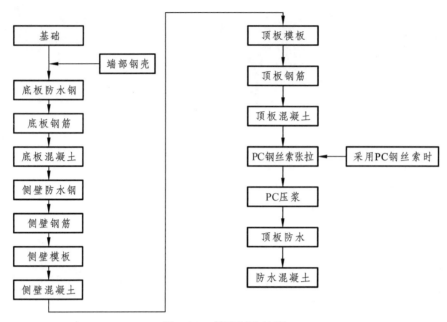

图 4-30　管段制作流程

此外，因管节的混凝土灌注量很大，所以分层浇筑是很必要的。横断面分为底板、壁和顶板。侧壁的施工缝位置，要考虑钢筋接头位置、防水钢板的接合位置等关系决定。轴向段落长度，从防止开裂出发，一般不要超过 20 m。

混凝土灌注区段划分如图 4-31 所示。

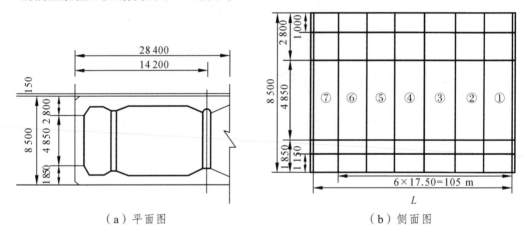

（a）平面图　　　　　　　　　　（b）侧面图

图 4-31　混凝土灌注区段划分示例（尺寸单位：mm）

考虑到沉管管节一般都是等断面的。因此，采用活动模板灌注大量混凝土是最有效的方式。要根据管段的数量和工期要求，确定模板数。

c. 防水。

管节防水最重要的是要精心施工，要确实保证焊接质量并定期检测。顶层防水要注意基层的处理。另外，防水钢板和顶层防水的接续处，是防水上的薄弱环节，应引起足够的注意。

（2）基槽开挖。

基槽是用于埋置隧道的条形水下基坑。

① 基槽开挖横断面。

基槽底宽一般比管节底宽大 4~6 m，如沉管段的基础处理或管节沉放、对接、定位、调整设施有特别要求时，基槽底宽可适当加宽。

基槽开挖深度为规划航道深度以下沉管段覆盖层厚度、管节高度以及基础处理的垫层厚度三者之和。

② 基槽边坡。

基槽边坡应通过稳定性验算或成槽试验确定，稳定性验算安全系数不应小于 1.3。

在缺乏基础资料时可按现行行业标准《疏浚与吹填工程技术规范》（SL 17-2014）的相关规定选取，具体详见表 4-9 取值。

表 4-9　各类（岩）土质水下边坡参考数值

土质类别	坡比	土质类别	坡比
强风化岩	1：1.0~1：1.5	可塑黏土	1：3.0~1：5.0
弱胶结碎石	1：1.5~1：2.5	密实及中密实砂土	1：3.0~1：5.0
卵石	1：2.5~1：3.0	松散及松散砂土	1：5.0~1：10.0
硬塑黏土	1：2.0~1：3.0	软塑淤泥	1：5.0~1：25.0

注：对端部有纵向边坡的基槽或挖槽，其端坡坡比与横断面边坡坡比相同。

③ 基槽开挖设备。

基槽一般采用挖泥船进行开挖施工，挖泥船基槽施工示意图如图 4-32 所示。

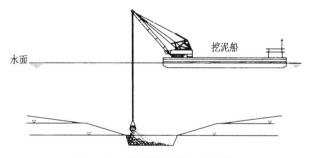

图 4-32　挖泥船基槽施工示意

挖泥船根据开挖土层分为链斗挖泥船、抓斗挖泥船、铲斗挖泥船，其适用性如下：

a. 在基槽中对淤泥、软黏土、砂和硬黏土可采用链斗挖泥船开挖，而对于较硬黏土、砂、风化岩则要采用结构较强和挖掘能力较好的重型链斗挖泥船开挖。

b. 对标准贯入度 $N=25~40$ 的黏土、夹石砂质土和砾石以及清理爆破后的石块可采用大型抓斗挖泥船配合各种不同类型的抓斗开挖。

c. 对于各种难挖土、软岩、强风化岩或断裂的岩石、硬黏土，以及拆除围堰、打捞沉淀物和排除水下障碍物等，可采用铲斗挖泥船挖掘。

此外，基槽开挖如遇到坚硬岩石时常采用水下爆破作业船、破碎船等进行爆破、破碎施工。

④ 基槽开挖施工。

基槽开挖施工一般应满足以下要求：

a. 基槽开挖应分为粗挖和精挖，粗挖为基槽底面以上 2 m 至河（海）床顶面的部分，精挖为剩余部分。基槽开挖通常采用逆流施工，施工过程应分条分层作业。

b. 应根据基槽开挖作业现场的（岩）土质、工况条件和挖泥船（含水下爆破作业船）本身的性能，选定合理的施工方法和工作参数。

c. 基槽开挖作业时应适时准确测定挖泥船的位置，避免产生漏挖或过大的超挖。

d. 基槽开挖如遇到坚硬岩石（大部分为火成岩和变质岩及坚固的沉积岩），可以采用表面爆破、钻孔爆破、锤击和碎岩船打碎等方法。

⑤ 基槽清淤。

基槽开挖后有回淤现象，故清淤工作是保证开挖后和管节沉放前的基槽保护措施。一般要求垫层施工前及管节沉放之前，应检查基槽底有无回淤，但基槽底回淤沉积物重度大于 11.0 kN/m³ 且厚度大于 0.3 m 时需要选用合适的清淤挖泥船清淤。

清淤工作宜分层实施，一般需往复清淤 3～4 遍，才能清至要求的水样比重和水深度。

（3）管节地基与基础垫层施工。

① 管节地基处理。

管节地基一般分为天然地基和人工地基。

沉管隧道的管节在结构差异沉降允许的情况下一般为天然地基，在天然地基上进行基础处理。

处理时应减少对基底土层的扰动，按照管节沉放安装计划安排基槽精挖施工。

当遇到以下特殊情况时需进行人工加固地基处理：

a. 基槽底的地基非常软弱，管节沉降得不到有效控制。

b. 沿隧道轴线基槽底的地基软硬变化较大，以致产生的差异沉降对结构安全和运营难以接受。

对人工地基处理应根据地质条件、地基设计、水文气象条件、周围环境等因素选择合适的施工设备和施工工艺，编制专项施工方案。正式施工前，宜进行工艺性试验。

人工加固地基处理形式包括桩基加固、复合地基处理等方式，其施工要点如下：

a. 桩基加固。

桩基主要形式有支撑桩和限位桩。其中支撑桩宜采用水上打设的钢管桩，应根据打入试验桩确定持力层的深度以及桩帽顶面标高要求确定桩长，以确保打入深度达到规定的支持力，同时保证桩帽标高在规定允许偏差范围；如沉管段在与靠近两岸（岛）上段部分管节采用了支撑桩，而中部管节采用天然地基时，则在支撑桩与天然地基段之间应设过渡段，而过渡段采用桩进行地基处理时，宜采用限位桩（或称定位桩）。

b. 复合地基处理。

复合地基处理方式主要分为水下挤密砂桩（SCP）、水下深层水泥搅拌桩（CDM）和换填基础 3 种方式。

水下挤密砂桩（SCP）是在挤密砂桩船上，利用振动锤将活瓣封住往下口的钢套管沉入土中，到达预定深度后，在套管内灌砂，边振动边上拔套管，将砂振密实，同时增加套管内气压，逐段复打，使砂桩扩径密实形成比普通砂桩直径更大、桩体更为密实的砂桩。

水下深层水泥搅拌法（CDM）采用专用的水下深层搅拌机，将预先制备好的水泥浆等材料注入水下地基土中，并与地基土就地强制搅拌均匀形成拌和土，利用水泥的水化及其与土粒的化学反应获得强度而使地基得到加固的方法。

当隧道结构的地基出现局部软弱地层时，通常采用换填基础的方式，即采用回填砂作为沉管段下方的换填材料。

② 基础垫层施工。

基础垫层可采用先铺法和后填法。

a. 先铺法。

先铺法是指管节沉放对接前先行完成的管节基础垫层施工方法。

先铺法可根据所用铺垫材料颗粒的大小不同，分为刮砂法（较少使用）和刮石法（节段管节、管节宽度尺寸不大，地震设防要求高的地区较多采用）两种。两者的操作基本相同，刮石法多用于沉管隧道管节宽度尺寸较小或采用节段管节的基础处理。

刮石法通常先行进行抛石处理。抛石一般采用未风化、无严重裂缝、质量为 10～100 kg 的块石或石砾，如图 4-33 所示。当基槽回淤程度不大时，可抛填 6～25 mm 级配碎石。当基槽回淤较严重时，可抛填单级配 32 mm 碎石，以增加空隙，使空隙率达 43%～45%，使回淤物能够吸进基础空隙内。

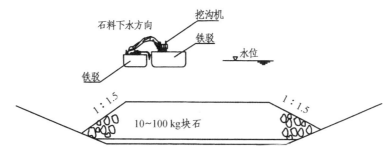

图 4-33　抛石施工示意

在有夯实要求的抛石基础处理中，每层抛石后须进行夯实，以消除或减少其压缩沉降。夯实的方法一般是用起重设备吊重锤，如图 4-34 所示，按一定的规则和指标要求进行夯实。在水中饱和状态下的抗压强度：夯实基础不低于 50 MPa，不夯实基础不低于 30 MPa。

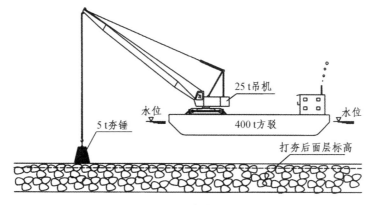

图 4-34　水下夯实施工示意

b. 后填法。

后填法指管节沉放对接后完成的管节基础垫层施工方法。后填法包括喷沙法、砂流法和压浆法。

喷砂法是通过设置在水面的作业平台的砂泵，将砂、水混合料通过伸入管节底面和开挖好的基槽底面之间空隙的水平喷砂管喷入该空隙内。

砂流法是通过设置在水面工程船舶（长隧道）或岸上（短隧道）的砂泵，把砂水混合物通过压砂管和预埋在管节底板的压砂孔注入管节底面与开挖好的基槽底面之间的空隙内。灌砂的施工示意详见图 4-35。

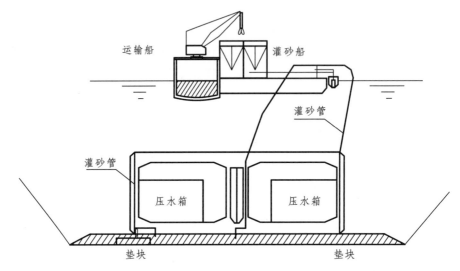

图 4-35　管外灌砂的砂流法施工示意

压浆法是通过预埋在管节底板的注浆孔，注入浆液充填管节底面与开挖好的基槽底面碎石垫层顶面之间的空隙。

（4）管节安装。

管节安装可分为舾装、浮运、寄放、沉放与对接 5 个步骤。

① 舾装。

舾装是管节浮运、沉放所需的临时设施及设备安装作业。一般分为一次舾装与二次舾装。

在管节试漏、起浮前完成管节的一次舾装，主要包括：端封墙及水密门、GINA 止水带及保护装置、鼻托、压载系统和系缆柱及管节各种舾装的预埋件、照明及供电系统等。

在管节起浮后、沉放前进行管节的二次舾装，主要包括：测量塔、人孔井、水平拉合座、吊点、纵横向调节系统和浮箱等。

② 浮运。

浮运是管节预制完成后，浮于水面，将其拖运到指定位置的过程。

管节浮运主要有绞拖、浮船坞（或半潜驳）浮运及拖轮拖运等方式。

绞拖适用于轴线干坞施工方案。拟建沉管隧道在河道时，河面宽度较窄，沉管段长度较短，管节数量较小；预制管节一般布置在岸上段并兼作预制干坞、轴线干坞施工方案。由于沉管移动距离短，通常采用岸上装设绞车、拖缆系统，必要时布置辅助稳定拖轮进行管节浮运，即直接将沉管绞拖出坞，并绞拖到预定的安装水域，详见图 4-36。

当沉管预制场不布置在隧道现场，且管节长度较短、体量适度时，管节可采用浮船坞（或半潜驳）进行浮运。同时也可将管节直接在浮船坞（或半潜驳）上进行预制，详见图 4-37。

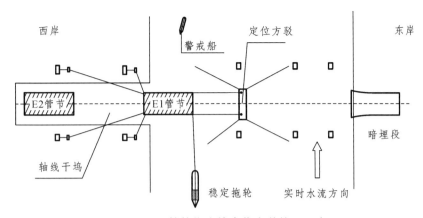

图 4-36　沉管绞拖直接定位安装施工示意

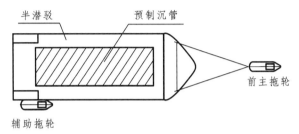

图 4-37　浮船坞（或半潜驳浮运）示意

当管节长度较长，干坞没有布置在隧道现场，干坞至沉管隧道之间的水路畅通，而水深条件满足沉管浮运要求的情况下，通常采用拖轮拖运浮态的管节。

③ 寄放。

管节寄放是在沉放前进行临时寄放，管节寄放区宜选择水深足够、风浪小、水流缓的非通航水域且应布置可靠的系泊系统。

④ 沉放。

沉放指管节下沉至指定位置的过程。管段沉放时首先要调整管段中线与隧道中线基本重合，然后进行管段纵坡调整，最后灌水压载至消除管段全部浮力。常用的沉放方式有固定脚手架（SEP）方式、浮箱方式、双胴船方式。

a. 固定脚手架（SEP）方式。

固定脚手架方式（图 4-38）沉放是在设于沉放位置的固定脚手架 SEP 作业台的下方引进管节，用作业台的起重机支持管节，加上沉放荷载，使之下沉。SEP 方式能利用原有的 SEP，是经济的，但移动、设置较麻烦。

b. 浮箱方式。

浮箱方式（图 4-39）沉放是用 2～4 台浮箱吊下管节并沉放的方法。管节的位置调整、固定都是用设在管节上的测量塔的起重机进行的。用海底锚栓进行水平方向的调整。

此法构造简单，但牵引时因为要搭载浮箱，有些不便。

c. 双胴船方式。

双胴船方式（图 4-40）沉放要有专用的沉放作业的驳船，用吊装用的梁（前后两个）联结两条船构成。此方式又称就位驳船方式，是把处于驳船间的管段用加沉放荷载的方法，使之下沉。

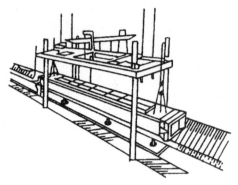

图 4-38　固定脚手架（SEP）方式

图 4-39　浮箱方式

图 4-40　双胴船方式

⑤ 对接。

对接是管节与管节或衔接段间进行拉合及水力压接的过程。

沉管隧道的对接作业有水中混凝土方式和采用橡胶密封垫的水力压接方式。

a. 水中混凝土方式。

水中混凝土方式对接作业时，先要在接头处修围堰，于其中灌注混凝土止水。而后，排除隔墙间的水，从内部做刚性联结接头。这种方式目前应用较少。

b. 水力压接方式。

水力压接方式对接的施工步骤：在管段接合端，安设橡胶密封垫，用千斤顶使之与既设管段密贴，进行初期止水；把隔墙的水排到既设管段中，而后用静水压置换橡胶密封垫的反力，压缩密封垫，使之完全止水；拆除隔墙，做基础，回填，视接头构造安设二次止水材料等；最后进行管段内作业，具体有用千斤顶拖拉管段、投入重物、修正方向作业、用垂直千斤顶调整高度、拆除隔墙、压注砂浆、接头施工、修筑道床及路面等内部构造、拆除重物等。

（5）回填覆盖。

回填覆盖为施工的最终工序，可分为锁定回填、一般回填、覆盖回填。回填应符合两侧对称、纵向分段、断面分层原则，按顺序进行并满足设计要求。

① 锁定回填。

锁定回填指管节对接完成后，为约束其水平位移，对管节尾部自由端两侧一定范围内的基槽底部进行的回填。对于注浆基础处理锁定回填还起到封堵注浆浆液作用。

先铺法时应立即锁定回填，后填法则应立即在管节尾部两侧进行锁定回填，待垫层施工完成后，全面锁定回填。

锁定回填应对称、均匀沿管节两侧分层进行，回填范围、厚度等均应满足设计要求。

一般在管节两侧锁定抛石，材料为粒径 1.5 ~ 5 cm 的碎石棱体。锁定抛石施工船舶一般由 1 艘工作驳船、2 艘抓斗船和 2 艘运石船组成，抓斗船靠于工作驳船两侧，将运石船上的碎石抓入漏斗，进行对称抛放施工。

② 一般回填。

锁定抛石棱体以外至管节顶面标高以上 0.5 m 之间的基槽用一般的回填料进行回填。由于抛放泥土对海域污染较严重，一般选择用石料进行回填。

一般回填应对称、均匀沿隧道两侧和管节方向分层、分段进行，回填范围、厚度、坡度等均应满足设计要求，施工过程中两侧回填高差不应超过设计要求。

③ 覆盖回填。

覆盖回填材料、回填厚度应符合设计要求，且应分层、分段铺设，回填范围、厚度、坡度、顶面高程等均应满足设计要求。

在穿越航道的沉管段顶部宜设面层抛石覆盖，一般设 2 m 厚的填料覆盖层，并分为上下两层进行覆盖回填。其中，下层覆盖回填厚 1 m、块重 10 ~ 100 kg 的石块；上层覆盖回填厚 1 m、块重 50 ~ 200 kg 的大石块。

回填施工示意图如图 4-41 所示。

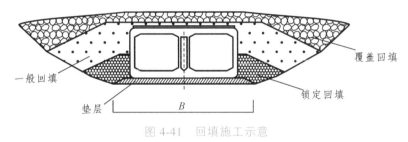

图 4-41　回填施工示意

4.3　地下工程施工技术

地下工程施工技术所包含的内容主要有地下工程的开挖、支护等基本施工作业，地层加固、降排水等辅助施工技术，以及风水电、通风防尘、监控量测等辅助施工作业。

4.3.1　钻爆施工技术

钻爆法隧道是通过钻眼爆破进行开挖施工，其一般包括钻爆设计、钻孔作业、装药作业、连线爆破等，各部分要点如下：

1. 钻爆设计

开挖施工前，应根据工程地质条件、开挖断面、掘进循环进尺、分部开挖方法、钻眼机械和爆炸材料等进行钻爆设计。设计内容包括炮眼布置、数目、深度和角度、装药量和装药结构、起爆方法等。在实施过程中还应根据爆破效果调整爆破参数。其中，炮眼按其所在位置、爆破作用、布置方式和有关参数的不同分为掏槽眼、辅助眼、周边眼几种，如图 4-42 所示。

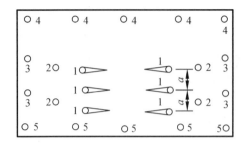

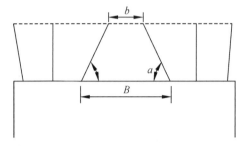

1—掏槽眼；2—辅助眼；3—帮眼；4—顶眼；5—底眼。

图 4-42　炮眼种类

掏槽眼是针对隧道开挖爆破只有一个临空面的特点，为提高爆破效果，宜先在开挖断面的适当位置（一般在中央偏下部）开设几个装药量较多的炮眼，如图 4-42 中的 1 号炮眼。其作用是先在开挖面上炸出一个槽腔，为后续炮眼的爆破创造新的临空面。

辅助眼是位于掏槽眼与周边眼之间的炮眼，如图 4-42 中的 2 号炮眼。其作用是扩大掏槽眼炸出的槽腔，为周边眼爆破创造临空面。

周边眼是沿隧道周边布置的炮眼，如图 4-42 中的 3 号、4 号、5 号炮眼。其作用是炸出较平整的隧道断面轮廓。按其所在位置的不同，又可分为帮眼（3 号炮眼）、顶眼（4 号炮眼）、底眼（5 号炮眼）。

此外，当岩石地层采用钻爆法开挖时，应采用光面爆破或预裂爆破技术，尽量减少欠挖和超挖。在硬岩中宜采用光面爆破，软岩中宜采用预裂爆破，分部开挖时，可采用预留光爆层的光面爆破。

爆破参数可采用工程类比或根据爆破漏斗及成缝试验确定，无条件试验时，可参考表 4-10 选用。

表 4-10　爆破参数值

爆破类别	岩石类别	岩石单轴饱和抗压强度 /MPa	周边眼间距 E/cm	周边眼抵抗线 W/cm	相对距 E/W	周边眼至内排崩落眼间距 /cm	周边眼集中度 q/（kg/m）
光面爆破	硬岩	>60	55～70	60～80	0.7～1.0	—	0.30～0.35
	中硬岩	30～60	45～65	60～80	0.7～1.0	—	0.20～0.30
	软岩	<30	35～50	45～60	0.5～0.8	—	0.07～0.12
预裂爆破	硬岩	>60	40～50	—	—	40	0.30～0.40
	中硬岩	30～60	40～50	—	—	40	0.20～0.25
	软岩	<30	35～40	—	—	35	0.07～0.12

爆破类别	岩石类别	岩石单轴饱和抗压强度/MPa	周边眼间距 E/cm	周边眼抵抗线 W/cm	相对距 E/W	周边眼至内排崩落眼间距/cm	周边眼集中度 q/（kg/m）
预留光面层的光面爆破	硬岩	>60	60～70	70～80	0.7～1.0	—	0.20～0.30
	中硬岩	30～60	40～50	50～60	0.8～1.0	—	0.10～0.15
	软岩	<30	40～50	50～60	0.7～0.9	—	0.07～0.12

注：① 表中参数适用于炮眼深度 1.0～1.5 m，炮眼直径 40～50 mm，药卷直径 20～25 mm。

② 当断面较小或围岩软弱、破碎或对曲线、折线开挖成形要求较高时，周边眼间距 E 应取较小值。

③ 周边眼抵抗线 W 值在一般情况下均应大于周边眼间距 E 值。软岩在取较小 E 值时，W 值应适当增大。

④ 相对距 E/W，软岩取小值，硬岩及断面小时取大值。

⑤ 表列装药集中度 q 为选用 2 号岩石硝铵炸药时的参考值，选用其他型炸药时，应修正。

2. 钻孔作业

一般采用手持风钻配合作业台架或凿岩台车进行掌子面炮眼钻设，钻设的爆破炮眼数量、位置、深度及斜率应符合钻爆设计要求，当开挖面凹凸较大时，应按实际情况调整炮眼深度及装药量，使周边眼和辅助眼眼底在同一垂直面上。钻眼完毕，应按炮眼布置图进行检查并做好记录，对不符合要求的炮眼应重钻，经检查合格后方可装药。

当采用手持风钻作业时，钻孔作业高度超过 2.0 m 时，应配备与开挖断面相适应的台架；采用凿岩台车钻眼应符合台车构造性能要求，有条件的可采用智能型凿岩台车钻孔施工，其具有自动定位、自动或半自动钻眼、自动生成钻孔日志等功能。

图 4-43、图 4-44 为采用人工手持风钻和凿岩台车钻孔作业现场。

图 4-43　人工手持风钻钻孔作业

图 4-44　凿岩台车钻孔作业

3. 装药作业

装药作业一般借助作业台架进行人工作业。装药作业应符合以下要求：装药作业与钻孔作业不得在同一开挖工作面进行；装药前应进行清孔，清除炮眼内的岩粉、积水；炮眼清理完成后，应检查炮眼深度、角度、方向和炮眼内部情况，处理不符合要求的炮眼；装药的炮眼应采用炮泥堵塞，炮泥宜采用炮泥机制作，不得采用炸药的包装材料等代替炮泥堵塞。

此外，随着隧道施工机械化、智能化水平的提高，在装药作业中也在逐步推行应用装药机代替传统人工装药模式，以减少掌子面作业人员，提高施工安全性。

图 4-45 是铁建重工研发的机械化装药单元，其搭配凿岩台车一起使用。机械化装药单元采用散装乳化炸药，装药前先将雷管反向装入普通乳化炸药放入炮孔内，通过控制系统及送管器将其送至孔底，再选择对应的炮孔类型开始退管及装药，完成后重复进行下一孔装药。

机械化装药现场施工如图 4-46 所示。

图 4-45　机械化装药单元

（a）存储器加药　　　　　　　　　　　（b）炮孔装药

图 4-46　机械化装药现场施工

4. 连线爆破

为了使炸药发生爆炸，就需要一定的起爆能。起爆方法根据所用的器材不同分为火雷管起爆法和电雷管起爆法。常用的起爆器材有火雷管、导火索、电雷管等。

连线起爆作业应符合下列要求：每次起爆前，爆破员应仔细检查起爆网络；起爆人员必须最后离开爆破地点，并在有掩护的安全地点起爆；爆破前必须清点人数，确认无误后，方可下达起爆命令；起爆人员接到起爆命令后，必须发出爆破警号，并等待 5 s 后方可起爆；处理瞎炮（残炮）必须在爆破员直接指导下进行，并应在当班处理完毕，当班未能处理完毕，必须向接班爆破员现场交接。

4.3.2　出渣技术

地下工程施工的出渣一般分为有轨运输、无轨运输和皮带式运输。

有轨运输铺设轻轨线路，用轨道式运输车出渣，小型机车牵引，常适用于各种隧道开挖方法，尤其适用于较长的隧道运输（2 km 以上），是一种适应性较强和较为经济的运输方式。

无轨运输采用各种无轨运输车出渣，其特点是机动灵活，不需要铺设轨道，能适应弃渣场离洞口较远和道路坡度较大的场合，是目前明挖法、矿山法中应用最多的出渣方式。

皮带式运输具有运距长、运量大、速度快、无污染、利用率高等特点，可满足长大隧道快速施工的要求，因此在矿山法、TBM 和盾构隧道出渣系统中得到了广泛应用。

1. 有轨运输

有轨运输具有基本上不排放有害气体（电瓶式机车不排放有害气体，内燃机因行车密度小排放有害气体少），对空气污染较轻，占用空间小而且固定等优点。不足之处在于轨道铺设较复杂，维修工作量大，调车作业复杂，开挖面延伸轨道影响正常装渣作业等。

（1）出渣车辆。

有轨运输较普遍采用的出渣车辆有斗车、梭式矿车和槽式矿车等。

斗车是最简单的出渣工具，断面形状多为 V 形和 U 形，容积一般为 0.5～1.1 m³。小型斗车具有轻便、灵活、周转方便等特点，但单个斗车调车需占用较多的作业时间。为此，近年来现场已研制出大容积如 6 m³ 乃至 30 m³ 的大斗车，用压气装置卸渣或翻渣机卸渣。

梭式矿车由前后车体组成车厢，底部安装刮板式运输机，因其外形如梭而得名。使用时，将车停在适宜位置，从一端装（卸）渣，适时开动刮动板运输机，即可将石渣装满或卸净。

槽式列车是由一个接渣车、若干个仅有两侧侧板而没有前后挡板的斗车单元和一个卸渣车串联组成的长槽形列车，在其底板处安装有贯通整个列车的链板式输送带。使用时由装渣机向接渣车内装渣。

（2）牵引机车与道路。

常用的牵引机车分电动牵引机车和内燃牵引机车两类。

隧道施工中较为常用的电动牵引机车为蓄电池电机车俗称电瓶车。它具有体积小、占用空间小、不排放有害气体、不需要架设供电线路、使用较安全等特点，但也存在需要有专门的充电设备、充电工作比较麻烦、牵引力有限等不足。

内燃机车具有较大的牵引动力，配合大型斗车可以加快出渣速度。

隧道内用于机车牵引的道路，宜采用 38 kg/m 或 38 kg/m 以上的钢轨，轨距一般为 600 mm、750 mm 或 900 mm。洞内轨道纵坡相同，洞外可不同，但最大不超过 2%。

（3）调车设备和轨道延伸。

在装渣时，为了减少调车占用的时间，应尽量缩短调车距离和采用适宜的调车设备。较常用的调车设备有简易道岔、平移调车器、水平移车器和浮放道岔等。

轨道延伸是指轨道开挖面附近不足一节钢轨长度部分和掘进进尺部分实施的临时性轨道延伸。常用的方法有扣轨、爬道、短轨节等。

2. 无轨运输

无轨运输主要是指汽车运输。随着大型装载机械及重载自卸汽车的研制和生产，近年来无轨运输在隧道掘进中得到了越来越广泛的应用。无轨运输不需要铺设复杂的运输轨道，具有运输速度快、管理工作简单、配套设备少等特点。但由于内燃机排放大量废气，对洞内空气污染较为严重，尤其长期在长大隧道中使用，需要有强大的通风设施。

（1）自卸汽车。

自卸汽车又称翻斗车（图 4-47），在隧道施工中，应选用车身较短、车斗容量大、转弯半径小、车体坚固、轮胎耐磨、配有废气净化装置、能双向驾驶的自卸汽车，以增加运行中的灵活性，避免洞内回车和减轻对洞内空气的污染。

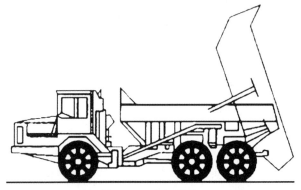

图 4-47　自卸汽车

（2）调车作业。

由于无轨运输采用的装渣、运渣设备都是自配动力，属自行式，其调车作业主要是解决回车、错车和装渣场地问题。根据不同的隧道开挖断面和洞内运输距离，调车方式有以下几种：

① 有条件构成循环通路时，最好制定单向行驶的循环方案，以减少回车、错车需用场地及待避时间。

② 当开挖断面较小，只能设置单车通道而装渣点距洞口又较近时，可考虑汽车倒行进洞至装渣点装渣，正向开行出洞，不设置错车、回车场地。如果洞内运行距离较长时，可在适当位置将导洞向侧壁加宽构成错车、回车场地，以加快调车作业。

③ 当隧道开挖断面较大，足够并行两辆汽车时，应布置成双车通道，在装渣点附近回车，空车、重车各行其道，可以提高出渣速度。

④ 在采用装渣机装渣、汽车运输的情况下，要充分利用双方都有机动能力的特点，可以采取双方同时机动或一方机动，另一方固定的方式进行装渣。

3. 皮带式运输

皮带式运输是指采用皮带运输机进行出渣作业。

连续皮带机是长距离、大功率的大型可伸缩带式输送机，主要用于长大隧道的快速出渣，主要由驱动装置、皮带存储及张紧装置、皮带延伸装置（移动尾段）、皮带架和托辊及皮带、控制系统等组成，有时需要在中间加装助力驱动装置即中间驱动装置，如图 4-48 所示。

皮带式运输因具有运距长、运量大、速度快、无污染、利用率高等特点，可满足长大隧道快速施工要求，因此在矿山法、TBM 和盾构隧道出渣系统中得到了广泛应用。

（1）在钻爆法中，皮带机输送技术可有效改善钻爆法隧道施工的作业条件和环境，提高施工效率，在节能减排方面也具有很好的效果。皮带机连续出渣系统的出渣流程为：爆破石渣→装载机装渣→破碎机破碎→移动皮带机运输→连续皮带机运输→固定式皮带机运输→洞外。爆破结束后，侧卸式装载机、移动式破碎机和移动皮带机由安全区域进入工作面，完成出渣系统的布置后开始出渣。

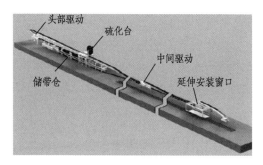

图 4-48　连续皮带机

（2）在 TBM 法中，TBM 掘进机后续带式输送机能够与 TBM 掘进机相互协作完成隧道的快速出渣工作。随着 TBM 向前掘进，在移动尾段的前面皮带架被不断安装在隧道侧壁上向前延伸。移动尾段安装在 TBM 后配套拖车上，随后配套系统向前移动，移动尾段装有上下、左右和倾斜可调整机构，以方便皮带机的调偏。皮带存储装置储存的输送带随着 TBM 的掘进，在自动张紧装置的控制下不断向外释放，当释放完毕后，可通过硫化技术将新一节输送带接入储带仓中。

（3）在盾构法中，盾构区间出渣采用连续皮带机与转载皮带机结合的立体出渣方式。盾构开挖出来的渣料经盾构自带的皮带机卸载到连续皮带机上，经连续皮带机沿隧道输送到站点后卸载到转载皮带机上，由转载皮带机运至地面。连续皮带机尾部延伸装置固定于盾构台车上，随着盾构机不断向前掘进，尾段前方的输送带支撑装置会不断安装在洞壁上以保证输送带的延伸，此时输送带就会通过储带张紧装置不断放带。当输送带放完后，采用硫化装置将新硫化后的输送带接入储带仓，可以实现输送带不断向前伸长。在皮带机上同时布置有相应的纠偏装置以防止输送过程中出现撒料、落料的现象。

4.3.3　支护技术

地下工程深处地下，周围地层既是荷载的来源，又是承载结构体系中的一部分，除在少数坚固、完整的稳定岩层中开挖洞室可以不设支护外，其他地下洞室的修建都需要支护结构因此地下工程支护体系包括围岩和支护结构。

支护结构的基本作用一般包括：保持坑道断面的使用净空，防止围岩质量的进一步恶化，承受可能出现的各种荷载，使坑道支护体系有足够的安全度。

地下工程结构支护结构类型大致可分为 5 类，即整体式混凝土衬砌、装配式衬砌、锚喷支护衬砌、单层衬砌和复合式衬砌。

整体式混凝土衬砌是指就地灌注混凝土的衬砌，也称模筑混凝土衬砌，现主要用于隧道洞口段；装配式衬砌是将衬砌分成若干块构件，由现场或工厂预制，然后拼装成环的衬砌，主要用于盾构法及 TBM 工法施工的隧道中；锚喷支护是喷射混凝土加锚杆两种支护方式的统称，适用于围岩强度高、完整性好的地区，一般挪威等北欧国家使用较多；单层衬砌主要由单层或多层喷射或模筑混凝土构成，支护层与衬砌层之间无防水板设置，为一体结构，各层间能够充分传递纵向或径向上的滑移剪力；复合式衬砌是把衬砌分成两层或两层以上，可以是同一种形式、方法和材料施作的，也可以是不同形式、方法、时间和材料施作的，一般由初期支护、防水层和二次衬砌组合而成。

装配式衬砌的施工主要包括构件的制作与安装两个阶段。构件的制作，最主要的是构件尺寸的制造精度，为了保证制造的精度，要对模板进行精心设计；构件的安装工艺是预制技术中的另一个关键问题，特别是防水效果，与安装工艺有密切的关系，现多用于盾构法和护盾式 TBM 法修建的隧道中。

1. 喷射混凝土

喷射混凝土是使用混凝土喷射机，按一定的混合程序，将掺有速凝剂的混凝土拌和料与高压水混合，经过喷嘴喷射到岩壁表面上，并迅速凝固结成一层支护结构，从而对围岩起到支护作用。

喷射混凝土的工艺流程有干喷、潮喷、湿喷和混合喷 4 种。它们之间的主要区别是各工艺流程的投料程序不同，尤其是加水和速凝剂的时机不同。

干式喷射混凝土是指用搅拌机将骨料和水泥拌和好，投入喷射机料斗，同时加入速凝剂，用压缩空气使干混合料在软管内呈悬浮状态，压送到喷枪，在喷头处加入高压水混合，以较高速度喷射到岩面上，其工艺流程如图 4-49 所示。

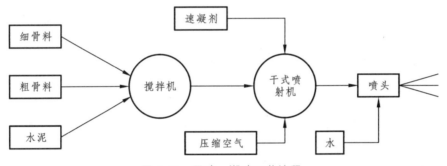

图 4-49　干喷、潮喷工艺流程

干喷工艺的特点：产生水泥与砂粉尘量较大，回弹量亦较大，加水是由喷嘴处的阀门控制的，水灰比的控制程度与喷射手操作的熟练程度有直接关系，但使用的机械较简单，机械清洗和故障处理较容易。

潮式喷射混凝土是将骨料预加少量水，使之呈潮湿状，再加水泥拌和，从而降低上料、拌和喷射时的粉尘，但大量的水仍是在喷头处加入和从喷嘴射出的，其工艺流程和使用机械同干喷工艺。目前隧道施工现场较多使用的是潮喷工艺。

湿式喷射混凝土是将骨料、水泥和水按设计比例拌和均匀，用湿式喷射机将拌和好的混凝土混合料压送到喷头处，再在喷头上添加速凝剂后喷出，其工艺流程如图 4-50 所示。

湿喷混凝土的质量较容易控制，喷射过程中的粉尘和回弹量较少，是应当发展和推广应用的喷射工艺。但对湿喷机械要求较高，机械清洗和故障处理较困难。对于喷层较厚的软岩和渗水隧道，不宜采用湿喷混凝土工艺施工。

混合式喷射是分次投料搅拌工艺与喷射工艺相结合，其关键是水泥裹砂（或砂、碎石）造壳工艺技术。混合式喷射工艺使用的主要机械设备与干喷工艺基本相同，但混凝土的质量较干喷混凝土的质量好，且粉尘和回弹量大幅度降低。混合式喷射使用机械数量较多，工艺技术较复杂，机械清洗和故障处理较麻烦。因此一般只在喷射混凝土量大和大断面隧道工程中使用。

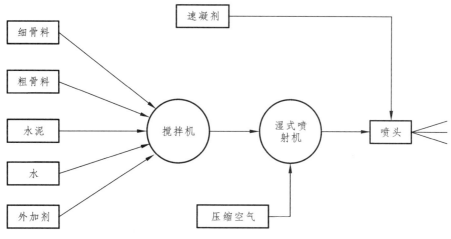

图 4-50　湿喷工艺流程

2. 锚　杆

隧道内各类系统锚杆施工工艺各不相同，同一类锚杆不同的杆材和锚固黏接剂，以及不同组合支护形式下，其施工工艺差别也很大。比如系统锚杆采用砂浆锚杆和药卷锚杆的施工工艺就不同；采用普通钢筋锚杆和装配式锚杆（中空注浆锚杆、自进式锚杆）的施工工艺也不相同；在设计有钢架支护和没有钢架支护的情况下，系统锚杆的施工工艺也有所不同。普通钢筋药卷锚杆（系统锚杆）施工工艺流程如图 4-51 所示。

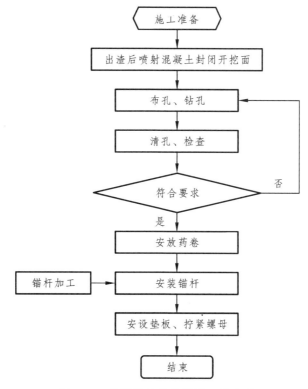

图 4-51　普通钢筋药卷锚杆工艺流程

目前，锚杆施工常采用传统人工风钻钻孔+作业台架安装施工、凿岩台车钻孔+人工辅助安装施工、锚杆钻注一体机（锚杆台车）等方式施工，部分台车尚具备自动定位、自动施工、自动生成施工日志等智能化功能。国内外常用锚杆台车如图4-52所示。

（a）国外（阿特拉斯）　　　　　　　　（b）国内（铁建重工）

图4-52　锚杆钻注一体机

3. 钢拱架

钢拱架一般是分单元预制后到现场举升、组装施工，其中型钢钢架单元多采用螺栓连接，格栅钢架连接多采用焊接方式。

传统钢拱架现场施工方式多是人工在简易作业台架上完成钢架举升、就位、安装等作业，劳动强度大、安全风险性高。随着机械化施工技术的进步，在拱架施工环节也出现了多功能作业台架、拱架台车等大型机械装备，可代替人工完成钢架竖向提升、纵向平移，减少工序循环时间，在实现提高隧道整体施工进度的同时降低劳动强度及施工安全风险。

多功能作业台架、拱架台车施工如图4-53所示。

（a）多功能作业台架　　　　　　　　　（b）拱架台车

图4-53　多功能作业台架、拱架台车施工

4. 二次衬砌

衬砌往往是在围岩或支护基本稳定后施作，采用由下而上，按照仰拱（底板）、填充、拱墙衬砌等顺序浇筑，须具有足够的混凝土连续生产能力。其中，仰拱及填充施工一般采用仰拱模板台车施工，仰拱（底板）和填充前后分区浇筑；拱墙衬砌采用整体式衬砌台车按照先墙后拱的顺序依次浇筑。

台车的长度即单次模筑混凝土段长度，应根据施工进度要求、混凝土生产能力和浇筑技术要求以及曲线隧道的曲线半径等条件来确定，一般为 9～12 m。

为保证洞内运输的畅通，仰拱模板台车应具备上部走行通道（栈桥），衬砌台车腹部应留通行空间；此外，衬砌台车上部尚应留通风管的通过空间。

仰拱模板台车和衬砌台车如图 4-54 所示。

（a）仰拱台车　　　　　　　　　　　（b）衬砌台车

图 4-54　仰拱台车、衬砌台车施工

二次衬砌施工应满足以下要求：仰拱（底板）施作前隧底应无虚渣、淤泥、积水和杂物；隧道拱墙衬砌施工前，应对初期支护净空断面进行检查，断面尺寸应符合设计要求且隧道边墙基底应无虚渣、杂物及淤泥；衬砌混凝土强度、厚度、抗渗等级以及钢筋规格、数量、保护层厚度等应满足设计要求；施工后进行实体检测，混凝土应密实，无空洞、杂物；应对隧道衬砌净空断面进行检验，并应符合设计要求。

4.3.4　辅助施工技术

1. 概　述

在浅埋地段、自稳定性差的软弱破碎地层、严重偏压、岩溶、砂土层、砂卵（砾）石层、断层破碎带以及大面积淋水或涌水地段进行隧道开挖时，为了安全、快速施工，限制结构沉降，防止渗水所采取的各种施工方法统称为"辅助施工方法"。辅助施工方法已作为隧道及地下工程，尤其是浅埋暗挖施工的一个重要分支进行研究，并在地下工程中得到广泛应用。

辅助工法主要用于以下地层地下工程施工：

（1）未固结围岩和膨胀性围岩；

（2）砂层及砂砾层围岩；

（3）风化花岗岩的围岩和强风化围岩；

（4）软弱的黏土质岩和蛇纹岩；

（5）结晶片岩和古生代的破碎带；

（6）大量高压涌水的围岩；

（7）浅埋隧道和接近结构物的隧道。

辅助施工技术按照使用目的，可分为稳定掌子面辅助工法、控制地表下沉和加强围岩辅助拱盖法及地下水处理辅助工法，具体如表 4-11 所示。

表 4-11　山岭隧道的辅助施工方法分类

施工方法		目的						围岩情况		
		施工安全和稳定掌子面			涌水	周边环境		硬岩	软岩	土砂
		拱顶	正面	基脚		控制地表下沉	接近施工			
超前支护	超前导管	◎	○				○	○	◎	◎
	管棚	○	○			◎	○		○	○
	水平旋喷	○	○			○				
	长注浆钢管	○	○			○	○			
	预衬砌	○	○			○	○			
正面基脚	正面喷混凝土							○		
	正面锚杆							○	○	○
	临时仰拱								○	○
	基脚加强锚杆								○	○
涌水	排水坑	○	○						○	○
	排水钻孔	○	○						○	○
	井点降水	○								○
围岩加固	井点降水	○								○
	压浆	○	○	○	◎	○	◎	○	○	○
	垂直地面锚杆	○	○			○		○	○	○
	隔断墙				○	○	◎			○

注："◎"：较常用的方法；"○"：视情况采用的方法。

下面按照使用目的对地下工程主要的辅助施工方法进行简要介绍。

2. 稳定掌子面的辅助工法

山岭隧道施工，如掌子面不稳定，施工是不可能的。近年，随着山岭隧道建设的增加，在自稳性差的围岩中施工的情况越来越多，因此，掌子面稳定就成为隧道开挖技术中的重要问题；同时，掌子面自稳性与开挖断面的大小有密切关系，因此，开挖方法的选择，对选定稳定掌子面的辅助工法有很大的影响。根据地质条件，在掌子面不能获得稳定的情况，开挖要采用分割断面的方法或缩短一次开挖进尺；但有时就是分部开挖或缩短进尺也不能取得效果，而采用大断面开挖方法反而成功的情况不少。这主要是因为采用了各种辅助工法，提高了掌子面和拱顶的稳定性。

有代表性的稳定掌子面的辅助工法列于表 4-12。

表 4-12　稳定掌子面的辅助工法

工法	拱顶稳定	掌子面稳定	使用材料	工法说明
超前支护（超前锚杆、小导管等）	◎	○	锚杆	采用锚杆等提高前方围岩约束的方法
			小导管（注浆）	使用小导管注浆加固掌子面
			钢筋	插入角度：10°～30°
超前支护（钢背板等）	◎	○	钢筋	在掌子面自稳性差的围岩中，喷混凝土施工前有崩塌时，可采用此法
			钢背板	
			L型钢	
斜锚杆	○	○	锚杆	插入角度：45°～70°
短管棚	◎	○	管棚	在没有凝聚力的围岩中采用。管长5～7 m，直径小于45 cm。视情况可进行注浆
正面喷混凝土		◎	喷混凝土	提高掌子面正面的自稳性
正面锚杆		◎	锚杆	保持掌子面自稳性的方法
			玻璃纤维锚杆	

注："◎"：较常用的方法；"○"：视情况采用的方法。

3. 控制地表下沉和加强围岩的辅助工法

地表下沉主要是因开挖造成隧道周边围岩松弛而引起的。在未固结的围岩中，也可能是因为围岩强度不足而引起的。此外，地表下沉能导致隧道上部不能形成承载拱，这在埋深小的围岩中较常见。

控制地表下沉和加强围岩的辅助工法大体上分为改善整体围岩和改善掌子面上方围岩为目的的两大类。

（1）改善整体围岩的辅助工法。

① 药液压注法。

药液压注法是以加固围岩、止水为目的工法。向砂质土压注易于获得较好的效果，在黏性土中的效果很离散。为进行有效的压注，要采用与围岩性质相适应的药液和方法。

② 冻结法。

冻结法在山岭隧道中采用较少。但其加固围岩、止水的效果非常好，可靠性高。在软弱粉砂层、大量涌水围岩、接近结构物施工的场合是很合适的。但从准备到发挥效果的时间很长。

③ 垂直锚杆法。

垂直锚杆法是随新奥法普及而形成的一种方法。一般先钻 $\phi 60 \sim 125$ mm 的钻孔，而后插入钢筋。其作用是利用砂浆和周边围岩的凝聚力控制下沉，利用抗剪能力防止洞口滑坡等，施工实例较多。

（2）改善掌子面上方围岩的辅助工法。

① 管棚法。

管棚法多在洞口施工时采用。根据使用的钢管直径，有小直径钢管管棚和中、大直径钢管管棚。在埋深小的隧道，正上方有建筑物时，也可采用此法。最近，利用特殊的钻孔机械，边钻孔、边注浆，在土砂隧道中产生了较好的效果。

② 水平高压旋喷法。

水平高压旋喷法是在掌子面与隧道轴线平行，用特殊机械钻孔，同时向管体内高压喷射水泥浆液，形成 $\phi 50 \sim 70$ cm 的圆柱体（桩）的工法。使用该方法，材料 3 天的强度可达 $80 \sim 100$ kgf/cm^2，改善围岩的效果很高，是改善掌子面自稳性和控制地表下沉的较好的方法。但该法使用设备多且庞大。

4. 地下水对策工法的选定

隧道开挖过程中，当地下水水位较高且地下水水量丰富时，地下水的渗流可能危及隧道施工安全，应采用排水和降水措施排除地下水，使隧道施工在无水或少水的环境下安全地进行作业。

以山岭隧道为例，常用降低地下水的对策工法有排水工法、止水工法和并用工法等，详见表 4-13。

表 4-13　山岭隧道的地下水对策工法

基本概念	划分	工法
排水工法	重力排水工法	排水钻孔，排水坑道
	强制排水工法	井点降水等
	并用工法	上述工法并用
止水工法	药液压注工法，压气工法，冻结工法	
并用工法	药液压注、压气等，止水、排水并用工法等	

（1）排水工法。

一般采用的排水方法有利用重力自然排出的排水钻孔、排水坑道方法以及利用井点的强制排水方法。

① 超前排水。

超前钻孔排水与超前导坑排水适用于地下水来源于隧道前方或位于设计高程以上的情况，该方法主要适用的土层为土质粉砂至砂砾层，渗透系数在 $6 \times 10^{-4} \sim 6 \times 10^{-1}$ cm/s 范围内。超前钻孔和超前导坑一般设置在隧道主洞两侧，位置略低于隧道开挖底面的高程。

a. 超前钻孔排水的设置原则。

钻孔的孔底应低于开挖底面高程，且超前开挖面 $6 \sim 15$ m；采用适当的排水措施，以便排水孔内的渗水可迅速排出洞外；钻孔方向可以向上倾斜，采用自排方式排水，也可向下倾斜，采用水泵排水；当水量较小时，排水孔可仅在开挖面下部两侧布置；当水量较大时，也可以在开挖面上多点布置。

b. 超前导洞排水的设置原则。

排水导洞一般应设置在正洞开挖轮廓线内，确有需要时也可以在洞外一侧或两侧另外设置排水导洞；导洞应和正洞平行或接近平行；当导洞设置于正洞内时，导洞底面高程可略低于正洞底面高程；当导洞设置于正洞之外时，导洞底面高程可比正洞底面高程低 $1.0 \sim 2.0$ m；导洞至少应超前正洞开挖面 $6 \sim 20$ m，必要时排水导洞可贯通含水层。

② 井点降水。

井点降水一般是隧道施工期间在地表靠近隧道两侧或洞内埋设一定数量的滤水管（井），利用抽水设备抽水，降低地下水位的一种方法。在地下水位丰富的地区进行基坑开挖时，井点降水也往往是一个有效的降水施工措施。井点的类型有轻型井点、电渗井点、喷射井点、管井（深井）井点等。

（2）止水工法。

① 采用止水工法的条件如下：

a. 仅仅实施降低地下水位工法不能获得充分的降水效果时；

b. 为保护环境不能降低水位时；

c. 水底隧道等涌水的供水无限时。

② 以止水为目的的压注效果，根据围岩性质的不同，可归纳如下：

a. 裂隙发育的硬质围岩，压注主要是填充空隙，提高止水效果；

b. 向砂质围岩压注浸透性高的材料（溶液性），改善围岩的透水系数；

c. 向割裂性黏性土中压注时，不仅压密周围围岩，同时也提高了止水效果。

不管是哪种情况，以目前的技术水平看，仅采用止水工法，达到完全止水的效果，是不可能的。因此要根据围岩条件、周边的环境条件，同时采用压注工法和止水工法，才能获得效果，而且经济。

需要说明的是，以上各种辅助施工方法中，有些施工方法能达到的目的和效果并不是单一的，有时针对特殊和不良地质条件的隧道施工问题，也需要综合采用几种辅助施工方法。

4.3.5 风水电作业

地下工程风水电作业指为配合开挖、支护等基本作业施工顺利进行的压缩空气供应、施工供水和施工供电。

1. 压缩空气供应

在隧道施工中，以压缩空气为动力的风动机具已得到广泛的使用，常用的有凿岩机、装渣机、喷混凝土机、锻钎机、压浆机等。这些风动机具所需的压缩空气由空气压缩机（以下简称空压机）生产，并通过高压风管输送给风动机具。风动机具都需要在一定的风压和风量条件下进行正常工作。因此，压缩空气的供应主要应考虑供应足够的风量以及必需的工作风压，同时还应尽量减少压缩空气在管路输送过程中的风量和风压损失，从而达到节约能源、降低消耗的目的。

（1）空压机选择。

压缩空气由空压机生产供应。空压机一般集中安设在洞口附近的空压机站内。空压机站的生产能力取决于耗风量的大小，并考虑一定的备用系数。耗风量应包括隧道内同时工作的各种风动机具的生产耗风量和由储气筒到风动机具沿途的损失。

根据计算确定了空压机站的生产能力后，可选择合适的空压机和适当容量的储风筒。当1台空压机的排气量不满足供风需要时，可选择多台空压机组成空压机组。此时，为便于操作和维修，宜采用同类型的空压机，考虑到在施工中风量负荷的不均匀，为避免空压机的回风空转，可选择 1 台较小排气量（一般为其他空压机容量的 1/2）的空压机进行组合。空压机一般分为电力和内燃 2 类，一般短隧道采用内燃空压机，长隧道采用电动空压机。当施工初期电力缺乏时，长隧道也采用内燃空压机过渡。空压机站应设在空气洁净、通风良好、地基稳固且便于设备搬运之处，并尽量靠近洞口，以缩短管路，减少管道漏风损耗，当有多个洞口需集中供风时，应选择在适当位置，使管路损耗尽量减少。

（2）风压管道的设置。

根据具体所选用的风压机，进行风压管道管径的选择。风压管道在铺设安装时，有以下注意事项：

① 管道敷设要求平顺，接头密封，防止漏风，凡有裂纹、创伤、凹陷等现象的钢管不能使用。

② 在洞外段，当风管长度超过 500 m、温度变化较大时，宜安装伸缩器；靠近空压机 150 m 以内，风管的法兰盘接头宜用耐热材料制成的垫片，如石棉衬垫等。

③ 压风管道在主输出管道上，必须安装总闸阀以便控制和维修管道；主管上每隔 300 ~ 500 m 应安装闸阀；按施工要求，在适当地段（一般每隔 60 m）加设一个三通接头备用；管道前端至开挖面距离宜保持在 30 m 左右，并用高压软管接分风器；分部开挖法通往各工作面的软管长度不宜大于 50 m，与分风器联结的胶皮软管不宜大于 10 m。

④ 主管长度大于 1 000 m 时，应在管道最低处设置油水分离器，定期放出管中聚积的油水，以保持管内清洁与干燥。

⑤ 管道安装前应进行检查，钢管内不得留有残杂物和其他脏物；各种闸阀在安装前应拆开清洗，并进行水压强度试验，合格者方能使用。

⑥ 管道在洞内应敷设在电缆、电线的另一侧，并与运输轨道有一定距离，管道高度一般不应超过运输轨道的轨面，若管径较大而超过轨面时，应适当增大距离。如与水沟同侧时不应影响水沟排水。

2. 施工供水

由于凿岩、防尘、灌注衬砌及混凝土养护、洞外空压机冷却等工作都需要大量用水，施工人员的生活也需要用水，因此要设置相应的供水设施。施工供水主要应考虑水质要求、水量大小、水压及供水设施等几个方面的问题。本节也将从上述几个方面来讲述有关施工供水的基本知识。

（1）水质要求与用水量估算。

凡无臭味、不含有害矿物质的洁净天然水，都可以作为施工用水，饮用水的水质则要求更为新鲜清洁。无论生活用水还是施工用水，均应参照国家水质标准做好水质化验工作。

施工用水与工程规模、机械化程度、施工进度、人员数量和气候条件等有关，因而用水量的变化幅度较大，很难精确估计，一般根据以往经验估计。

随着隧道施工工地卫生要求的提高，生活设施（如洗衣机等）配置增多，生活用水耗水量也就相应增多。因而生活用水量也有一定的变化，但幅度不大，一般可按参考指标估算：生产工人平均 $0.1 \sim 0.15$ m³/d，非生产工人平均 $0.08 \sim 0.12$ m³/d。

由于施工工地住房均为临时住房，相应标准较低，除按消防要求在设计、施工及布置等方面做好防火工作外，还应按临时建筑房屋每 3 000 m² 消防耗水量 15 ~ 20 L/s、灭火时间为

0.5 ~ 1.0 h 计算消防用水储备量，以防不测。

（2）供水方式及供水设备。

① 供水方式。

供水方式主要根据水源情况而定，常用水源有泉水、河水、井水等。上述水源自流引导或机械提升到蓄水池存储，并通过管路送达使用地点。个别缺水地区，则用汽车运水或长距离管路供水。

② 储水池。

储水池一般修建在洞口附近上方，但应避免设在隧道顶上或其他可危及隧道安全的部位，其高差应能保证最高用水点的水压要求。当采用机械或部分机械提升时，应备有抽水机。

水池构造力求简单不漏水，基础应置于坚实地层上，一般可采用石砌，当地形条件受限制时，也可采用修建水塔或用钢板焊接水箱等方式。

③ 水泵。

根据扬程及选用的钢管直径可选择合适的水泵。常用水泵有单级悬臂式离心水泵和分段式多级离心水泵，其规格、性能可查阅有关手册。

临时抽水泵房可按临时房屋的有关规定办理，水泵在安装前，应按图纸检查基础的位置，预留管道孔洞等各部分尺寸是否符合要求，水泵底座位置经校核后，方能灌注水泥砂浆并固定地脚螺栓。

④ 供水管道。

管道敷设要求平顺、短直且弯头少，干路管径尽可能一致，接头严密不漏水。管道沿山顺坡敷设悬空跨距大时，应根据计算来设立支柱承托，支撑点与水管之间加木垫，严寒地区应采用埋置或包扎等防冻措施，以防水管冻裂。给水管道应安设在供电线路的异侧，不应妨碍运输和行人，并设专人负责检查养护。如利用高山水池，其自然水压超过所需水压时，应进行减压，一般是在管路中段设中间水池作过渡站，也可直接利用减压阀来降低管道中水流的压力。

3. 施工供电

随着地下工程施工机械化程度的提高，隧道施工的耗电量也越来越大，且负荷集中。同时，为保证施工质量和施工安全，对施工供电的可靠性要求也越来越高，因而施工供电显得越来越重要。

（1）施工总用电量估算。

在施工现场，电力供应首先要确定总用电量，以便选择合适的发电机、变压器、各类开关设备和线路导线，做到安全、可靠地供电，减少投资，节约开支。确定现场供电负荷的大小时，不能简单地将所有用电设备的容量相加。因为在实际生产中，并非所有设备同时工作。另外，处于工作状态的用电设备也并非均处在额定工作状态。工地施工用电量，常采用估算公式进行计算。

（2）供电方式。

隧道施工供电方式有自设发电站供电和地方电网供电 2 种。一般应尽量采用地方电网供电，只有在地方供电不能满足施工用电需要或距离地方电网太远时，才自设发电站。此外，自发电还可作为备用，当地方电网供电不稳定时采用，在有些重要施工场所还应设置双回路供电网，以保证供电的稳定性。一般根据估算的施工总用电量来选择变压器，其容量应等于或略大于施工总用电量，且在使用过程中，一般使变压器承受的用电负荷达到额定容量的 60% 左右为佳。

（3）供电线路布置及导线选择。

① 隧道供电电压。

隧道供电电压，一般是三相四线 400/230（V）。长大隧道可用 6～10 kV，动力机械的电压标准是 380 V；成洞地段照明可采用 220 V，工作地段照明和手持电动工具按规定选用安全电压供电。

② 导线选择。

当供电线路中有电流时，由于导线具有阻抗，会产生电压降，使线路末端电压低于首端电压。线路始末两端电压的差称为线路电压损失，俗称电压降。根据施工规则规定，选用的导线断面应使末端电压降不超过额定电压的 10%。

③ 供电线路布置。

在成洞地段用 400/230（V）供电线路，一般采用塑料绝缘铝绞线或橡皮绝缘铝芯线架设，开挖、未衬砌地段以及手提灯应使用铜芯橡皮绝缘电缆，布置线路时应注意以下几点：

a. 输电干线或动力、照明线路安装在同一侧时，必须分层架设。其原则是：高压在上，低压在下；干线在上，支线在下；动力线在上，照明线在下。供电线路应布置在风、水管路相对的一侧。

b. 隧道内配电线路分低压进洞和高压进洞 2 种。一般隧道在 1 000 m 以下（独头掘进时），采用低压进洞，电压为 400 V，配电变压器设在洞外；当隧道在 1 000 m 以上则采用高压进洞，以保证线路终端电压不致过低，高压进洞电压一般为 10 kV，配电变压器设在洞内。

c. 根据隧道作业特点，电线路架设分 2 次进行，在进洞初期，先用电缆装设临时电路，随着工作面的推进，在成洞地段用胶皮绝缘线架设固定线路，换下电缆供继续前进的工作面使用。

d. 洞内敷设的高压电缆，在洞外与架空高压线连接时，应安装相同电压等级的阀型避雷器 1 组及开关设备。架设低压线路进洞，在洞口的电杆上，应安装低压阀型避雷器 1 组。

e. 不允许将通电的多余电缆盘绕堆放，以免引起电缆过热发生燃烧和增加线路电压降。

f. 线路需分支时，分支至所接设备的连接应使用电缆，且每一分支接线应在接头与所接设备之间，安装开关和熔断器；照明线路则仅在总分支接头处设置开关和熔断器。分支接头处应按规定搭接，并用绝缘胶布包缠。

4.3.6 通风防尘作业

1. 通 风

隧道通风的目的是供给洞内足够的新鲜空气，稀释并排除有害气体和降低粉尘浓度，以改善劳动条件，保障作业人员的身体健康。

（1）隧道施工作业环境。

隧道施工中，由于炸药爆炸、内燃机械的使用、开挖时地层中放出有害气体，以及施工人员呼吸等因素，使洞内空气十分污浊，对人体的影响较为严重。因此，在隧道内必须尽量降低有害气体的浓度，同时对其他不利于施工的因素如噪声、地热等也应进行控制。

（2）通风方式。

施工通风方式应根据隧道的长度、掘进坑道的断面大小、施工方法和设备条件等诸多因素来确定。在施工中，有自然通风和强制机械通风 2 类，其中自然通风是利用洞内外的温差或气压差来实现通风的一种方式，一般仅限于短直隧道。它受洞外气候条件的影响极大，因而仅在隧道长度小于 400 m 或独头掘进长度小于 200 m 的少数情况下采用自然通风，绝大多数隧道均应采用强制机械通风。

① 机械通风方式分类。

机械通风方式可分为管道通风和巷道通风 2 大类。而管道通风根据隧道内空气流向的不同，又可分为压入式、抽出式和混合式 3 种，如图 4-55 ~ 图 4-57 所示。

巷道式通风根据通风风机（以下简称风机）的台数及其设置位置、风管的连接方法又可分为射流巷道式和主扇巷道式。

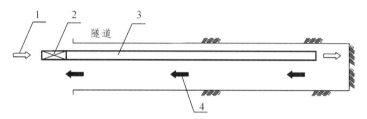

1—新鲜空气；2—风机；3—送风管路；4—污浊空气。

图 4-55　压入式通风

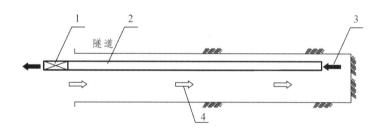

1—风机；2—排风管路；3—污浊空气；4—新鲜空气。

图 4-56　负压抽出式通风

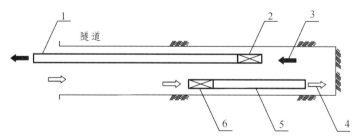

1—排风管路；2—排风机；3—污浊空气；4—新鲜空气；5—送风管路；6—送风机。

（a）正压排风混合式

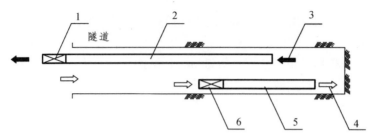

1—排风机；2—排风管路；3—污浊空气；4—新鲜空气；5—送风管路；6—送风机。

（b）负压排风混合式

图 4-57　混合式通风

　　巷道式通风方式是利用隧道本身（包括成洞、导坑及扩大地段）或辅助坑道（如平行导坑）组成主风流和局部风流两个系统互相配合而达到通风目的。以设有平行导坑的隧道为例来说明风流循环系统：在平行导坑的侧面开挖一个通风洞，通风洞口安装主通风机，平导洞口设置两道风门，除最里面一个横通道作风流通道外，其余横通道全部设风门或砌筑堵塞。当主通风机向外抽风时，平导内就产生负压，洞外新鲜空气就向洞内补充，由于平导口及横通道全部风门关闭或砌堵，新鲜空气只得由正洞进入，直至最前端横通道，带动污浊气体经平导进入通风洞排出洞外，形成循环风流，以达到通风目的，如图 4-58 所示。

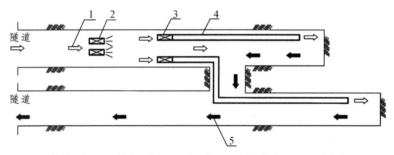

1—新鲜空气；2—射流风机；3—送风机；4—送风管路；5—污浊空气。

（a）射流巷道式通风

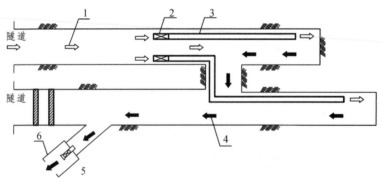

1—新鲜空气；2—送风机；3—送风管路；4—污浊空气；5—主扇；6—风门。

（b）主扇巷道式通风

图 4-58　巷道式通风

　　另外，巷道通风尚有风墙式、通风竖井、通风斜井、横洞等。但随着我国独头掘进技术的提高，开挖断面增大，通风方式更趋向于采用大功率、大管径的压入式通风。

② 通风方式的选择。

通风方式应针对污染源的特性，尽量避免成洞地段的二次污染，且应有利于快速施工。因而在选择时应注意以下几个问题：

a. 自然通风因其影响因素较多，通风效果不稳定且不易控制，因此除短直隧道外，应尽量避免采用。

b. 压入式通风能将新鲜空气直接输送至工作面，有利于工作面施工，但污浊空气将流经整个坑道。风机位置固定，随隧道掘进不断延伸风管，施工方便，但其排烟速度慢。

c. 吸出式通风的风流方向与压入式相反，流经整个管道的空气新鲜，排烟速度快。但风机位置要随隧道掘进不断向前移，施工不方便。

d. 混合式通风集压入式和吸出式的优点于一身，但管路、风机等设施增多。

e. 利用平行导坑作巷道通风，是解决长隧道施工通风的方案之一，其通风效果主要取决于通风管理的好坏。若无平行导坑，如断面较大，可采用隔板式通风。

2. 防 尘

在隧道施工中，由于钻眼、爆破、装渣、喷混凝土等原因，在洞内浮游着大量的粉尘，这些粉尘对施工人员的身体健康危害极大。特别是粒径小于 10 μm 的粉尘，极易被人吸入，或沉附于支气管中，或吸入肺泡，隧道施工人员常见的硅肺病就是因此而形成的，此病极难治愈，病情严重时会使肺功能完全丧失而死亡。因而，防尘工作是十分重要的。

目前，在隧道施工中采取的防尘措施是综合性的，就是湿式凿岩、机械通风、喷雾洒水和个人防护相结合，综合防尘。

（1）湿式凿岩。

湿式凿岩就是在钻眼过程中利用高压水湿润粉尘，使其成为岩浆流出炮眼，这就防止了岩粉的飞扬。根据现场测定，这种方法可降低 80%粉尘量。目前，我国生产并使用的各类风钻都有给水装置，使用方便。对缺水、易冻害或岩石不适于湿式钻眼的地区，可采用干式凿岩孔口捕尘，其效果也较好。

（2）机械通风。

施工通风可以稀释隧道内的有害气体浓度，给施工人员提供足够的新鲜空气，同时也是防尘的基本方法。因此，除爆破后需要通风外，还应保持通风的经常性，这对于消除装渣运输中产生的粉尘是十分必要的。

（3）喷雾洒水。

喷雾一般是爆破时实施的，主要是防止在爆破中产生过大粉尘。喷雾器分 2 大类：一类是风水喷雾器，另一类是单一水力作用喷雾器。前者是利用高压风将流入喷雾器中的水吹散而形成雾粒，更适合于爆破作业时使用。后者则无须高压风，只需一定的水压即可喷雾，且这种喷雾器便于安装，使用方便，可安装于装渣机上，故适合于装渣作业时使用。

4.3.7 监控量测技术

1. 地下工程监控量测的必要性和目的

监控量测技术，是指在建构筑物施工过程中，采用监测仪器对关键部位各项控制指标进行监测的技术手段，在监测值接近控制值时发出报警，用来保证施工的安全性，也可用于检查施工过程是否合理。

通过现场监测获得围岩介质力学的动态特性和支护结构工作状态的有关参数或数据（信息），对这些数据进行数学、力学上的处理和分析，来预报（当前和未来）围岩及支护结构体系的稳定性及工作状态，进一步选择和修正开挖及支护设计参数，指导施工，确保隧道施工及运营的安全与可靠。

在岩土体中修建地下工程时，由于对地下工程设计合理性进行理论分析需要涉及众多技术问题，一般比较困难，所确定的设计和施工方法只是一个预设计，需要不断调整预定的方案。

地下工程需要动态设计的原因或必要性：

（1）地层和地质条件的复杂多样性；

（2）岩土物理力学参数的离散型；

（3）施工过程的复杂性；

（4）围岩与支护结构相互作用的复杂性。

因此，作为信息化设计与施工的最基础工作，现场监测就显得非常重要。

地下工程监测的目的：

（1）通过监测了解地层在施工过程中的动态变化。明确工程施工对地层的影响程度及可能产生失稳的薄弱环节。

（2）通过监测了解支护结构及周边建（构）筑物的变形及受力状况，并对其安全稳定性进行评价。

（3）通过监测了解施工方法的实际效果，并对其进行适用性评价。及时反馈信息，调整相应的开挖、支护参数。

（4）通过监测、收集数据，为以后的工程设计、施工及规范修改提供参考和积累经验。

2. 地下工程监控量测内容和方法

20世纪60年代，奥地利学者和工程师总结出了以尽可能不恶化地层中应力分布为前提，在施工过程中密切监测地层及结构的变形和应力，及时优化支护参数，以便最大限度地发挥地层自承能力的新奥法施工技术。

经过长期的实践发现，地下工程周边位移和浅埋地下工程的地表沉降是围岩与支护结构系统力学形态最直接、最明显的反应，是可以监测并控制的。因此普遍认为地下工程周边位移和浅埋地下工程的地表沉降监测最具有价值，既可全面了解地下工程施工过程中的围岩与结构及地层的动态变化，又具有易于观测和控制的特点，并可通过工程类比总结经验，建立围岩与支护结构的稳定判别标准。

基于以上认识，我国现行规范中的围岩与结构稳定的判据都是以周边允许收敛值和允许收敛速度等形式给出的，作为评价施工、判断地下工程稳定性的主要依据。监测以位移监测（A类）为主，应力、应变监测（B类）等为辅。

城市地下工程无论采用何种施工方法都借鉴了山岭隧道新奥法有关信息化设计与施工的理念，在实施过程中不仅要考虑地下工程结构的稳定，而且还要考虑地下工程施工对周围环境的影响，因此城市地下工程的监测内容还包括以下3类：

（1）结构变形和应力、应变监测。

（2）结构与周围地层即围岩与结构之间的相互作用。

（3）与结构相邻的周边环境的安全监测。

随着地下工程施工技术的发展，地下工程安全监测技术的发展也非常迅速，主要表现为监测方法的自动化和数据处理的软件化。监测设备及传感器不断发展与完善，监测技术向系统化、远程化、自动化方面发展，从而实现实时数据采集、数据分析，监测精度不断提高，数据分析与反馈更具有时效性，如远程监测系统等。

监测项目应根据具体工程的特点来确定，主要取决于：① 隧道与地下工程的规模、重要性；② 地下工程的形状、工程结构和支护特点；③ 地应力大小和方向；④ 工程地质条件；⑤ 施工方法；⑥ 在尽量减少施工干扰的情况下，要能监控整个工程的主要部位。

位移监测是最直接易行的，因而应作为监测的重要项目。对于浅埋地下工程，地表沉降和支护结构的受力状况监测是极其重要的。我国铁路、公路及地铁工程中将监测项目分为应测项目和选测项目。

必测项目也称应测项目，是为保证地下工程施工安全以及周围岩土体和周边环境稳定，反映设计、施工状态而进行的日常监测项目。选测项目是为设计和施工的特殊需要，在局部地段进行的监测项目。以铁路隧道施工为例，根据《铁路隧道监控量测技术规程》（ Q/CR 9218—2015 ），其监控量测必测项目、选测项目及方法如表 4-14、表 4-15 所示。

表 4-14　监控量测必测项目

序号	监测项目	常用量测仪器	备注
1	洞内、外观察	现场观察、数码相机、罗盘仪	
2	拱顶下沉	水准仪、钢挂尺或全站仪	
3	净空变化	收敛计、全站仪	
4	地表沉降	水准仪、铟钢尺或全站仪	隧道浅埋段
5	拱脚下沉	水准仪或全站仪	不良地质和特殊岩土隧道浅埋段
6	拱脚位移	水准仪或全站仪	不良地质和特殊岩土隧道深埋段

表 4-15　监控量测选测项目

序号	监测项目	常用量测仪器
1	围岩压力	压力盒
2	钢架内力	钢筋计、应变计
3	喷混凝土内力	混凝土应变计
4	二次衬砌内力	混凝土应变计、钢筋计
5	初期支护与二次衬砌间接触压力	压力盒
6	锚杆轴力	钢筋计
7	围岩内部位移	多点位移计
8	隧底隆起	水准仪、铟钢尺或全站仪
9	爆破振动	振动传感器、记录仪

序号	监测项目	常用量测仪器
10	孔隙水压力	水压计
11	水量	三角堰、流量计
12	纵向位移	多点位移计、全站仪

3. 监控量测数据分析及反馈

（1）监控量测成果的分析。

监控量测数据分析应包括以下内容：根据量测值绘制时态曲线；选择回归曲线，预测最终值，并与控制基准进行比较；对支护及围岩状态、工法、工序进行评价；及时反馈评价结论，并提出相应工程对策建议。

（2）信息反馈修正设计。

信息反馈修正设计指在地下工程开挖后，根据施工信息对施工前预设计所确定的结构形式、支护参数、预留变形量、施工工艺和方法以及各工序施作的时间等的检验和修正，贯穿于整个施工过程的设计阶段。

监控量测反馈流程如图 4-59 所示。

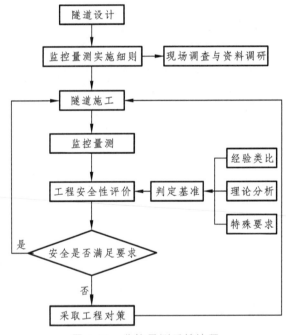

图 4-59　监控量测反馈流程

4.4　地下工程施工组织和管理

地下工程施工和地面工程施工不同，其绝大部分在地下有限空间内进行，处于复杂的地质条件下，作业环境差，空间狭小，工序多，相互干扰大。所以，正确地选择施工方法，合理安排施工工序，有效地利用机械和设备，细致地布置施工现场，充分利用施工空间，均衡地组织地下和地面的各项施工任务，把人力、设备和资金科学地组织起来，以有序的施工组织和科学的管理手段，用最少的消耗取得最大的效益，就是地下工程施工组织和管理的内容。

施工组织是施工工作的中心环节，也是指导现场施工必不可少的重要文件，其内容包括施工准备、施工组织设计、施工方案、施工进度计划和施工平面图设计等。

4.4.1　施工准备

施工准备是整个工程建设的序幕和整个工程按预期开工的重要保证。施工准备一般是分阶段进行的，在开工前的准备工作比较集中，开工以后随着工程施工的进展，各种工序之前也都有相应的准备工作。因此施工准备工作又是经常性的，需要适应施工中经常变化的客观因素的影响。

地下工程项目施工准备工作按其性质及内容包括技术准备、物质准备、劳动组织准备、施工现场准备和施工场外准备。

1. 技术准备

技术准备是施工准备最重要的内容。任何技术的差错或者隐患都可能危及人身安全和引起质量事故，造成巨大的损失。认真做好技术准备工作，是工程顺利进行的保证，具体有以下内容：

（1）熟悉、审查施工图纸及有关设计资料。

① 了解设计意图，对工程性质、平纵布置、结构形式都要认真研究掌握。

② 相关设计文件及说明是否符合国家有关技术规范的规定；设计图纸及说明是否完整，图中的尺寸是否准确，图纸之间是否有矛盾。

③ 对工程作业难易程度做出判断，明确工程的工期要求。

④ 工程使用的材料、配件、构件等采购供应是否有问题，能否满足设计要求。

（2）调查工程所在地区自然条件（地形、地质、水文、气象等）的勘察资料和施工技术资料。

① 自然条件调查。地形情况调查包括地形地貌、河流、交通、工程区域附近建筑物的情况。地质调查包括地层构造、性质、围岩类别和抗震级别。水文地质调查包括附近河流流量、水质、最高洪水水位、枯水期水位，地下水的质量、含水层厚度、流向、流量、流速、最高水位及最低水位等。气象资料调查包括气温情况、季风情况、雨量、积雪、冻结深度、雨季及冬季的期限。地下障碍物调查包括各种地下管线、地下防空洞、附近建筑基础、文物等。

② 技术经济条件调查。工地附近可能利用的场地，需要拆迁的建筑，可以租用的民房等。当地可利用的地方材料和供应量。交通运输能力及当地可能提供的交通运输工具，以及修建为施工服务的临时运输通道、桥涵、码头等可能性与条件。水、电、通信情况，当地可能支援的劳动力的数量及技术水平，以及医疗卫生、文化教育、消防治安等机构的供应和支持能力。

（3）根据获得的工程控制测量的基准资料，进行复测和校核，确定工程的测量网。

（4）在调查获得的新的资料基础上，确定施工方案，补充和修改施工设计。

（5）编制施工图预算和施工预算。按照确定的施工方案和修改的施工图设计，根据有关的定额和标准，编制工程造价的经济文件。施工预算是按照施工图预算，根据施工组织设计和施工定额进行编制。

2. 物质准备

地下工程施工的物质准备工作，主要包括现场的基本条件和所需要的建筑材料。

开工前必须准备的基本条件有：施工道路，施工所用的水、电、气、通信设施；施工现场的平整和布置；修建施工的临时用房（机械修理房、木材加工房、材料库房、炸药库房、生活用房、办公室、会计室、调度室等）；搭建工程用房（压缩空气房、配电房、水泥搅拌房、材料检测房等）。

物资准备主要有：建筑材料、构件加工设备、工程施工设备（施工机具和设备、运输车辆等）、安装设备等。

根据施工设计、预算和施工进度的计划，按各阶段施工需求量，计划组织货源和安排。

3. 劳动安排

（1）工程项目的组织机构。根据工程项目的规模、结构特点和复杂程度，按照因事设职、因职选人、合理分工、密切合作相结合的原则，组建工程项目的组织机构。

（2）工程项目的施工队伍。施工队伍的组建应根据该工程的劳动力需要量计划，考虑专业、工种的合理搭配，强化技术骨干的主导作用，技工、普工的比例要满足合理的劳动组织，符合流水施工组织方式的要求。

（3）建立健全各项管理制度。建立、健全工地的各项管理制度，是工程顺利进行的保证。内容包括：工程质量检查与验收制度、建筑材料（构件、配件、制品）的检查验收制度、技术责任制度、施工图纸学习与会审制度、技术交底制度、工地及班组经济核算制度、材料出入库制度、安全操作制度、劳动制度和机具使用保养制度等。

施工准备的各项工作相互关联，互为补充和配合。要保证施工准备工作的质量，加快速度，应加强与业主、设计单位和当地政府协调工作，健全施工准备工作的责任和检查制度，在施工全过程中，有组织、有计划地进行。

4.4.2 施工组织设计

1. 概　述

施工组织设计是施工准备工作的最重要的环节，是指导现场施工全过程中各项活动的综合性技术文件。

地下工程和地面工程的施工有很多不同之处，有其显著的特点，因此，施工组织设计必须遵循其特点来编制。地下工程的特点主要表现在：地下作业环境差，地质条件多变，不确定因素多（如溶洞、塌方、断层、变形、岩爆等）；工作面狭小，各施工工序相互影响大，工序循环周期性强，利于专业化流水作业；地下工程施工不受气候影响，施工安排相对稳定等。

因此在编制地下工程的施工组织设计时，要针对其特点来进行。

2. 施工组织设计的分类

施工组织设计按设计阶段、编制对象范围、使用时间、编制内容程度的不同，有以下分类：

（1）按设计阶段分类。

施工组织设计的编制一般同设计阶段相配合。

① 设计为 2 个阶段。施工组织设计分施工组织总设计（扩大初步施工组织设计）和单位工程施工组织设计 2 种。

② 设计为 3 个阶段。施工组织设计分施工组织大纲（初步施工组织条件设计）、施工组织总设计和单位工程施工组织设计 3 种。

（2）按编制对象范围分类。

施工组织设计按编制对象范围的不同可分为施工组织总设计、单位工程施工组织设计、分步分项工程施工组织设计 3 种。

① 施工组织总设计。施工组织总设计是以隧道建筑群或一个长隧道项目为编制对象，用以指导整个隧道建筑群或长隧道项目施工全过程的各项施工活动的综合性文件。一般在初步或扩大初步设计被批准之后，由企业的总工程师组织进行编制。

② 单位工程施工组织设计。单位工程施工组织设计是以一个单位工程（一座隧道或长隧道的一端）为编制对象，指导其施工全过程的各项施工活动的综合性文件。一般在施工图设计完成后，工程开工之前，由项目部的技术负责人组织进行编制。

③ 分部分项工程施工组织设计。分部分项工程施工组织设计是以分部分项工程为编制对象，具体实施施工全过程的各项施工活动的综合性文件。一般是与单位工程施工组织设计的编制同时进行，并由单位工程的技术人员负责编制。

施工组织总设计是对整个建设项目的全局性战略部署，其内容和范围比较概括；单位工程施工组织设计是在施工组织总设计的控制下，以施工组织总设计和企业施工计划为依据编制的，针对具体的单位工程，把施工组织总设计的具体化；分部分项工程组织设计是以施工组织总设计、单位工程施工组织设计和企业施工为依据编制的，针对具体的分部分项工程，把单位工程施工组织设计进一步具体化，它是专业工程具体的组织施工设计。

（3）按编制内容程度分类。

施工组织设计按编制内容程度可分为完整的施工组织设计和简单的施工组织设计 2 种。

① 完整的施工组织设计。对于大规模、结构复杂、技术要求高，采用新结构、新技术、新材料和新工艺的地下工程项目，必须编制内容详尽的完整的施工组织设计。

② 简单的施工组织设计。对于工程规模小、结构简单、技术要求和施工工艺不复杂的项目，可以编制仅包括施工方案、进度计划和施工总平面布置图等简单的施工组织设计。

3. 地下工程施工组织设计的内容

（1）地下工程施工组织总设计的主要内容。

① 编制的依据和原则；

② 建设项目的工程概况（项目用途、工期、经费来源、自然条件、环境条件、勘探资料）；

③ 施工计划及主要施工方法（正常施工、特殊施工）；

④ 施工设备工作计划（任务划分、工序安排、劳动力组织、经济安排、临时设施）；

⑤ 施工总进度和季（月）计划；

⑥ 资源需要量计划（材料、水、电、气、设备、人员）；

⑦ 施工总平面图设计；

⑧ 主要施工技术措施（包括采用新技术、新工艺）；

⑨ 质量、安全、节约的技术措施；

⑩技术经济指标。

（2）施工组织设计主要图表。

①施工工序图、施工网络图、施工组织进度图；

②工班劳动力的组织循环图及劳动力需求表；

③年度材料需求计划表；

④人员组织机构图；

⑤施工场地布置详图；

⑥给水、排水、电力、通信设计图；

⑦通风设计图；

⑧交通运输图；

⑨弃渣平面图；

⑩钻爆施工图。

4. 施工组织设计的编制

施工组织设计由中标的施工企业编制，编制的依据是合同书要求条款、设计文件、业主和施工会议确定的有关文件要求，对结构复杂、条件差、施工难度大或采用新工艺、新技术的项目，要进行专业性研究，通过专家审定，报业主审批后采用。

在编制过程中，要充分发挥各职能部门的作用，共同来编制施工组织设计。特别是须遵守合同条款的要求，保证工程质量和施工的安全，做到统筹计划、科学合理、经济实用。

4.4.3 施工方案

施工方案的选择是施工组织设计的核心，施工方案是制定解决带有全局性的、关键的施工技术和施工措施组织的问题的实施方案，其合理性将直接影响工程的施工效率、质量、工期和技术经济效果。

施工方案编制的依据一般有：施工图，施工现场勘察调查得到的资料和信息、施工验收规范、质量检查验收标准、安全操作规程、施工机械性能手册，新技术、新设备、新工艺的技术报告。施工方案的编制要依靠施工组织设计人员的施工经验、技术素质及创造能力来完成。

1. 施工方案需要研究的问题

（1）工程的施工顺序。

工程施工顺序确定的依据是工期要求、地下工程的特点、资源供应情况。确定工程施工顺序的一般要求为：施工工艺和施工组织可行、符合施工方法的技术要求、满足工程质量、安全、考虑工程所处地质和环境的影响等。

（2）选择主导施工方法和大型施工机械。

根据地下工程的特点、施工机械现有的技术水平和企业的技术力量，选择技术可靠和成熟的施工方法和经济合理的施工机械。

（3）工程施工工序的组织。

工程施工工序的组织，是施工方案编制的重要内容，是影响施工方案优劣程度的基本因素。在确定施工工序时，一般根据工程特点、性质和施工条件，主要解决流水段的划分和流水施工工序的组织方式两方面的问题。

2. 施工方案的主要内容

地下工程施工方案的主要内容一般包括：主导施工过程的施工方法、施工中所使用的大型机械设备、施工顺序、施工工序及作业组织、施工方案的技术经济评价等。

（1）施工方法的选择。

施工方法的选择应满足施工技术、工期、质量、成本和安全的要求，提高机械化施工的程度，充分发挥机械效率，减少繁重的人工操作。考虑先进、合理、可行、经济的因素，选择施工方法时，施工单位技术水平也是重要的内容。

一般来讲，地下工程的总体施工方案，在工程的设计阶段就初步选定，因为施工方案不同，设计方案也随之变化，不拟定总的施工方案设计也就无法进行。在其初步设计阶段，首先要根据当地的工程地质和水文地质条件、地形条件、施工力量和技术要求等，确定采用掘进机法施工，或者是钻爆法施工，这是首先要解决和确定的问题，总的方案确定后才能着手进行结构设计。

（2）施工机械的选择。

施工方法的选择必然要涉及施工机械的选择，尤其是机械化施工作为实现建筑工业化的重要因素的情况下，施工机械的选择将成为施工方法选择的中心环节。

选择主导施工过程的施工机械，应根据工程的特点，决定其最适宜的机械类型。例如土质地层和岩石地层施工选择的机械是不同的。

选择与正洞开挖和衬砌施工机械配套的各种辅助机械和运输机具时，为了充分发挥主导施工机械的效益，应使它们的生产能力相互协调一致，并且能够保证有效地利用主导施工机械。

应充分利用施工企业现有的机械，并在同一工地贯彻一机多用的原则，提高机械化和自动化程度，尽量减少人工操作。

（3）确定施工顺序。

确定施工方案、编制施工进度计划时首先应该考虑选择合适的施工顺序，对于施工组织能否顺利进行，保证工程的进度、质量，都起到十分重要的作用。

一般要对开挖、支护、衬砌、防水等作业做出详细的施工顺序安排。

（4）施工方案的技术经济评价。

提高施工的经济效益，降低成本和提高工程质量，在施工组织设计中对施工方案的技术经济分析评价是十分必要的。施工方案的技术经济分析一般是定性和定量分析，评价施工方案的优劣，从而选取技术先进可行、质量可靠、经济合理的最佳方案。

① 定性分析。

定性技术经济分析是对一般优缺点的分析和比较，例如：施工操作的难易程度和安全可靠性；为后续工程提供有利施工条件的可能性；在不同季节施工存在的困难；能否为现场文明施工创造有利条件。

② 定量分析。

定量的技术经济分析一般是计算出不同施工方案的工期指标、劳动生产率、工程质量指标、安全指标、降低成本率、主要工程工种机械化程度及三大材料节约指标等来进行比较。具体分析比较的内容有：

工期指标：工期是从施工准备工作开始至工程完工所经历的时间。它反映工期要求和当地的生产力水平，应将该工程计划完成的工期与国家规定的工期或该地区建设同类型建筑物的平均工期进行比较。

劳动力生产率指标：劳动生产率标志着一个单位在单位时间内平均每人所完成的产品数量或价值的能力，反映一个单位的生产技术水平和管理水平。

4.4.4　施工进度计划

施工进度计划是在确定了施工方法的基础上，对工程的施工顺序、各个项目的延续时间及项目之间的搭接关系、工程的开工时间、竣工时间及总工期等做出安排。在这个基础上设计和编制劳动力、材料供应、成品和半成品、机械需用量计划等。

1. 编制施工进度计划的程序

工程施工进度计划是依据施工总工期和目标计划、施工方案、施工预算、预算定额、施工定额、资源供应情况、工期的要求、合同约定等来进行设计的。目的是统筹全局，抓住关键，合理布置人力、财力和物力，并指导整个生产活动。施工进度计划的设计编制顺序如图4-60所示。

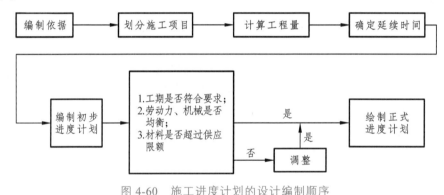

图 4-60　施工进度计划的设计编制顺序

2. 施工进度计划的表现形式

施工进度计划一般采用"进度图"（即施工进度图）的形式表示，施工进度图又有横道图和网络图等表现形式。各种表现形式有不同的用途。

（1）横道图。

横道图常用的格式如图4-61所示。它是由两大部分组成：左侧部分是以分部分项工程为主要内容的表格，包括了相应的工程量、定额和劳动量等计算依据；右侧部分是图表，它是由左侧表格中的有关数据经计算得到的。指示图表用横向线条形象地表现出分部分项工程的施工进度；线的长短表示施工期限；线的位置表示施工过程；线上的数字表示劳动力数量；线的不同符号表示作业队或施工段别。横道图表现了各施工阶段的工期和总工期，并综合反映了各分部分项工程相互间的关系。采用此图可以进行资源综合平衡调整。

横道图比较简单、直观、易懂，容易编制，但有以下缺点：

① 分项工程（或工序）的相互关系不明确；

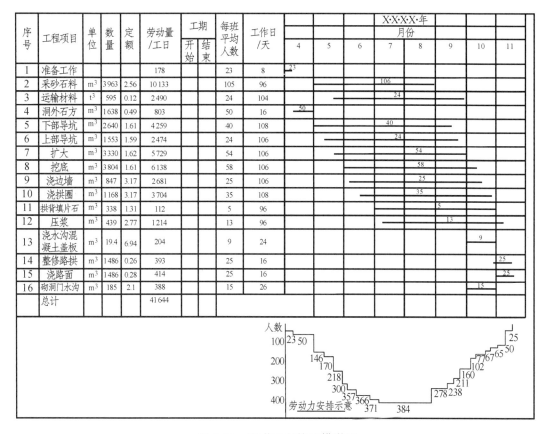

序号	工程项目	单位	数量	定额	劳动量/工日	工期开始	工期结束	每班平均人数	工作日/天	4	5	6	7	8	9	10	11
1	准备工作				178			23	8	23							
2	采砂石料	m³	3 963	2.56	10 133			105	96				106				
3	运输材料	t³	595	0.12	2 490			24	104				24				
4	洞外石方	m³	1 638	0.49	803			50	16	50							
5	下部导坑	m³	2 640	1.61	4 259			40	108				40				
6	上部导坑	m³	1 553	1.59	2 474			24	106				24				
7	扩大	m³	3 330	1.62	5 729			54	106					54			
8	挖底	m³	3 804	1.61	6 138			58	106					58			
9	浇边墙	m³	847	3.17	2 681			25	106					25			
10	浇拱圈	m³	1 168	3.17	3 704			35	108					35			
11	拱背填片石	m³	338	1.31	112			5	96						5		
12	压浆	m³	439	2.77	1 214			13	96					13			
13	浇水沟混凝土盖板	m³	19.4	6.94	204			9	24							9	
14	整修路拱	m³	1 486	0.26	393			25	16								25
15	浇路面	m³	1 486	0.28	414			25	16								25
16	砌洞门水沟	m³	185	2.1	388			15	26							15	
	总计				41 644												

图 4-61 隧道工程施工横道图

② 施工日期和施工地点无法表示，只能用文字说明；

③ 工程数量实际分布情况不具体；

④ 仅反映出平均流水速度。

横道图适用于绘制集中性工程进度图、材料供应计划图，或作为辅助性的图示附在说明书内来向施工单位下达任务。

（2）网络图。

图 4-62 是隧道施工一个作业循环的网络图表示形式。从图中可以看出，在每一循环中，各项工作平行作业，要求有机配合。从图中我们可以主次清晰、一目了然地找出交接准备到放炮通风的关键线路，这样便于保证主要关键线路的人力物力供应。另一方面，对次要线上的工作也能掌握，不致因次要线上的工作未完成而影响关键线上的作业。整个循环过程有条不紊，完成各作业项目的时间准确，保证了循环作业顺利进行。从关键线路上得出的完成单循环作业时间，再考虑一些富余量，就可以推算施工进度。

网络图和横道图比较，不但能反映施工进度，而且能清楚地反映出各个工序，各施工项目之间错综复杂的既相互关联又相互制约的生产和协作关系。不论是集中性工程还是线性工程，都可以用网络图表示工程进度，同时还可以通过计算机对施工计划进行优化。因此，这是一种比较先进的工程进度图的表示形式，缺点是不如垂直图直观。

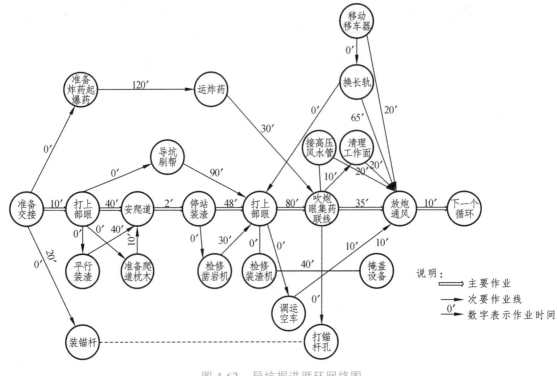

图 4-62　导坑掘进循环网络图

3. 施工项目划分

施工项目是进度计划的基本组成单元。项目内容的多少、划分的粗细程度，应根据计划的需要来决定。一般来说，单位工程进度计划的项目应明确到分项工程或更具体，以满足指导施工作用的要求。提倡划分项目应按顺序列成表格，编排序号，检查是否遗漏或重复。凡是与工程对象施工直接有关的内容均应列入。非直接施工辅助项目和服务性项目则不必列入，还必须编制详细的实施性计划，不能以"控制"代替"实施"。

4. 计算工程量和项目延续时间

计算工程量是对划分的每一个项目进行必要的分解，一般套用施工预算的工程量或加工整理，也可以由编制者根据图纸并按施工方案自行计算。

项目的延续时间按正常情况确定。待设计出初步计划并经过计算再结合实际情况做必要的调整。

5. 施工作业的组织

施工作业组织是对整个施工进程的计划、安排和协调，施工进程一般包括施工准备、主体施工、辅助施工、附属施工、服务施工等，施工作业组织就是将它们进行系统的考虑，合理安排和协调，高效经济地完成施工目标。

施工作业组织一般包括 3 个内容：一是施工作业技术人员和工人的配置；二是工程材料和设备的配置；三是施工作业方式和施工工序的排序。只有将三者科学合理地搭配，才是优秀的施工作业组织。

以上内容中不同的施工队伍和工程对象不同，其组织方式也是不同的，具有的共同点是施工作业方式。

4.4.5 施工现场平面图设计

工程施工平面图是对拟建工程的施工现场的平面规划和空间布置。一般根据工程规模、特点和施工现场条件，按照一定设计规则，来规划和布置施工期间的各种临时工程和服务设施等。

工程施工平面图的绘制比例一般为 1∶200~1∶500。

1. 施工现场平面图的设计依据

（1）自然条件及技术经济资料。

自然条件包括地形、水文、工程地质及气象资料等。

技术经济条件包括交通运输、水源、电源、物资资源、生活和生活基地状况等。

（2）设计资料。

建筑平面图用于决定临时房屋和其他设施的位置，以及修建工地运输道路、给排水网站、洞外卸渣场地和通往卸渣场地的道路等。

根据一切已有和拟建的地上、地下管道位置和技术参数，决定原有管道的利用和拆除，以及新管线的敷设与其他工程关系。

建筑工程区域的竖向设计资料和土方平衡图，用以布置水、电管线，安排施工场地土方的挖填及确定弃土地点。

（3）施工组织设计资料。

① 根据施工方案和施工进度计划决定各种施工机械的位置。

② 各类物资资源需用量计划及运输方式。

③ 各类临时设施的性质、形式、面积和尺寸。

2. 施工现场平面图设计的原则

（1）平面布置要力求紧凑，尽可能减少施工用地，不占或少占农地。

（2）合理布置施工现场的运输道路，以及各种材料堆放场地、加工场、仓库位置、各种机具的位置，尽量使各种材料的运输距离最短，避免场内二次运输。

（3）尽量减少临时设施的工程量，降低临时设施的费用。利用原有建筑物，或提前修建可供使用的永久性建筑物；采用活动式拆卸房屋或就地取材的廉价材料；临时道路沿自然标高修筑以减少土石方量，加工场的位置可选择在开拓费用较少之处等。

（4）方便工人的生产和生活，合理地规划行政管理和文化生活福利用房的相对位置。

（5）符合劳动保护、环境保护、技术安全和防火要求。

3. 施工现场平面图设计内容

（1）建筑平面上已建和拟建的一切房屋、构筑物及其他设施的位置和尺寸。

（2）拟建工程所需的工程机械、运输机械、搅拌机械等布置位置及其主要尺寸，工程机械的开行路线和方向。

（3）地形等高线，测量放线标桩的位置和卸渣的地点。

（4）为施工服务的一切设施的布置和面积。

（5）各种材料（包括水暖电卫材料）、半成品、构件及工业设备等的仓库和堆放场地。

（6）施工运输道路的布置，现场出入口位置等。

（7）临时给排水管线、供电线路、压缩空气等管道布置和通信线路等。

（8）一切安全及防火设施的位置。

4. 施工现场平面图设计

（1）施工平面图设计步骤。

施工平面图设计的一般步骤是：确定大型机械行走线路（施工道路的布置）→布置材料和构件的堆放场→布置运输道路→布置各种临时设施→布置水电管网→布置安全消防设施。

（2）搅拌站、加工棚、仓库和材料堆场。

① 搅拌站的布置。地下工程一般要设砂浆和混凝土搅拌站，搅拌机所采用的型号、规格、数量等在选择施工方法时确定。

② 加工棚。木材、钢筋、水电等加工棚设置在建筑物四周稍远处，并有相应的材料及堆场。

③ 材料及堆场。

a. 材料及堆场的面积计算。各种材料及堆场的堆放面积可由式（4-1）计算。

$$F=\frac{Q}{nqk} \tag{4-1}$$

式中：F——材料堆场或仓库所需的面积；

Q——某种材料现场总用量；

n——某种材料分批进场的次数；

q——某种材料每平方米的储存定额；

k——堆场、仓库的面积利用系数。

b. 仓库的位置。现场仓库按其储存材料的性质和重要程度，可采用露天、半封闭式和封闭式堆放 3 种形式。

（3）运输道路。

施工运输道路应按材料构件和工程运输的需求来布置，运输道路的布置原则和要求有：

① 主要道路应尽可能利用已有道路或规划的永久性道路的路基，根据建筑总平面图上的永久性道路位置，先修筑路基作为临时道路，工程结束后再修筑路面。

② 最好是环形布置，并与场外道路相接，保证车辆行驶畅通。

③ 距离装卸区越近越好。

④ 满足机械施工的需要。

⑤ 考虑消防的要求，使道路靠近建筑物、木料场等易燃地方，以便车辆直接开到消火栓处。

⑥ 道路路面应高于施工现场地面标高 0.1 ~ 0.2 m，两旁应有排水沟，一般沟深与底宽均不小于 0.4 m，以便排除路面积水，保证运输。

（4）临时设施。

施工现场的临时设施是为生产和生活服务的，临时设施分为生产性和生活性两种临时设施。由于是临时性的，因此要力求节省临时设施的费用。临时设施的一般布置原则是：

① 生产性和生活性临时设施的布置应有所区分，以避免相互干扰。

② 力求使用方便、有利施工、保证安全。

③ 尽可能采用活动式或就地取材设置。

④ 工人休息室应设在施工地点附近。

⑤ 办公室靠近现场。

思考题

1. 简述地下工程施工方法选择需考虑的因素。

2. 简述地下工程主要施工方法的定义、特点及适用性。

3. 简述明挖法基坑类型及各自特点。

4. 简述盖挖顺作法、逆作法、半逆作法的工序及施工控制要点。

5. 简述沉管法的施工工序，并指出该工法的主要控制因素。

6. 矿山法施工常见开挖工法有哪几种？简述其开挖、支护工序。

7. 简述新奥法、岩土控制变形法及浅埋暗挖法施工基本原理，以及三者的关系。

8. 简述盾构机、TBM 主要类型及适用条件。

9. 简述辅助施工措施采用的场合。

10. 说明施工通风的主要方式和特点。

11. 简述地下工程施工监控量测的必要性、目的和内容。

12. 简述地下工程施工组织分类和施工组织设计主要内容。

13. 分析说明地下工程与地面工程相比，施工有哪些特点。

参考文献

[1] 杨其新，王明年. 地下工程施工与管理[M]. 成都，西南交通大学出版社，2009.

[2] 朱永全，宋玉香. 隧道工程[M]. 北京，中国铁道出版社，2015.

[3] 关宝树，杨其新. 地下工程概论[M]. 成都，西南交通大学出版社，2001.

[4] 赵勇. 隧道设计理论与方法[M]. 北京，人民交通出版社，2019.

[5] 关宝树. 隧道工程施工要点集[M]. 北京，人民交通出版社，2011.

[6] 中交一公局集团有限公司. 公路隧道施工技术规范：JTG/T 3660—2020[S]. 北京：人民交通出版社，2020.

[7] 中铁二院工程集团有限责任公司. 铁路隧道监控量测技术规程：Q/CR 9218—2015[S]. 北京：中国铁道出版社，2015.

[8] 关宝树，赵勇. 软弱围岩隧道施工技术[M]. 北京：人民交通出版社，2013.

[9] 马桂军，赵志峰，叶帅华. 地下工程概论[M]. 北京：人民交通出版社，2018.

[10] 中建交通建设集团有限公司，中建海峡建设发展有限公司. 地下工程盖挖法施工规程：JGJ/T 364—2016[S]. 北京：中国建筑工业出版社，2016.

[11] 中铁二院工程集团有限责任公司. 铁路隧道设计规范：TB 10003—2016[S]. 北京：中国铁道出版社，2017.

[12] 招商局重庆交通科研设计院有限公司. 公路隧道设计规范 第一册 土建工程：JTG 3370.1—2018[S]. 北京：人民交通出版社，2018.

[13] 中铁二局集团有限公司. 高速铁路隧道工程施工技术规程：Q/CR 9604—2015[S]. 北京：中国铁道出版社，2015.

[14] 北京城建设计研究总院有限责任公司，中国地铁工程咨询有限责任公司. 地铁设计规范：GB 50157—2013[S]. 北京：中国建筑工业出版社，2014.

[15] 陈韵章，陈越. 沉管法隧道施工手册[M]. 北京：中国建筑工业出版社，2014.

[16] 广州市市政集团有限公司，交通运输部广州打捞局. 沉管法隧道施工与质量验收规范：GB 51201—2016[S]. 北京：中国计划出版社，2017.

[17] 天津滨海新区建设投资集团有限公司，中铁第六勘察设计院集团有限公司. 沉管法隧道设计标准：GB/T 51318—2019[S]. 北京：中国建筑工业出版社，2019.

[18] 住房和城乡建设部标准定额研究所，北京交通大学. 城市轨道交通工程基本术语标准：GB/T 50833—2012[S]. 北京：中国建筑工业出版社，2012.

[19] 关宝树. 矿山法隧道关键技术[M]. 北京：人民交通出版社，2016.

[20] 中铁隧道局集团有限公司，中铁十九局集团有限公司. 高速铁路隧道工程施工质量验收标准：TB 10753—2018[S]. 北京：中国铁道出版社，2019.

[21] 王志坚. 郑万高铁大断面隧道安全快速标准化修建技术[M]. 北京：人民交通出版社，2020.

[22] 贺少辉，叶锋，项彦勇，等. 建设部普通高等教育土建学科专业"十一五"规划教材地下工程（修订本）[M]. 北京：清华大学出版社，2006.

[23] 住房和城乡建设部科技与产业化发展中心，中铁隧道集团有限公司. 盾构法隧道施工及验收规范：GB 50446—2017[S]. 北京：中国建筑工业出版社，2017.

[24] 中铁工程装备集团有限公司，北京建筑机械化研究院，盾构及掘进技术国家重点实验室，等. 全断面隧道掘进机 术语和商业规格：GB/T 34354—2017[S]. 北京：中国标准出版社，2017.

[25] 大连理工大学. 顶管工程技术规程：DB21/T 3360—2021[S]. 北京：中国建筑工业出版社，2021.

[26] 上海建工集团股份有限公司，上海市基础工程集团有限公司. 顶管工程施工规程：DG/TJ 08-2049—2016[S]. 上海：同济大学出版社，2017.

[27] 周晓军，周佳娟. 城市地下铁道与轻轨交通[M]. 2版. 成都：西南交通大学出版社，2016.

[28] 赵岚涛. 波-流耦合作用下悬浮隧道合理断面型式研究[D]. 重庆：重庆交通大学，2020.

[29] 蒋博林，梁波. 国内外拟建水中悬浮隧道设计方案研究[J]. 水利与建筑工程学报，2017，15（6）：69-75.

[30] 黄磊，吴雨薇，胡俊，等. 水中悬浮隧道研究进展浅析[J]. 低温建筑技术，2020，42（1）：91-95+105.

[31] 黄柳楠，李欣，伍绍博. 水中悬浮隧道关键问题研究进展[J]. 中国港湾建设，2017，37（12）：7-10+70.

[32] 吕志峰，刘玉海，刘学红. 盾构刀具简介[J]. 凿岩机械气动工具，2013（3）：53-56.

[33] 薛峰. 粉细砂地层大直径泥水盾构开挖面稳定与沉降控制研究[C]//土木工程新材料、新技术及其工程应用交流会论文集（下册），2019.

[34] 梁国宝，管会生. 钻爆法施工中皮带机连续出碴方案研究[J]. 建筑机械化，2012，33（1）：81-83.

[35] 任吉涛，简江涛，赵翔元. 秦岭隧洞TBM皮带机出渣系统的改造设计研究[J]. 水利规划与设计，2020（3）：159-162.

[36] 曹晓平，宋文学，李伟伟. TBM施工连续皮带机出渣关键技术[J]. 水利水电施工，2014（5）：38-42.

[37] 杨志先，陈丽娟，夏莹. 连续皮带机配套盾构出渣的设计与施工[J]. 四川水力发电，2017，36（6）：59-62.

[38] 贾丁，张文，高鹏兴. 盾构隧道施工连续皮带机出渣系统设计研究[J]. 四川建筑，2019，39（3）：117-119.

[39] 齐梦学. 连续皮带机出渣工况下TBM掘进与二次衬砌同步施工技术[J]. 铁道建筑，2011（10）：35-38.

第 5 章　地下工程运营及维护

 学习目标

1. 掌握地下工程运营及维护的主要目的。
2. 熟悉地下工程运营通风方式、设备设施、设计方法等内容。
3. 熟悉地下工程照明灯具、设置条件、设计方法等内容。
4. 了解地下工程运营监控设备、设计条件、设计方法等内容。
5. 了解地下工程养护常见项目、养护条件、措施等内容。

5.1　地下工程运营及维护主要目的

地下工程运营及维护的目的，是通过最小的投入，实现运营期地下工程安全、环保、节约与经济的综合目标。影响地下工程安全运营的因素分为可控因素（如照明程度、通风程度等）及不可控因素（如结构受力变化、突发事件等）。地下工程运营及维护主要是通过配置合适的机电设置，采取有效的运营维护对策，控制可控因素对地下工程安全运营的影响，减少地下工程运营的灾害和损失。

由于地下工程类型较多，有地下交通工程（交通隧道及地下车站）、地下民用建筑、地下市政管道工程等多种用途的地下工程，依据功能和运营对象不同，各类地下工程还可进一步详细划分。因此，不同类型的地下工程运营及维护的主要目的及主要内容有所不同。本书仅以地下交通工程、地下民用建筑、地下市政管道工程为例，简述不同类型地下工程的运营及维护的主要目的及主要内容。

地下交通工程为通行各类交通工具而服务，这些地下交通工程的安全运行，保障了城市内、城市与城市间高效的联通，加速了城市群一体化发展，因此地下交通工程在运营期间的首要任务就是保障交通工具的正常运行。在地下交通隧道工程运营期间，需要设置适当的通风、照明机电设施，依据合理、有效的运营及维护管理制度，保证地下交通工程处于良好的运营环境中；需要设置必备的监控系统，尽可能降低事故的发生率，即便发生事故也能做到及时上报、及时处置，减轻事故发生对人员及地下交通工程硬件设施所带来的不利影响。同时，采用必要的维护技术，可以保证地下交通工程结构无病害、设备正常运转，使地下交通工程能在使用年限内正常运营。

地下民用建筑主要涵盖商业、仓储等多种用途，这些地下民用建筑多位于城市的繁华地段，是促进城市经济发展的重要基础设施，人员或重要物品密集，因此地下民用建筑在运营期间的首要任务就是保障地下民用建筑内环境适宜人员工作或适宜物品存放，此外就是要保证地下民用建筑具有较强的应对灾害的能力。在地下民用建筑运营期间，必需布置通风和照明系统，保证地下民用建筑内的空气环境、照明环境满足工作或商业需求；需要设置监控系统，以减少偷盗等犯罪行为的发生，同时实现火灾等灾害的预警与及时处置。对结构及设备设施开展定期的维护工作，以保证地下民用建筑硬件设施的正常运转。

地下市政管道工程中敷设的都是保障城市正常高效运转的"城市生命线"，这些"城市生命线"的安全运行关系着民众的日常生活、企业的生产经营乃至国家和社会的稳定，因此地下市政管道工程在运营期间的首要任务就是保障"城市生命线"的正常运行。在地下市政管道工程运营期间，需要采用成熟稳定的通风、照明、监控系统，提前防范、超前预警并及时处理问题；采用先进的维护技术，对其土建结构及附属设施实现高效管理，并能实现巩固处理，为管线提供安全可靠的运行环境，保证人员在安全的作业环境中进行巡检、施工等工作。在地下市政管道工程运营及维护阶段进行的安全与应急管理工作，能保障地下市政管道工程的运营及维护安全，及时有效地实施应急救援工作，最大限度地减少人员伤亡、财产损失，维持正常的生产秩序。

综上所述，无论何种用途的地下工程，为保证安全运营，均需设置通风、照明及监控系统，区别在于不同用途的地下工程在通风、照明、监控的具体设计不同。同时，需要针对各类地下工程特点开展养护工作。因此，本章主要结合地下交通工程、地下民用建筑、地下市政管道工程 3 类地下工程，分别详述其通风、照明、监控的设计内容以及运营养护内容。

5.2 地下工程运营通风

5.2.1 地下工程通风目的

地下工程运营通风是指为排除运营期间地下工程内有害气体、湿气、高温等以达到符合卫生标准的空气环境，保证人身安全、设备正常使用和运营安全所进行的各种通风的统称。按工程类别划分，地下工程运营通风可分为地下交通工程运营通风、地下民用建筑运营通风以及地下市政管道工程运营通风。不同工程通风的目的也有所不同，以地下交通工程为例，公路隧道通风主要是为了排除机动车尾气及扬尘，使隧道内空气能够满足隧道内行车安全、卫生、舒适的要求；而铁路隧道通风主要是为了排除机车行驶过程中产生的有害气体及粉尘，保障线路养护人员的身体健康。

5.2.2 地下工程通风方式

在地下工程通风系统，特别是交通隧道中，通风方式常按照工作动力划分为自然通风与机械通风，具体分类如图 5-1 所示。

1. 自然通风

自然通风是通过气象因素形成的空气流动或车辆运动带来的新鲜空气实现地下空间与外界的空气交换。常见的城市下穿短公路隧道就是采用自然通风，如图 5-2 所示。

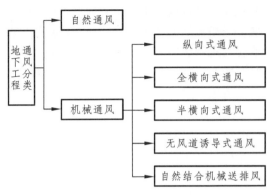

图 5-1 通风方式分类

（a）吉林市中康路下穿隧道

（b）成都市武青路下穿隧道

图 5-2 采用自然通风的地下工程

自然通风一般在长度较短、交通量较小的隧道或规模较小的地下民用建筑中应用较多。近年来，随着我国西部地区隧道修建数量及规模的增长，西部山区特有的环境条件，提供了利用自然风进行通风节能的可能。经过六盘山隧道、泥巴山隧道等具体工程实践，在利用自然风通风节能方面积累了大量的科研成果，本节仅以宁夏六盘山隧道为例说明自然风在隧道通风节能中的应用。

六盘山隧道设计为分离式隧道，左右线长度分别为 9 490 m 和 9 480 m，属超特长公路隧道，设计速度 80 km/h，隧道内高程差约为 156 m。六盘山因其地势高耸，主脉两侧气候带不同，分别为温带半干旱气候带和温带半湿润气候带，造成六盘山隧道进出口气候差异大，如图 5-3 所示。受高差和洞口气候的影响，隧道内形成了较为稳定的自然风风速。经过洞口气象站长期监测，洞内自然风风速为 2.8 ~ 3.2 m/s，保证率约为 95%。

为了利用隧道内的自然风，结合工程特点和隧道内斜（竖）井设置情况，设计了节能风道。根据已确定的洞内自然风设计风速控制节能风道开启或关闭，当 $V_{自然风速} > V_{设计风速}$ 时，开启节能风道，如图 5-4 所示；当 $V_{自然风速} < V_{设计风速}$ 时，开启竖井内轴流风机，如图 5-5 所示。

风机控制采用前馈式模糊控制法，该方法的核心是根据当前交通量及污染物浓度数据预测未来一段时间内的交通量及污染物浓度情况，将预估值作为前馈信号参与到风机控制中。当自然风风向和风速大小不同时，所采取的控制策略不同，具体策略如表 5-1 所示。

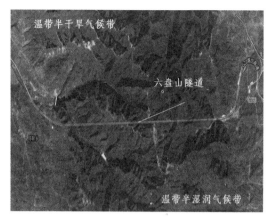

图 5-3　六盘山隧道进出口气候带示意

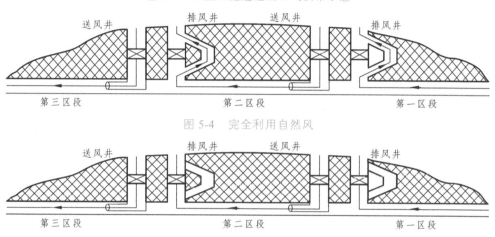

图 5-4　完全利用自然风

图 5-5　部分利用自然风

表 5-1　自然风利用策略

策略	自然风方向	自然风风速 V_n/（m/s）	射流风机开启情况
策略 A	与机械通风方向相同（动力）	$V_n > V_0$	不开启风机
策略 B	与机械通风方向相同（动力）	$0 < V_n < V_0$	开启部分风机
策略 C	与机械通风方向相反（阻力）	$V_n < 0$	开启全部风机

注：V_0 表示设计风速。

通过对采用自然风节能时六盘山隧道年耗电量进行估算，发现采用自然风节能时年耗电量比原设计耗电量有明显的下降，且随着运营时间的增加节能效果越发明显，如运营到 2035 年，采用自然风节能将减少原耗电量的 44%。节能效果预测如图 5-6 所示。

2. 机械通风

当自然通风无法满足地下空间环境要求时，可以采用机械通风。机械通风是通过风机作用使空气沿着预定路线流动来实现地下空间与外界的空气交换。以公路隧道为例，当隧道长度较长，交通量较大，仅依靠自然通风难以有效排除隧道内的有害气体和粉尘时，需布置风机进行通风，如图 5-7 所示。

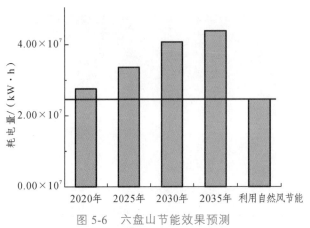

图 5-6　六盘山节能效果预测

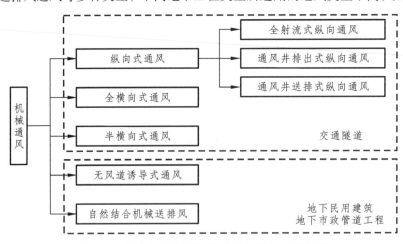

图 5-7　公路隧道机械通风

机械通风可分为纵向式通风、全横向式通风、半横向式通风、无风道诱导式通风以及自然结合机械送排风通风等多种类型，不同地下工程类型所适用的通风类型不同，如图 5-8 所示。

图 5-8　机械通风类型及其适用的地下工程类型

（1）地下交通工程。

地下交通工程依据所通行的交通工具不同，可分为公路隧道、铁路隧道、地铁区间隧道及车站。对于公路和铁路隧道而言，机械通风方式可分为纵向式通风、横向式通风、半横向式通风等多种类型。地铁区间隧道以利用列车活塞风为主，必要时采用机械通风，地铁车站一般采用空调系统进行环境调节。下面以几种典型的公路隧道机械通风方式为例来进行说明。

①纵向式通风是一种最简单的通风方式，只需在隧道的适当位置安装风机，靠风机产生的通风压力迫使隧道内空气沿隧道轴线方向流动，就能达到通风的目的。目前常见的纵向式通风包括以下几种方式：

a. 全射流式纵向通风。

全射流式纵向通风是指利用射流风机产生的推力，推动前方空气在隧道内沿轴向形成纵向流动，使新鲜空气从隧道一侧洞口流入，污染空气从另一侧洞口流出，如图5-9所示。

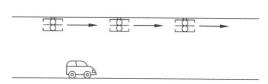

（a）全射流式纵向通风实物图　　　　（b）全射流式纵向通风示意图

图5-9　全射流纵向式通风

b. 通风井排出式纵向通风。

通风设施由竖井、风道和风机组成。当隧道为单向交通隧道时，竖井宜设置在隧道出口侧位置，如图5-10所示。当隧道为双向交通隧道时，竖井宜设置在隧道纵向长度中部位置，如图5-11所示。风机的工作方式为排风式，新鲜空气经由两侧洞口进入隧道，污染空气经由竖井排出隧道。采用通风井排出的纵向式通风，隧道内有害气体浓度最大的地方是竖井。通风井排出式可以变为通风井送入式，只要将风机的工作方式由排风式改变为送风式即可。

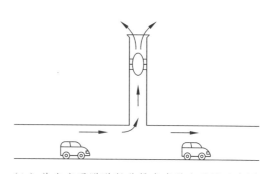

（a）单向交通隧道竖井排出式纵向通风效果图　　（b）单向交通隧道竖井排出式纵向通风示意图

图5-10　单向交通隧道通风井排出式纵向通风

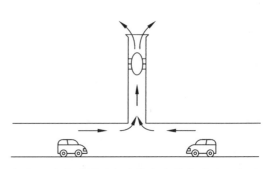

（a）双向交通隧道竖井排出式纵向通风效果图　　（b）双向交通隧道竖井排出式纵向通风示意图

图 5-11　双向交通隧道通风井排出式纵向通风

c. 通风井送排式纵向通风。

通风井送排式纵向通风方式设置有送风井和排风井，隧道内的污染空气从排风井排出，新鲜空气从送风井进入隧道，如图 5-12 所示，此通风方式能有效利用交通风。

（a）通风井送排式纵向通风效果图　　　　（b）通风井送排式纵向通风示意图

图 5-12　通风井送排式纵向通风

② 全横向式通风。

全横向式通风方式是在隧道内设置送入新鲜空气的送风道和排出污染空气的排风道，隧道内只有横向的风流动，基本不产生纵向流动的风，如图 5-13 所示。在双向交通时，车道的纵向风速基本为零，污染物浓度的分布沿隧道全长大体上均匀。然而在单向交通时，因为车辆行驶产生交通风的影响，在纵向能产生一定风速，污染物浓度由入口至出口有逐渐增加的趋势，但大部分的污染空气仍是由排风道排出。

③ 半横向式通风。

半横向式通风方式是在隧道内设置送入新鲜空气的送风道，在行车道内与污染空气混合后沿隧道纵向流动至隧道两端洞口排出，可分为送风半横向式和排风半横向式，如图 5-14 所示。这种通风方式由横向均匀直接进风，对汽车排气直接稀释或排出，对后续车有利；如果有行人，行人可直接呼吸到新鲜空气。半横向式通风是介于纵向式通风和横向式通风之间的一种通风方式，其综合了两者的优点和缺点。

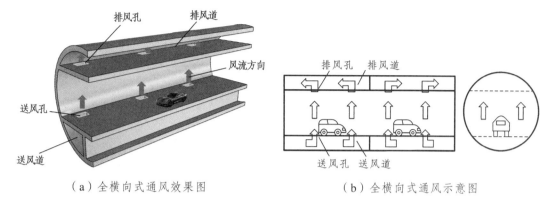

（a）全横向式通风效果图　　　　　　（b）全横向式通风示意图

图 5-13　全横向式通风

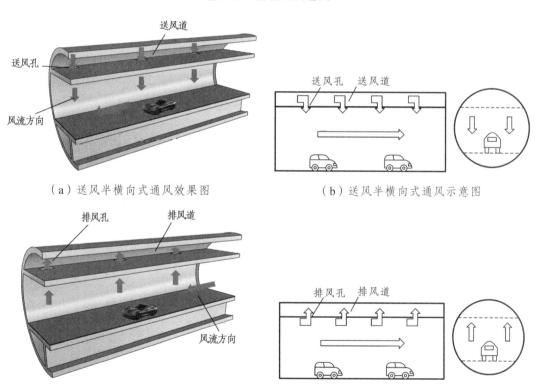

（a）送风半横向式通风效果图　　　　　　（b）送风半横向式通风示意图

（c）排风半横向式通风效果图　　　　　　（d）排风半横向式通风示意图

图 5-14　半横向式通风

（2）地下民用建筑。

地下民用建筑包括地下商场、地下停车场等，现以地下商场和地下停车场为例进行说明。

对地下商场而言，由于其本身的使用性质，需要大量新风，而地下商场的出入口仅为疏散楼梯间，靠自然排风显然会使室内压力过高，需增设排风系统；为保证火灾时期能够有效排烟，还应设置送风系统。因此，在地下商场，主要以机械通风为主，如图 5-15 所示。

对地下停车场而言，机械通风方式主要为无风道诱导式通风，如图 5-16 所示。无风道诱导式通风需同时设置送风风机和排风风机。其原理是由诱导风机喷嘴射出定向高速气流，诱导及搅拌周围大量空气流动，在无风管的条件下，带动停车场内空气沿着预先设计的空气流程流至目标方向，即空气从送风机到排风机定向流动，达到通风换气的目的。

图 5-15　地下商场机械通风

图 5-16　无风道诱导式通风

（3）地下市政管道工程。

地下市政管道工程的典型代表为地下综合管廊，其机械通风主要有 4 种方式：自然通风辅以无风管的诱导式通风、自然进风+机械排风、机械进风+自然排风以及机械进风+机械排风，如图 5-17、图 5-18 所示。

图 5-17　地下综合管廊诱导式通风

图 5-18　地下综合管廊机械进风+机械排风

5.2.3　地下工程通风设备设施

机械通风的主要设备和构件一般包括风机、通风管道、风口。

风机是依靠输入的机械能提高气体压力并排送气体的机械，交通隧道中通风常采用的风机有轴流风机、射流风机和离心风机，长度超过 5 000 m 的特长隧道通风一般采用大风量低风压的轴流风机，但当送、排风机全压达到 5 000 N/m² 时，通常在轴流风机和离心风机之间进行比选。图 5-19 给出了轴流风机、射流风机和离心风机的一般形式。

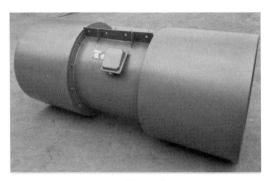

（a）轴流风机　　　　　　　　　　　　　（b）射流风机

（c）离心风机

图 5-19　风机

　　通风管道是一种用于通风或空调工程的金属或复合管道，是为了使空气流通，降低有害气体浓度的一种市政基础设施，一般从外形来看有矩形、圆形、螺旋形等，图 5-20 给出了矩形风管和圆形风管的一般形式。对于运营期间的交通隧道而言，一般直接采用风机向隧道中进行送风。

　　风口包括送风口与排风口，装在风管上或风管末端，可用于调节气流速度和角度，如图 5-21 所示。

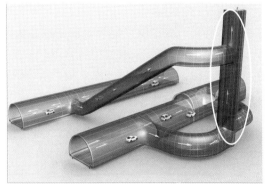

（a）民用建筑通风管道　　　　　　　　　（b）公路隧道竖井通风管道

图 5-20　通风管道

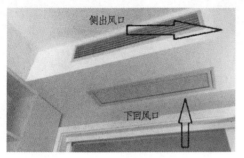
（a）民用建筑内风口

（b）地下廊道通风口

图 5-21　风口

5.2.4　地下工程通风标准

1. 地下交通工程通风标准

地下交通工程由于通行的交通工具不同，通风目的不同，因此所建立的通风标准不同，本节以公路隧道、铁路隧道和地铁为例，说明其各自的通风标准。

（1）公路隧道通风标准。

公路隧道污染物的主要来源为机动车尾气排放和烟尘。在车辆的行驶过程中，隧道内的有害气体浓度不断升高，其中 CO、NO_2 浓度达到定量值时将引起驾乘人员的身体不适，烟尘浓度过高会降低隧道内的能见度而影响行车安全。因此，必须设置合适的通风系统以保证达到隧道内行车安全、卫生、舒适的要求。

我国《公路隧道通风设计细则》（JTG/T D702-02—2014）规定，公路隧道设计行车安全标准以稀释机动车排放的烟尘为主，必要时可考虑洞内交通流带来的粉尘污染；公路隧道设计行车卫生标准以稀释机动车排放的 CO 为主，必要时可考虑稀释 NO_2；公路隧道设计行车舒适性标准以稀释机动车带来的异味为主，必要时可考虑稀释富余热量。

综上可知，公路隧道通风的控制标准为烟尘设计浓度、CO 和 NO_2 设计浓度、换气要求。

① 烟尘设计浓度。

烟尘设计浓度是指烟尘对空气的污染程度，通过测定污染空气中 100 m 距离的烟尘光线透过率来确定，表示洞内能见度的指标，也称消光系数。

a. 烟尘设计浓度 K 取值应符合下列规定：

（a）采用显色指数 $33 \leqslant R_a \leqslant 60$、相关色温 2 000 ~ 3 000 K 的钠光源时，烟尘设计浓度 K 应按表 5-2 取值。

表 5-2　烟尘设计浓度 K（钠光源）

设计速度 v_t/（km/h）	≥90	$60 \leqslant v_t < 90$	$50 \leqslant v_t < 60$	$30 \leqslant v_t < 50$	$v_t \leqslant 30$
烟尘设计浓度 K/m	0.006 5	0.007 0	0.007 5	0.009 0	0.012 0*

注：*此工况下应采取交通管制或关闭隧道等措施。

（b）采用显色指数 $R_a \geqslant 65$、相关色温 3 300 ~ 6 000 K 的荧光灯、LED 灯等光源时，烟尘设计浓度 K 应按表 5-3 取值。

表 5-3　烟尘设计浓度（荧光灯、LED 灯等光源）

设计速度 v_t（km/h）	≥90	60≤v_t<90	50≤v_t<60	30≤v_t<50	v_t≤30
烟尘设计浓度 K/m	0.005 0	0.006 5	0.007 0	0.007 5	0.012 0*

注：*此工况下应采取交通管制或关闭隧道等措施。

b. 双洞单向交通临时改为单洞双向交通时，隧道内烟尘允许浓度不应大于 0.012 m^{-1}。

c. 隧道内养护维修时，隧道作业段空气的烟尘允许浓度不应大于 0.003 m^{-1}。

② 一氧化碳（CO）和二氧化氮（NO_2）设计浓度。

一氧化碳（CO）和二氧化氮（NO_2）设计浓度是指隧道单位体积被污染空气中含有一氧化碳（CO）和二氧化氮（NO_2）的体积，用体积浓度计量。

a. 隧道内 CO 和 NO_2 设计浓度取值应符合下列规定：

（a）正常交通时，隧道内 CO 设计浓度可按表 5-4 取值。

表 5-4　CO 设计浓度 δ_{CO}

隧道长度/m	≤1 000	>3 000
δ_{CO} /（cm^3/m^3）	150	100

注：隧道长度为 1 000 m<L≤3 000 m 时，可按线性内插法取值。

（b）交通阻滞时，阻滞段的平均 CO 设计浓度 δ_{CO} 可取 150 cm^3/m^3，同时经历时间不宜超过 20 min。

（c）隧道内 20 min 内的平均 NO_2 设计浓度 δ_{NO_2} 可取 1.0 cm^3/m^3。

b. 人车混合通行的隧道，隧道内 CO 设计浓度不应大于 70 cm^3/m^3，隧道内 60 min 内 NO_2 设计浓度不应大于 0.2 cm^3/m^3。

c. 隧道内养护维修时，隧道作业段空气的 CO 允许浓度不应大于 30 cm^3/m^3，NO_2 允许浓度不应大于 0.12 cm^3/m^3。

③ 换气要求。

a. 隧道空间最小换气频率不应低于 3 次/h。

b. 采用纵向通风的隧道，隧道换气风速不应低于 1.5 m/s。

（2）铁路隧道通风标准。

在铁路隧道中行驶的列车主要是电力机车和内燃机车。电力机车行驶过程中产生的有害物质主要是臭氧、石英粉尘以及动、植物粉尘；内燃机车行驶过程中产生的有害物质主要是一氧化碳和氮氧化物。铁路隧道运营通风计算以挤压理论为主，需要按照《铁路隧道运营通风设计规范》（TB 10068—2010）对污染物的最高容许浓度进行控制。除此之外，铁路隧道运营过程中还应满足空气卫生及温湿度环境要求，为此铁路隧道运营通风应满足表 5-5 的标准。

表 5-5　运营铁路隧道空气卫生及温湿度环境标准

指标	最高容许值	备注
一氧化碳/（mg/m^3）	30	H<2 000 m
	20	2 000 m≤H≤3 000 m
	15	H>3 000 m

指标		最高容许值	备注
氮氧化物（换算成 NO_2）/（mg/m^3）		5	$H<3\,000$ m
臭氧/（mg/m^3）		0.3	$H<3\,000$ m
粉尘/（mg/m^3）	石英粉尘	8	$M_{SiO_2}<10\%$
		2	$M_{SiO_2}>10\%$
	动、植物粉尘	3	—
温度/°C		28	—
湿度/%		80	—

（3）地下铁道通风标准。

地铁运营通风包含区间隧道通风、地下车站通风、地下车站设备与管理用房通风等部分，各部分运营通风标准不同。以区间隧道通风标准为例，区间隧道通风主要控制 CO_2 浓度、新鲜空气供应量和冬夏季温度。CO_2 日平均浓度要小于 1.5%，每小时供应新鲜空气量不应少于 12.6 m^3，夏季最高温度根据是否设置空调及站台门进行确定。区间隧道内空气冬季的平均温度应低于当地地层的自然温度，但最低温度不应低于 5 °C。车站及管理用房控制标准可参考《地铁设计规范》（GB 50157—2013）。

2. 地下民用建筑通风标准

地下民用建筑包含地下商场及地下停车场等，由于用途不同，提出的运营通风标准不同，此处以地下商场运营通风标准及地下停车场运营通风标准进行说明。

（1）地下商场通风标准。

地下商场运营通风主要需要满足温度湿度标准和最小新风量标准。

根据《商店建筑设计规范》（JGJ 48—2014）规定，夏季采用人工冷源时，温度宜控制在 26 ~ 28 °C，湿度宜控制在 55% ~ 65%，采用天然冷源时，温度宜控制在 28 ~ 30 °C，湿度宜控制在 60% ~ 65%；冬季温度宜控制在 16 ~ 18 °C，湿度宜控制在 30% ~ 35%。此外，地下商场中最小新风量取 8.5 m^3，CO_2 浓度不超过 0.2%。

（2）地下停车场通风标准。

地下停车场内汽车排放的污染物主要有一氧化碳（CO）、碳氢化合物（HC）、氮氧化合物（NO_x）、微粒物（PM）等有害物，其标准按照 1 h 均值和日平均值规定。

3. 地下市政管道工程

地下市政工程典型代表为综合管廊，其正常通风换气次数不应小于 2 次/h，事故通风换气次数不应小于 6 次/h，通风口处出风风速不宜大于 5 m/s。天然气管道舱正常通风换气次数不应小于 6 次/h，事故通风换气次数不应小于 12 次/h。

5.2.5 地下工程通风设计

地下工程通风设计由于其形态与功能不同，具体设计流程有一定差异，但总体思路相似，首先进行通风必要性分析，然后根据规范要求进行通风设计，确定需风量、通风方式、风机型号、安装调试等。下面以公路隧道运营通风设计为例，阐明地下工程通风设计流程。

公路隧道运营通风设计流程如图 5-22 所示。

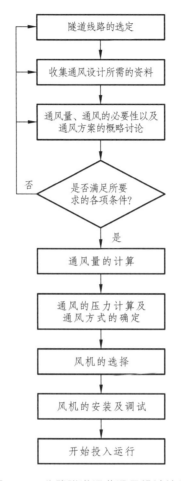

图 5-22 公路隧道运营通风设计流程

公路隧道运营通风设计通常包含以下步骤：

（1）收集隧道所在路段平面、纵断面以及隧道地形、地物、地质等路线资料。

（2）收集隧道所在路段的公路等级、隧道断面、交通量，所在区域的气象和环境条件，以及隧址区域的环保要求等技术资料。

（3）根据收集的资料进行隧道需风量的初步计算及通风方案比选。当因路线方案使各通风方案均不满足运营安全、经济、环保要求时，则应重新论证路线方案、隧道长度、纵坡等。

（4）根据比选确定的通风方案详细计算需风量，确定设计风量，并详细计算通风系统阻力。其中，需风量是指按保证隧道安全运营要求的环境指标，根据隧道条件计算确定需要的新鲜空气量。设计风量是指以计算得到的隧道需风量为基础，满足运营要求，进行风机配置后达到的通风量。需风量包含了稀释烟尘的需风量、稀释 CO 的需风量和换气需风量，最终运营需风量为这三者的最大值。

① 稀释烟尘需风量。

$$Q_{\text{req(VI)}} = \frac{Q_{\text{VI}}}{K}$$ （5-1）

式中：$Q_{\text{req(VI)}}$——隧道稀释烟尘的需风量（m/s）；

K——烟尘设计浓度（m^{-1}）；

Q_{VI}——隧道烟尘排放量（m^2/s）。

② 稀释 CO 需风量。

$$Q_{\text{req(co)}} = \frac{Q_{\text{co}}}{\delta} \cdot \frac{p_0}{p} \cdot \frac{T}{T_0} \times 10^6$$ （5-2）

式中：$Q_{\text{req(co)}}$——稀释 CO 的需风量；

δ——CO 浓度；

Q_{co}——隧道 CO 排放量（m^3/s）；

p_0——标准大气压，取 101.325 kN/m^2；

P——隧址大气压（kN/m^2）；

T_0——标准气温，取 273 K；

T——隧址夏季气温（K）。

③ 隧道换气需风量。

a. 按最小换气频率需风量。

$$Q_{\text{req(ac)}} = \frac{A_{\text{r}} \cdot L \cdot n_{\text{s}}}{3\ 600}$$ （5-3）

式中：A_{r}——隧道净空断面积（m^2）；

n_{s}——隧道最小换气频率。

b. 按最小换气风速需风量。

$$Q_{\text{req(ac)}} = v_{\text{ac}} \cdot A_{\text{r}}$$ （5-4）

式中：v_{ac}——隧道换气风速，不应低于 1.5 m/s；

A_{r}——隧道净空断面积（m^2）。

换气需风量取上述两者计算结果的最大值。

（5）根据通风系统阻力详细计算风机风压、风量、功率等进行风机选型及配置。

（6）通风设备安装前，针对隧道土建施工、通风设备参数变更情况复核通风系统是否满足隧道运营需求。

为了便于理解地下工程通风中的设计流程及内容，本节分别选取了公路隧道、铁路隧道、地铁车站以及地下综合管廊的通风设计案例，进而详述各类地下工程通风设计要点及内容。

1. 公路隧道运营通风案例

秦岭终南山隧道全长 18.02 km，是世界最长的双洞公路隧道，建设标准为双洞四车道高速公路，行车速度 80 km/h，如图 5-23 所示。

秦岭山脉陡峭峻险，隧道埋深较大，中间竖井的选择比较困难，且施工便道较长，因此采用三竖井分段纵向式运营通风模式，如图 5-24 所示，其中图（b）给出了上行线及下行线隧道中风流的流动情况。以上行线为例，风流从西安一侧隧道入口（1 号点），携带污染物从第一个竖井排出（1→2→3），由第一个竖井供应新风进入隧道（4→5），携带污染物从中间竖井排出（5→6→7），再由中间竖井供应新风进入隧道（8→9），携带污染物从第三个斜井排出（9→10→11），最后由第三个竖井供应新风进入隧道（12→13），携带污染物从隧道出口排出（13→14）。

（a）秦岭终南山隧道主洞　　　　　　　（b）秦岭终南山隧道通风竖井

图 5-23　秦岭终南山隧道

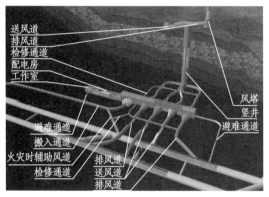
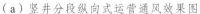
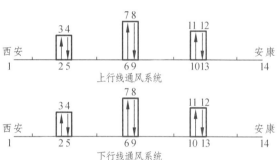

（a）竖井分段纵向式运营通风效果图　　　　　（b）竖井分段纵向式运营通风示意图

图 5-24　秦岭终南山隧道运营通风模式

2. 铁路隧道运营通风案例

大瑞铁路高黎贡山隧道长 34.5 km，设计速度为 160 km/h，运营阶段采用两个通风竖井，1#竖井里程为 DK205+080，深 868 m；2#竖井里程为 DK212+415，深 745 m，两个竖井断面积均为 22.47 m²。运营通风采用两座竖井分段纵向通风方案，根据列车在隧道内行驶位置不同，通风量不同，给出对应通风方式如图 5-25 ~ 图 5-27 所示。

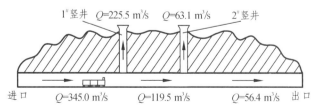

图 5-25　列车位于隧道入口段时通风组织示意

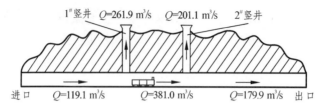

图 5-26　列车位于隧道中间段时通风组织示意

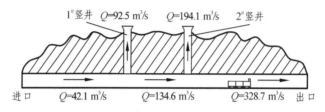

图 5-27　列车位于隧道出口段时通风组织示意

3. 地铁车站通风案例

广州地铁 2 号线的江南西站采用空气-水空调系统,其横断面如图 5-28 所示。该系统充分利用暗挖车站的结构特点,将风机盘管布置在拱形结构上部和站台一侧的废弃空间内,空调冷水直接送入盘管,新风则通过专用风管送入车站。通风工况时,新风直接送入车站公共区;空调工况时,新风先与回风混合后再被送入风机盘管进行冷却处理,最后送入车站公共区。在此过程中,风机盘管的凝结水被引入行车隧道的排水明沟,通过蒸发冷却的方式来达到降低隧道温度的目的。

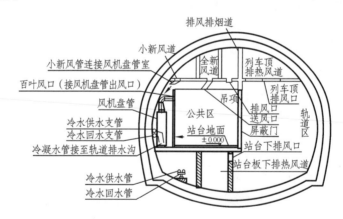

图 5-28　地铁通风与空调系统横断面示意

4. 地下综合管廊运营通风案例

北京市通州文化旅游区综合管廊燃气舱工程总长度约 22.5 km,涉及地面道路共 20 条。工程综合管廊燃气舱将通风分区与防火分隔统一设置,在每个通风分区的起点和终点分别设一座进风井和一座排风井,在综合管廊燃气舱全线形成进风井、排风井间隔布置的纵向通风系统,如图 5-29 所示。

184

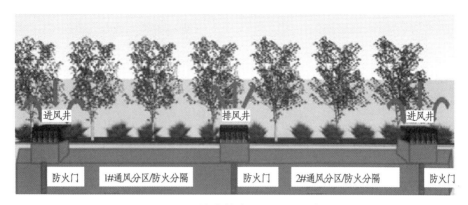

图 5-29　综合管廊通风分区示意

5.3　地下工程运营照明

5.3.1　地下工程照明目的

地下工程与普通地面建筑物光照的最大区别是地下工程处于地下，环境封闭，户外光线无法从四周透射入内部，导致地下空间较地面建筑更加黑暗，且出入口处亮度变化较大。为此在地下工程中必须设置满足人员工作和正常运营生活的基本照明；在进出口处设置过渡照明，以减小出入口处亮度差异；设置在火灾、停电等紧急情况下的应急照明；在地下商场等需要吸引客流的地下工程中还需设置装饰用的装饰照明。

基本照明（图 5-30）是指为了满足最基本的功能性照明需求而设置的照明，在地下商场中体现为满足商场运营和人员活动的照明，亮度要求较高；在公路隧道中体现为满足车辆安全快速运行的照明，亮度要求适中；在地下停车场中体现为满足车辆缓慢运行和人员走动的照明，亮度要求较低；在地下管廊、铁路隧道等地下工程中体现为满足检修人员进入维修的照明，亮度要求也较低；在地下铁道中分为两部分进行照明，地铁区间隧道与铁路隧道照明目的相同——为检修人员提供照明，亮度要求低，而地铁车站为满足人员快速流动有较高的亮度要求。

过渡照明是指为减少建筑物内部与外界过大的亮度差而设置的使亮度可逐次变化的照明。

应急照明则用于发生灾害的情况下，地下工程中供电可能中断，造成正常照明的丧失，需要应急照明提供满足最低需求的疏散应急亮度，保证人员能够安全地疏散至地面安全区域。

（a）地下商场

（b）交通隧道

（c）地下停车场

（d）地下管廊

（e）地铁区间隧道

（f）地铁车站

图 5-30　不同地下工程基本照明

5.3.2　地下工程照明灯具

地下工程照明灯主要有霓虹灯、白炽灯、卤素灯、荧光灯、高压钠灯、无极灯、LED 灯等。

霓虹灯是明亮发光的，充有稀薄氖气或其他稀有气体的通电玻璃管或灯泡，是一种冷阴极气体放电灯。它不同于普通光源必须把钨丝烧到高温才能发光，造成大量的电能以热能的形式被消耗掉，因此，用同样多的电能，霓虹灯具有更高的亮度。由于其可以发出不同颜色的光，常作装饰用，如图 5-31 所示。

图 5-31　装饰在地下商场中的霓虹灯

白炽灯是一种热辐射光源，其显色性好、光谱连续、光色和集光性能好，使用方便。但其能量转换效率低，只有 2%～4% 的电能转化为光能，因此已逐步退出市场。

卤素灯是在白炽灯的基础上改进的，其亮度比白炽灯高 1.5 倍，寿命上也加强 2～3 倍，但其寿命仍然比其余灯源短，发光效率也较低，大部分能量以热能发散掉。

荧光灯是一种气体放电光源，其显色性好、寿命较长、光效较高，但受环境温度影响大，并且在隧道内抗风压、耐振动性能和透雾性能均不如高压钠灯，因此在隧道中应用并不广泛，但在地下车库、地下商场中应用较广。

高压钠灯使用时发出金白色光，具有发光效率高、耗电少、寿命长、透雾能力强和不诱虫等优点。高压钠灯是传统光源中作为隧道照明的选择之一，但是由于其再启动性能较差，一般不能作为需要瞬时可靠点亮的应急照明光源。

无极灯是一种没有电极和灯丝的照明设备，由于省去了灯丝和电极，可以制成环形、螺旋形或管状等各种形状。无极灯的寿命在 60 000 h 以上，显色性好，能够瞬时启动，而且高效节能，是地下工程照明应用的主要光源之一。

LED 灯能耗低，寿命在 10 万 h 以上，且不含铅、汞等污染元素，对环境没有任何污染，是目前应用最广的照明节能灯具。尽管目前 LED 灯的初期建设成本较高，但是随着技术的发展，LED 灯价格不断降低，性能不断提升，并且综合考虑运营维护和耗电量成本，按照全寿命周期成本计算，LED 灯相对于传统光源而言已开始显示出优势。

5.3.3 地下工程照明设置条件

地下工程由于其封闭性和不透光性需要设置照明，但在不同的工作场景中需要的照明差异较大，且由于照明目的不同，照明设置的条件也不同。由于地下工程种类较多，本书中仅对地下交通工程、地下民用建筑和地下市政管道工程的照明设置条件进行简要的介绍。

1. 地下交通工程照明设置条件

（1）公路隧道照明设置条件。

公路隧道中因为隧道内外亮度不同常出现一些特殊的视觉问题。例如，由于白天隧道外的亮度相对于隧道内亮度高，隧道足够长的情况下驾驶员进入隧道前会看到一个黑洞，这就是"黑洞效应"。同理，驾驶员驶出隧道时也会看到一个白洞，称为"白洞效应"，如图 5-32 所示。此外还有驾驶员适应隧道内外明暗环境转换需要一定时间导致的"适应的滞后现象"等。

（a）黑洞效应　　　　　　　　　　　　　　（b）白洞效应

图 5-32　黑白洞效应

为了解决以上各种问题，即使在白天也必须在隧道内设置合适的照明设施把必要的视觉信息传递给驾驶员，防止因视觉信息不足而出现交通事故，从而提高驾驶上的安全性和舒适性。《公路隧道照明设计细则》（JTG/T D70/2-01—2014）中对需要设置照明的公路隧道做出了规定，如表 5-6 所示。

表 5-6　公路隧道设置条件

隧道类型	设置照明条件
高速公路隧道、一级公路隧道	长度 L>200 m
高速公路光学长隧道、一级公路光学长隧道	长度 100 m<L≤200 m
二级公路隧道	长度 L>500 m
三级、四级公路隧道	根据实际情况确定
有人行需求的隧道	设置满足行人通行的照明
不设置照明的隧道	设置视觉诱导设施

注：光学长隧道是指驾驶员位于行车道中央，距隧道行车进洞口一个照明停车视距处不能完
　　全看到行车出洞口的，且几何长度不大于 500 m 的短隧道。

同时，在特长公路隧道和长距离连续隧道群中，驾驶员在隧道内长期驾驶易产生疲劳情绪，为此也常设置灯光带用以缓解驾驶员视觉疲劳，如图 5-33 所示。隧道内每 4～7 km 应设置灯光带，灯光带长度为 100～300 m。

图 5-33　灯光带

（2）铁路隧道照明设置条件。

与公路隧道的照明给来往车辆使用不同，铁路隧道照明主要是为了工务部门对隧道线路维修、巡视以及躲避来往列车。因此相关规范中规定直线长度 1 000 m 及以上、曲线长度为 500 m 及以上的隧道应设置照明。

（3）地铁照明设置条件。

地铁中应设置一般照明、分区一般照明、局部照明和混合照明。在车站出入口、双层地面站及高架车站昼间站台到站厅楼梯处应设置过渡照明。

2. 地下民用建筑照明设置条件

地下民用建筑由于其空间大、不透光，是必须要设置照明的。地下商场中照明除满足人员正常流动外，在需要吸引客流时应局部加强照明；地下停车场中除满足车辆运行和人员流

动外，还需提供最低限度的照明以保障空间内事物可清晰地被监控系统拍摄到。

3. 地下市政管道工程照明设置条件

地下市政管道工程内也应设置正常照明和应急照明，照明区域包含了地下市政管道工程人行道、出入口和设备操作处、监控室等，同时在出入口和各防火分区的防火门上也要设置安全出口标志灯。

5.3.4　地下工程照明标准

由于不同地下工程对照明的需求不同，故其照明标准也不同。

1. 地下交通工程照明标准

（1）公路隧道照明标准。

显然，隧道内照明亮度越接近洞外亮度，越有利于驾驶员视觉迅速适应洞内环境。但是洞内亮度水平越高，电能消耗量也越大，从而造成照明投资费用和运营费用大大提高。为解决以上视觉问题，将隧道划分为若干个照明段落，使各区段的照明亮度值按梯度逐步变化过渡，如图5-34所示。在保证行车安全的条件下，把亮度维持在一个较低的水平上，从而达到安全、经济、节能的目的。

由此，公路隧道中对不同的照明区段有不同的照明标准要求。

① 入口段：进入隧道的第一照明段，是使驾驶员视觉适应由洞外高亮度环境向洞内低亮度环境过渡设置的照明段。入口段照明仅需满足亮度要求。亮度是指发光体光强与光源面积之比，即单位投影面积上的发光强度，亮度的单位符号是 cd/m²。

入口段宜划分为 TH_1、TH_2 两个照明段，与之对应的亮度应分别按式（5-5）、式（5-6）计算。

$$L_{TH_1} = k \times L_{20}(S) \tag{5-5}$$

$$L_{TH_2} = 0.5 \times k \times L_{20}(S) \tag{5-6}$$

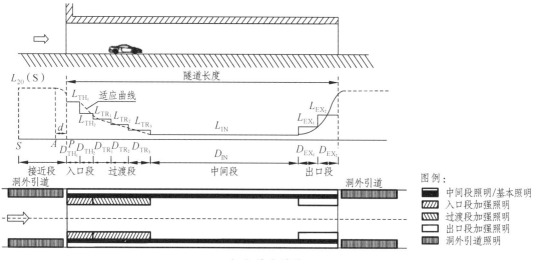

（a）单向隧道

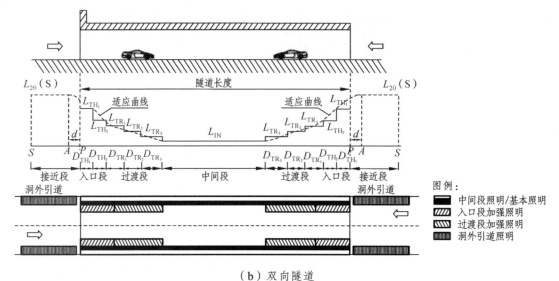

（b）双向隧道

图 5-34　公路隧道照明区段划分

式中：L_{TH_1}——入口段 TH_1 的亮度（cd/m²）；

$\quad\quad\quad L_{TH_2}$——入口段 TH_2 的亮度（cd/m²）；

$\quad\quad\quad k$——入口段亮度折减系数；

$\quad\quad\quad L_{20}(S)$——洞外亮度（cd/m²）。

洞外亮度 $L_{20}(S)$ 是指在接近段起点 S 处，距地面 1.5 m 高，正对洞口方向 20°现场实测得到的平均亮度。

②过渡段：隧道入口段与中间段之间的照明段，是使驾驶员视觉适应由隧道入口段的高亮度向洞内低亮度过渡设置的照明段。过渡段照明也仅需满足亮度要求，按渐变递减原则划分为 TR_1、TR_2、TR_3 3 个照明段，与之对应的亮度应按式（5-7）~式（5-9）计算。

$$L_{TR_1} = 0.15 \times L_{TH_1} \tag{5-7}$$

$$L_{TR_2} = 0.05 \times L_{TH_1} \tag{5-8}$$

$$L_{TR_3} = 0.02 \times L_{TH_1} \tag{5-9}$$

长度 $L \leqslant 300$ m 的隧道，可不设置过渡段加强照明；长度 300 m$<L \leqslant 500$ m 的隧道，当在过渡段 TR_1 能完全看到隧道出口时，可不设置过渡段 TR_2、TR_3 加强照明；当 TR_3 的亮度 L_{TR_3} 不大于中间段亮度 L_{in} 的 2 倍时，可不设置过渡段 TR_3 加强照明。

③中间段：沿行车方向连接入口段或过渡段的照明段，是为驾驶员行车提供最低亮度要求设置的照明段。中间段照明需满足亮度、闪烁频率、路面亮度均匀度等要求。闪烁频率是指设计速度与布灯间距之比。路面亮度均匀度包括路面亮度总均匀度与路面中线亮度纵向均匀度。路面亮度总均匀度是指路面上最小亮度与平均亮度的比值。路面中线亮度纵向均匀度是指路面中线上的最小亮度与最大亮度的比值。

中间段照明亮度宜按表 5-7 取值。

表 5-7　中间段照明亮度　　　　　　　　　　　　　　　　单位：cd/m^2

设计速度/（km/h）	单向交通		
	$N \geqslant 1\,200$ veh/（h·ln）	350 veh/（h·ln）$< N <1\,200$ veh/（h·ln）	$N \leqslant 350$ veh/（h·ln）
	双向交通		
	$N \geqslant 650$ veh/（h·ln）	180 veh/（h·ln）$< N <650$ veh/（h·ln）	$N \leqslant 180$ veh/（h·ln）
120	10.0	6.0	4.5
100	6.5	4.5	3.0
80	3.5	2.5	1.5
60	2.0	1.5	1.0
20～40	1.0	1.0	1.0

注：① N 为每车道设计小时交通量。

　　② 当设计速度为 100 km/h 时，中间段亮度可按 80 km/h 对应亮度取值。

　　③ 当设计速度为 120 km/h 时，中间段亮度可按 100 km/h 对应亮度取值。

当隧道内按设计速度行车时间超过 20 s 时，照明灯具布置间距应满足闪烁频率低于 2.5 Hz 或高于 15 Hz 的要求。

路面亮度总均匀度 U_0 不应低于表 5-8 所示值。

表 5-8　路面亮度总均匀度 U_0

设计小时交通量 N/[veh/（h·ln）]		U_0
单向交通	双向交通	
$\geqslant 1\,200$	$\geqslant 650$	0.4
$\leqslant 350$	$\leqslant 180$	0.3

路面中线亮度纵向均匀度 U_1 不应低于表 5-9 所示值。

表 5-9　路面中线亮度纵向均匀度 U_1

设计小时交通量 N/[veh/（h·ln）]		U_1
单向交通	双向交通	
$\geqslant 1\,200$	$\geqslant 650$	0.6
$\leqslant 350$	$\leqslant 350$	0.5

④ 出口段：隧道内靠近隧道行车出口的照明段，是使驾驶员视觉适应洞内低亮度向洞外高亮度过渡设置的照明段。出口段亮度按中间段亮度线性增加。出口段宜划分为 EX$_1$、EX$_2$ 两个照明段，每段长度宜取 30 m，与之对应的亮度应按式（5-10）、式（5-11）计算。

$$L_{EX_1} = 3 \times L_{IN} \tag{5-10}$$

$$L_{EX_2} = 5 \times L_{IN} \tag{5-11}$$

长度 $L \leqslant 300$ m 的直线隧道可不设置出口段加强照明；长度 300 m$< L \leqslant 500$ m 的直线隧道可只设置 EX$_2$ 出口段加强照明。

⑤ 应急照明：亮度不应小于中间段亮度的 10%，且不低于 0.2 cd/m^2。

⑥洞外引道照明：当隧道处于无照明路段时，容易出现因洞内外亮度反差引起的视觉偏差，故规定适当设置引道段照明，以利于驾驶员提前察觉隧道状况或洞外道路状况。洞外引道设置亮度与长度不宜低于表5-10所示值。

表5-10 洞外引道设置亮度与长度

设计速度 $v/$（km/h）	亮度/（cd/m^2）	长度/m
120	2.0	240
100	2.0	180
80	1.0	130
60	0.5	95
20～40	0.5	60

（2）铁路隧道照明标准。

铁路隧道运营时，由于火车或高铁车身前自带大灯，其轨面上的最小照明要求较低，照度仅为1 lx。而当工作人员在铁路隧道内进行维修、巡查等作业时，除手持照明设备提供的照明外，铁路照明系统应提供给轨面的照度需要在15 lx以上。其中，勒克斯（lx）是照度的单位，用于评价单位面积的照明强度。

（3）地铁照明标准。

地铁各场所正常照明的照度标准值应符合表5-11的规定。根据建筑等级、使用情况、所处地区等因素，车站站台、站厅、通道等公共场所照度可提高或降低一个照明等级。

2. 地下民用建筑照明标准

（1）地下商场照明标准。

地下商场作为人流量较大、人员长期活动的公共空间，其照明要求更加复杂，其照度标准如表5-12所示。

表5-11 城市轨道交通各类场所正常照明的标准值

类别	场所	参考平面及其高度	照度/lx	统一眩光限值 UGR_L	显色指数 R_a	备注
车站	出入口门厅、楼梯、自动扶梯	地面	150		80	考虑过渡照明
	通道	地面	150		80	
	站内楼梯、自动扶梯	地面	150		80	
	售票室、自动售票机	台面	300	19	80	
	检票处、自动检票口	台面	300		80	
	站厅（地下）	地面	200	22	80	
	站台（地下）	地面	150	22	80	
	办公室	台面	300	19	80	VDT工作应注意避免反射眩光
	会议室	台面	300	19	80	
	休息室	0.75 m水平面	100	19	80	

类别	场所	参考平面及其高度	照度/lx	统一眩光限值 UGR_L	显色指数 R_a	备注
车站	盥洗室、卫生间	地面	100		60	
	行车、电力、机电、配电等控制室或综控室	台面	300	19	80	VDT工作应注意避免反射眩光
	变电、机电、通号等设备用房	1.5 m垂直面	150	22	60	
	泵房、风机房	地面	100	22	60	
	冷冻站	地面	150	22	60	
	风道	地面	10		60	
线路	隧道	轨平面	5		60	注意避免直接眩光
	道岔区	轨平面	20		60	
		混凝土梁轨平面	100		60	有监控需要时

注：VDT 为视频显示终端（Viual Display Terminal）。

表 5-12　地下商场照明的照度标准值

类别		参考平面	照度标准值/lx		
			低	中	高
商场营业厅	通道区	距地 0.75 m 水平面	75	100	150
	柜台	柜台水平面	100	150	200
	货架	距地 1.5 m 处垂直平面	100	150	200
	陈列柜和橱窗	货物所处平面	150	200	300
收款处		收款台水平面	150	200	300
库房		距地 0.75 m 水平面	30	50	75

（2）地下停车场照明标准。

地下停车场内的照明亮度需要均匀分布，其照度标准如表 5-13 所示。

表 5-13　地下停车场照明的照度标准值

类别	参考平面	照度标准值/lx		
		低	中	高
车道	地面	30	50	75
停车位	地面	20	30	50

3. 地下市政管道工程照明标准

地下市政管道工程内为工作人员检修提供照明，因此要求其人行道照度最低为 15 lx，在需要进行操作的设备处和出入口提供局部照明，要求照度最低为 100 lx，监控室等房间内要求照度最低为 300 lx，应急照明照度最低为 5 lx。

5.3.5 地下工程照明设计

由于不同地下工程对照明的需求、照明标准不同，故其照明设计也不同。

1. 地下交通工程照明设计

（1）公路隧道照明设计。

在进行公路隧道照明设计时，需要根据现场调查确定洞外亮度，根据设计车速、交通方式、交通流量、空气透过率等将隧道划分为入口段、过渡段、中间段、出口段等若干照明段落，并将各段的照明亮度值按梯度逐步变化过渡。在保证行车安全的条件下，把亮度维持在一个较低的水平上，从而达到安全、经济、节能的目的。

公路隧道运营照明设计具体计算方法及公式可以参考《公路隧道照明设计细则》（JTG/T D70/2-01—2014）等相关规范，其一般流程如下：

① 调查洞口朝向及洞外环境。洞外环境包括隧址区域地形、植被条件、洞外路段的平纵线形和气象状况等。

② 初步判断或现场测定洞外亮度。洞外亮度是隧道照明的重要基准之一，隧道朝向、20°视场范围内天空面积百分比、植被条件、洞门装饰对洞外亮度影响较大。洞外亮度的合理确定需要待隧道洞口工程完工后才能通过现场实测获得，因此在设计之初需要对洞外亮度值进行预估。

③ 根据交通量变化分别确定各分期设计年入口段、过渡段、中间段和出口段的亮度指标。

④ 选择节能光源与高效灯具，结合隧道断面形式和灯具类型等因素确定灯具安装方式、位置。

隧道内照明灯具布置有中线形式、中线侧偏形式、两侧交错和两侧对称的形式。照明灯具的布置形式影响照明系统的效率，中线布置、中线侧偏布置比两侧布置效率高，两侧交错布置比两侧对称布置效率高。通常的照明灯具布置形式如图 5-35 所示。

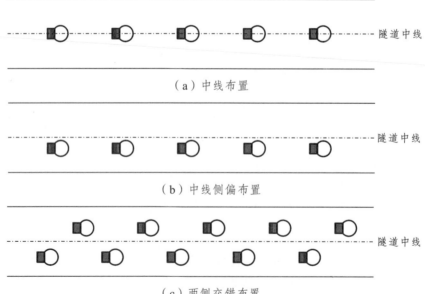

（a）中线布置

（b）中线侧偏布置

（c）两侧交错布置

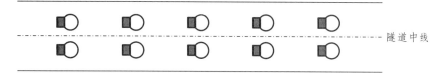

（d）两侧对称布置

图 5-35　灯具布置形式

⑤ 根据路面材料与灯具光强分布，计算各段灯具布置间距、路面均匀度等。

⑥ 洞口土建完工后，对洞外亮度进行现场实测验核。

此外，由于公路隧道在运营期间产生的费用大部分来源于照明，为了降低照明费用也常在隧道洞外采用太阳能遮阳棚等减光措施。利用太阳能代替电能的同时，利用遮光棚降低洞外亮度，降低隧道照明亮度需求的同时降低了隧道能源消耗。

（2）铁路隧道照明设计。

铁路隧道应根据需要设置正常照明、应急照明及照明插座箱等。在正常运营时隧道照明灯可不开启；天窗时间，工作人员在隧道内巡检时使用隧道照明；事故情况下，列车停留在隧道内时，开启该隧道内全部照明。

铁路隧道灯具要适应隧道内潮湿、有水、通风不良的环境，要求密封性能良好，且散热良好，灯具用水冲洗清洁时不能进水。此外，灯具要具有良好的抗风和防震性能，在高速列车通过时保证光源具有较高的使用寿命。

隧道照明灯具在单线隧道内宜布置在一侧，双线隧道内宜布置在两侧，并优先采用交错布置方案。无应急照明的隧道，其灯具至轨面的安装高度不宜小于 3.5 m，设有应急照明的隧道，其灯具至疏散通道地面的安装高度不宜大于 3.0 m。在疏散和救援路线上，均应设置疏散指示标志，指示疏散方向和距离，其安装间距不宜大于 30 m，并应安装在距地面 1.0 m 及以下的墙面上。

（3）地铁照明设计。

根据区域的不同，地铁分为设备区照明和公共区照明（含出入口照明）和区间照明。

设备区照明一般采用跷板开关设置于房间门口控制。对于面积较大的房间，灯具较多时，采用双联、三联、四联开关或多个开关进行控制。由于地铁的设备房间只允许有权限的工作人员进入，因此基本能够做到人来开灯、人走灭灯的节电运行。

公共区照明要求给广大乘客提供舒适的照明环境，使照明具有人性化，通过合理的管理，在需要的时间、区域打开灯具，优化能源利用率；设置便于操作和管理、灵活多变、维护成本低廉的照明控制系统。公共区照明主要包括正常照明和疏散照明。其中正常照明由基本照明和叠加照明两部分构成，各占整个正常照明容量的约 50%。正常状态下，疏散照明作为基本照明的一部分进行设置。车站公共区的照明通过两种类型的照明配电箱（基本照明配电箱和叠加照明配电箱）进行配电，并通过设备管理系统（简称 BAS 系统）进行控制：在运营高峰时全部打开；在运营高峰过后可关闭叠加照明，由基本照明和疏散照明作为公共区照明；在运行结束后可根据需要关闭全部基本照明，由疏散照明作为公共区值班和保安照明。车站公共区正常照明由照明配电室就地控制，通过设在车站综合控制室的 BAS 系统集中控制，控制中心远程监控。根据时段（客流的多少）分部控制灯具，进行全亮、部分亮以及全不亮的控制，从而做到相对的节能控制。

地铁车站之间的隧道段叫作区间。区间照明即是地铁的隧道照明。区间照明分工作照明和应急照明，照明灯具布置在行车方向的左侧上部墙壁上，每隔 5~6 m 布置一盏照明灯具。工作照明和应急照明相间布置，每隔两盏工作照明灯设置一盏应急照明灯，即每隔 15 m 设一个应急照明灯。

2. 地下民用建筑照明设计

（1）地下商场照明设计。

地下商场的服务对象是适应了自然光的顾客，他们从自然光环境进入地下商场的人工照明环境，照明的性质与强度都发生了变化。尤其地下商场的温度较为恒定，近年建造的地下商场多数设有空调系统，形成温暖的空间。为使顾客适应地下的视觉环境，在光源色温的选择上，当选接近天空的色温为好。这种光源呈现的白色和微蓝色光给人以凉爽、清澈的感觉，可以改善不利的环境因素所带来的负面影响。接近天空色温的光源灯有荧光灯和白炽灯等。综合考虑地下商场的照度要求与有限的顶棚高度，目前较为常用的是荧光灯与自然光等光源。

商店的一般照明应按商店的营业状态、商品的内容、所在地区的条件、陈列方式等来考虑，其照度和重点照明的照度应有适当的比例，灯具的布置应力求简洁、明快，且要在店内形成一定的风格。不仅要考虑水平面照度，也应考虑垂直面照度。明亮程度要适当，若把一般照明的照度取得很高，则为了让顾客注意就要增加几倍重点照明的亮度，结果是浪费电力。

重点照明是为了重点把主要商品和主要场所照亮，以增加顾客的购买欲望，如图 5-36 所示对珠宝店进行了重点照亮，从而增加了珠宝光泽。照度依商品的种类、大小、陈列方式等而定，必须要有和店内一般照明相适应的良好照度。在选择照明方式时，还要考虑商品的立体感、光泽及色彩等。重点照明的照度应为一般照明照度的 3~5 倍。如果需要突出商品表面的光泽，可以利用高亮度光源；如果要突出商品的立体感和质感可以设置强烈的定向光；如果需要突出商品的色泽，则应选用高显色性灯光。

图 5-36　重点加强珠宝照明

装饰照明是表现商店业务状态和店面风格的气氛照明，如图 5-37 所示，通过灯具的外形或把灯具排列成装饰性图案，使店内产生富有生气的光线。重要的是在使用装饰照明时，不能把它兼作一般照明用，不然就会减弱商品给人的印象，而商品的印象是极为重要的。原则上，单以装饰为目的的照明只能独立地来考虑，而不能把一般照明和重点照明省掉。

图 5-37　餐厅装饰照明

在地下商场的照明设计中，依靠一般照明、重点照明、装饰照明的合理配置不仅可以为顾客营造一个理想的购物环境，还能增加商品的附加值。与此同时，为了使进店的顾客能很好地知道各售货处的位置，基本上必须依靠一般照明、重点照明和装饰照明等灯具的种类、配置和照度差别来进行有效处理。

有条件的情况下，过渡照明宜采用自然光与人工照明相结合的方式，比如在楼梯上方设天然采光窗，过渡照明效果良好且起到节能效果。考虑过渡照明，白天入口处亮度变化在 10：1～15：1 之间取值，夜间室内外亮度变化按 3：1 取值，建议地下商场出入口地面建筑白天人工照明的照度为 150～300 lx，夜间照度为 50～100 lx，出入口通道照明为 50～150 lx，依照室外亮度不同取不同的值。

（2）地下停车场照明设计方法。

地下停车场通常较潮湿，加之汽车尾气等污染，环境相对污浊，因此需要选用密闭防水防尘型灯具。由于 LED 灯源体积小、响应快和功率大小可以随意调整的特点，其应用广泛且性价比高，在地下停车场照明中优先采用 LED 光源。

布灯时为了降低行车时的眩光感，并考虑引导行车的作用，在行车道方向灯具的长轴方向应与行车方向一致，灯具的配置与车道呼应且排列整齐，从而体现照明的引导性。停车方向（即车身长轴方向）一般与行驶方向垂直，考虑车位区域照明的均匀性、美观性和一致性，车位上方的灯具长轴应与车身长轴方向垂直，如图 5-38 所示。

（a）不合理的布灯方式
（灯具的长轴方向与行车方向不一致）

（b）合理的布灯方式
（灯具的长轴方向与行车方向一致）

图 5-38　布灯方式对比

车库照明的布置相对比较简单，可以分为 3 个区域来考虑。

车道照明可在一个柱距内设置 4 盏灯具，为了灯具的节能控制，把灯具分为 3 组：1/4 应急照明、1/4 一般照明和 2/4 一般照明，其中应急灯具兼作值班照明，间隔布置，方便控制。

车位照明可在一个柱距内设置 2 盏灯具，根据柱距的实际尺寸来确定采用单管灯还是双管灯，一般来说与车道灯具一致，此时照度和功率密度是可以满足规范要求的。由于立体车库及平层车库车位上方管道较少，可采用线管敷设，以减少造价。

辅助用房主要包括车库风机房、库房及其他设备用房等。其中车库风机房属消防设备用房，其照明属于火灾备用照明，应从事故照明箱引接电源。一般每个机房都单独回路配电，风机房及其他设备机房管道较多，灯具宜采用壁装荧光灯。

地下停车场照明具体设计案例：乌鲁木齐建咨园地下停车场照明设计。该地下停车场位于乌鲁木齐市经济技术开发区主干道维泰北路东侧，泰山路北侧，工程总建筑面积 29 329.05 m^2；地下建筑层数两层，其中地下负一层高度为 4.0 m，负二层高度为 3.9 m；车位 744 个，规模为大型汽车库；停车场为一类车库，防火等级一类，耐火等级为一级，地下防水为一级，工程设计合理使用年限为土建 50 年。

灯具主要以 36 W 单管荧光灯为主，灯具的安装高度为 2.6 m，灯具系统之间的间距为 5 m。照明采用人工与自动控制结合的控制方式，不利天气环境条件下照明系统可通过人工控制的方式满足使用需求。

3. 地下市政管道工程照明设计

地下市政管道工程通常需要专人对其进行定期检修，在检修过程中需要对其进行高亮度照明。然而无论是检修人员手持或头戴或借助其他工具来固定照明都比较麻烦，严重影响检修效率。若是在管道工程内常设多个高亮度照明区域，那么又会产生较大的能耗。因此，解决地下市政管道工程亮度问题应合理安排灯具，在需要维修细节的地方提供更高的照度，而在过道等地方提供相对较低的光效。

地下市政管道工程的照明系统一般需要从一般照明和应急照明两方面进行设计。如果把用途作为分类依据，可以把照明系统分为 5 部分，即管廊的一般照明、应急照明、疏散照明、设备房的一般照明与应急照明。在进行照明系统设计时，需要综合考虑节能、维修的安全和便利以及紧急疏散等方面的需求。在具体的设计过程中，要在特殊位置提升照明亮度与照明保障，比如地下管廊出入口、设备操作地点以及控制室等关键位置。

地下市政管道工程照明具体设计案例：湘潭市荷塘支路地下综合管廊照明设计。该地下综合管廊内包含给水、弱电、强电，设置于荷塘支路十一绿道、绿化带下 2.5 m，采用 3.0 m×2.8 m 断面；照明每间隔 10 m 设一盏 18 W 的节能灯，供局部的维修照明使用，采用工作灯补偿的方式，每隔 60 m 设一台 15 kW 的插座箱；人员进出口处，灯的开关带感应装置；设计了铅蓄电池组作为紧急事故应急灯的电源，以防紧急停电造成的不必要的后果；管廊内照明选用集中控制的方式来进行合理高效的控制。

5.4 地下工程运营监控

5.4.1 地下工程运营监控的目的

地下工程的运营监控是指对地下工程运营环境、运营状态以及其他与地下工程服务密切相关的各项工作内容进行实时数据采集、记录，并实现预警等多种功能的总称。

各类地下工程运营监控的目的有相似性也有不同性。在监控地下工程通风状态和照明状态方面，各类地下工程监控目的基本一致，均为依据实时采集的数据，控制设备的启动状态，保证通风、照明环境满足地下工程正常运营需求。在监控地下工程潜在风险方面，各类地下工程略有不同，地下交通工程主要监控所通行的交通工具的运营情况，如公路隧道内观察是否发生车辆阻塞、碰撞、自燃等潜在风险；地下民用建筑主要监控人员工作状态以及潜在的灾害情况，如地下商场内观察是否有偷盗等犯罪行为，是否存在火灾等灾害的初期状态；地下市政管道工程主要监控管线的运营状态，并用于维护期间保证维修人员处于安全的作业环境。

针对不同类型的地下工程所设置的监控系统略有不同，其考虑的侧重点也有所不同。综合各类地下工程可以看出，地下工程监控系统大体可以分为通风与控制系统、照明与控制系统、闭路电视系统（CCTV）、火灾报警系统、有线广播系统、应急电话系统等，交通隧道中可能还包括交通诱导及控制系统和限界检测系统等，具体内容如图 5-39 所示（虚线框内为公路隧道设置内容）。

5.4.2　地下工程运营监控设备

不同类型的地下工程由于其运营监控目的不同，其地下工程运营监控的内容及所布置的监控设备也有所不同，大体上可分为环境监测设备、报警设备、广播设备、闭路电视设备等多种类型设备。在地下交通工程中，尤其是公路隧道中还会再设置车辆检测设备、交通诱导及控制设备等多种类型的设备。上述设备将会由电缆及供电系统连接起来，最终形成可视化的控制平台。

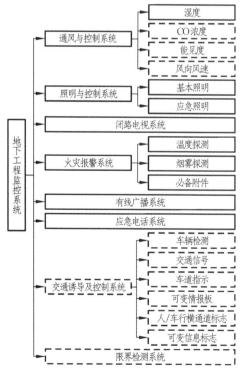

图 5-39　地下工程监控系统组成

环境监测设备主要包括 CO 浓度检测器、能见度检测器、风速风向检测器、亮度检测器等，如图 5-40 ~ 图 5-43 所示，其监测结果用于指导通风系统及照明系统的开启状态。

图 5-40　CO 浓度检测器

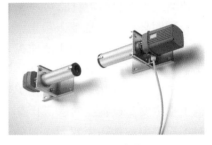

图 5-41　能见度检测器

图 5-42　风速风向检测器

图 5-43　亮度检测器

报警设备主要包括应急电话、烟雾探测器、温度探测器、手动报警按钮及声光报警器等，如图 5-44 ~ 图 5-47 所示。烟雾探测器及温度探测器探测结果用于提示控制中心人员可能发生火灾，应急电话及手动报警按钮用于火灾发生后受灾人员向控制中心工作人员报警及通信，声光报警器用于向地下工程内其他人员预警。

图 5-44　应急电话

（a）烟雾探测器　　（b）温度探测器

图 5-45　烟气及温度检测器

图 5-46　手动报警按钮

图 5-47　声光报警器

广播设备主要为扬声器设备,如图 5-48、图 5-49 所示,在地下工程中用于通知事项、寻人或指示灾后疏散路线等。

图 5-48　隧道内扬声器　　　　　　　　图 5-49　车站或地下民用建筑扬声器

闭路电视设备主要包括摄像机、电视监视器、硬盘录像机以及画面处理器等,如图 5-50~图 5-53 所示。摄像机主要用于获取地下工程内图像,电视监视器用于显示所获取的图像,硬盘录像机用于记录并保存图像,画面处理器用于将传输过来的图像解码显示。

图 5-50　摄像机　　　　　　　　　　　图 5-51　电视监视器

图 5-52　硬盘录像机　　　　　　　　　图 5-53　画面处理器

车辆检测设备主要包括车辆检测器和超高车辆检测器等,如图 5-54、图 5-55 所示。车辆检测器所获取的交通参数主要用于信息检测和阻塞自动判断,超高车辆检测器主要用于检测车辆轮廓是否满足地下工程限界要求。

交通诱导及控制设备包括车道控制标志、交通信号灯、可变情报板和可变限速标志等,如图 5-56~图 5-59 所示。车道控制标志用于提示车道通行情况,交通信号灯用于控制地下交通工程内外交通情况,可变情报板用于提示地下交通工程内外通行及事故情况,可变限速标志用于控制地下交通工程内车辆行驶速度。

图 5-54　车辆检测器

图 5-55　超高车辆检测器

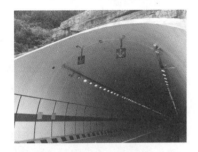

图 5-56　车道控制标志

图 5-57　交通信号灯

图 5-58　可变情报板

图 5-59　可变限速标志

5.4.3　地下工程运营监控设置条件

地下工程运营监控系统一般结合地下工程规模及其具体需求分级、分区设置，不同类型地下工程运营监控系统分级、分区方法及其考虑因素不同。本节仅以公路隧道、地下商场、地下综合管廊为例，分别阐明地下交通工程、地下民用建筑、地下市政管道工程运营监控系统设置条件。

1. 地下交通工程

地下交通工程涵盖公路隧道、铁路隧道、铁路地下车站、地铁区间隧道、地铁车站等多种地下工程，本节仅以公路隧道为例简述地下交通工程运营监控系统分级设置条件。

公路隧道设置运营监控系统是为了满足隧道交通安全保障的需要。不同的隧道在结构、道路线形、交通量、车道数等方面均会有一定的出入，导致其在线路中的重要程度不同，进而影响其监控系统的设置标准。根据隧道的长度和交通量，我国《公路隧道设计规范　第二册　交通工程与附属设施》（JTG D70/2—2014）将公路隧道监控系统设计标准分为 A+、A、

B、C、D 等 5 个等级，可结合隧道交通工程分级图（图 5-60），确定其设计等级。

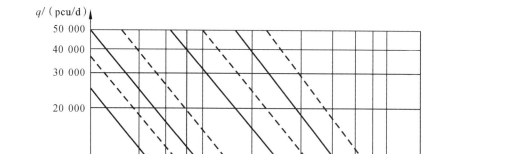

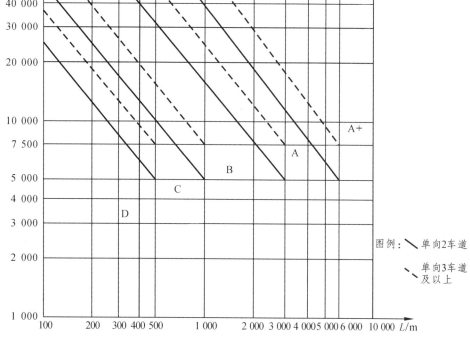

q ——隧道单洞（单向）小客车当量（$AADT$），单位为年平均日交通量（pcu/d）。

L——隧道单洞长度,单位为米（m）。

图 5-60　隧道交通工程分级

根据隧道交通工程分级，参考《公路隧道设计规范　第二册　交通工程与附属设施》(JTG D70/2—2014)对不同等级公路隧道监控系统设置的规定（部分内容如表 5-14 所示），确定该公路隧道中应设置的运营监控子系统及设备。

表 5-14　高速公路隧道运营监控设备配置

设施名称		各类设施分级				
		A+	A	B	C	D
环境监测设备	CO 浓度检测器	★	★	■	▲	—
	能见度检测器	★	★	■	▲	—
	风速风向检测器	★	★	★	▲	—
	亮度检测器等	★	★	★	■	—
报警设备	应急电话	★	★	★	▲	—
	烟雾探测器	●	●	★	▲	—
	温度探测器	●	●	★	▲	—
	手动报警按钮	●	●	●	▲	—
	声光报警器	环境噪声大于 60 dB 的场所				

设施名称		各类设施分级				
		A+	A	B	C	D
广播设备		★	★	★	▲	—
闭路电视设备		●	●	★	▲	—
车辆检测设备	车辆检测器	★	★	■	▲	—
	超高车辆检测器	★	★	■	▲	—
交通诱导及控制设备	车道控制标志	●	●	★	★	▲
	交通信号灯	★	★	★	■	—
	可变情报板	★	★	▲	▲	—
	可变限速标志	★	★	■	▲	—

注：① "●"：必须设；"★"：应设；"■"：宜设；"▲"：可设；"—"：不作要求。

② 采用机械通风的隧道，应按表中所列要求设置能见度检测器、CO检测器、风速风向检测器；不采用机械通风的隧道则不作要求。

2. 地下民用建筑

地下民用建筑涵盖地下商场、地下车库等多种地下工程，地下民用建筑设置运营监控系统需要满足民用建筑相关设计标准，如《民用建筑电气设计标准》（GB 51348—2019）等。各运营监控子系统设备多按照分区设置的理念进行配置，此处仅以地下民用建筑不同区域监控摄像机设置要求为例，阐明地下民用建筑运营监控系统的分区设计要求，如表5-15所示。

表5-15 部分地下民用建筑监控摄像机设置要求

部位	建设项目				
	旅馆建筑	商店建筑	办公建筑	观演建筑	体育建筑
车行人行出入口	★	★	★	★	★
主要通道	★	★	★	★	★
大堂	★	■	★	★	★
总服务台、接待处	★	★	■	■	★
电梯厅、扶梯、楼梯口	■	■	■	■	★
电梯轿厢	★	★	★	★	★
售票、收费处	★	★	★	★	★
卸货处	■	★	—	★	—
重要部位	★	★	★	★	★
物品存放场所出入口	★	★	■	★	★
检票、检查处	—	—	—	★	★
营业厅、等候区	■	■	■	■	■

注："★"：应设；"■"：宜设；"—"：不作要求。

3. 地下市政管道工程

地下市政管道工程主要指地下给（排）水管道、通信管道、电缆等汇聚在一起的共同沟，代表形式为地下综合管廊。地下综合管廊内运营监控系统多依据舱室内容纳管线不同进行设计，如在消防子系统设计过程中，需先依据舱室内容纳管线种类，确定其舱室火灾危险性类别，进而明确需要设置的消防设施，其划分标准如表 5-16 所示。

表 5-16　综合管廊舱室火灾危险性分类

舱室内容纳管线种类		舱室火灾危险性类别
天然气管道		甲
阻燃电力电缆		丙
通信线缆		丙
热力管道		丙
污水管道		丁
雨水管道、给水管道、再生水管道	塑料管等难燃管材	丁
	钢管、球墨铸铁管等不燃管材	戊

此外，由于舱室内容纳管线不同，即使需要设置的运营监控子系统等级相同，其需要检测的内容也可能存在差异，进而在子系统检测器的选取上产生一定的差异，例如综合管廊内受舱室容纳管线类别不同，其环境参数检测内容也有所不同，如表 5-17 所示。

表 5-17　环境参数监测内容

舱室容纳管线类别	给水管道、再生水管道、雨水管道	污水管道	天然气管道	热力管道	电力电缆、通信电缆
温度	★	★	★	★	★
湿度	★	★	★	★	★
水位	★	★	★	★	★
O_2	★	★	★	★	★
H_2S 气体	■	★	■	■	■
CH_4 气体	■	★	★	■	■

注："★"：应监测；"■"：宜监测。

5.4.4　地下工程运营监控系统设计

地下工程运营监控系统设计流程：首先，依据地下工程类型，确定该地下工程运营监控系统分级、分区的设计标准；其次，依据分级、分区设计标准，选取需要运营监控的内容；再次，参考相关规范，设计检测器安装距离、高度等参数；最后，在地下工程内安装相应的检测器。本节以厦门第二西通道（海沧隧道）以及京张高铁八达岭长城站为例，阐明地下工程监控系统设计流程及其设计成果。

1. 厦门第二西通道（海沧隧道）

厦门第二西通道（海沧隧道）为连接厦门本岛与东部翔安区、西部海沧区的第二条海底公路隧道，设计标准为一级公路标准，设计车速 80 km/h，双向六车道。主线隧道全长约 6.28 km，除主线隧道外，跨海段还设有服务隧道。此外，为解决厦门第二西通道（海沧隧道）与石鼓山立交的交通衔接问题，隧道内还设置了 A、B、C 三座匝道，长度分别为 121 m、280 m 以及 590 m，如图 5-61 所示。

图 5-61　厦门第二西通道（海沧隧道）示意

参照《公路隧道设计规范 第二分册 交通工程及附属设施》（JTG D70/2—2014）、《公路工程技术标准》（JTG B01—2014）等相关规范，对厦门第二西通道（海沧隧道）运营监控系统进行设计。经过推算，该隧道运营监控等级为 A+ 级，因此隧道内设置了环境监测设备、报警设备、广播设备、闭路电视设备和交通诱导及控制设备。依据规范给出的相关安装参数建议，最终形成了厦门第二西通道（海沧隧道）运营监控系统，其具体设计情况如表 5-18 所示。

表 5-18　厦门第二西通道（海沧隧道）运营监控系统设置详情

设施名称		单位	数量	备注
环境监测设备	CO 浓度检测器	套	17	3 种检测器在隧道内安装位置相近
	能见度检测器	套	17	
	风速风向检测器	套	17	
	亮度检测器等 洞内光强检测器	套	3	—
	洞外光强检测器	套	3	—
报警设备	应急电话 洞内壁挂式紧急对讲终端	台	90	—
	洞外壁挂式紧急对讲终端	台	7	—
	烟雾探测器	套	56	用于变电所、风机房和泵房；2 种探测器安装位置相近
	温度探测器	套	56	
	手动报警按钮	套	339	用于主线隧道；安装位置与洞内声光报警器相近
		套	78	用于服务隧道
	声光报警器 洞内声光报警器	套	339	安装位置与手动报警按钮相近
	洞外声光报警器	套	3	—
广播设备	高音号角喇叭 30 W	个	351	—
闭路电视设备	全景摄像机	套	2	设置于隧道洞口和外场
	人脸识别高清摄像机	套	46	—
	星光级高清摄像机	套	132	—
	星光级高清球机	套	178	—

设施名称			单位	数量	备注
闭路电视设备	HD-SDI 高清数字快球		套	57	设置于隧道内
			套	1	设置于隧道外
	星光级球机		套	31	设置于服务隧道
	半球摄像机		套	3	2 套设置于监控大厅,1 套设置于消控室,1 套设置于会议室
			套	6	2 套设置于机房,4 套设置于收费站变电所
交通诱导及控制设备	车道控制标志	双面双显可变车道控制标志	套	113	设置于隧道内
			套	2	设置于 C 匝道
	交通信号灯		套	8	设置于隧道入口
	可变情报板	门架式可变情报板	套	3	设置于隧道外
		小型可变情报板	套	20	设置于隧道内
	可变限速标志		套	3	设置于隧道外

2. 京张高铁八达岭长城站

京张高铁八达岭长城站作为京张高铁唯一的地下车站,具有三层三纵式复杂的结构,地下建筑涵盖进站通道层、出站通道层以及站台层,车站最大埋深约为 102 m,总建筑面积达到 49 500 m²,其地下建筑形式如图 5-62 所示。

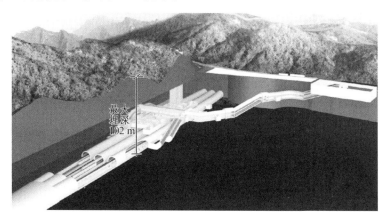

图 5-62　京张高铁八达岭地下站示意

参照《高速铁路设计规范》(TB 10621—2014)、《铁路电力设计规范》(TB 10008—2015)、《建筑设计防火规范》(GB 50016—2014)等相关规范,对京张高铁八达岭长城站运营监控系统进行设计。通过分析,由于八达岭长城站主要通行对象为人,因此在地下车站内仅设置了报警设备、广播设备、闭路电视设备,用于监测人员在站内通行情况,并实现及时发现潜在风险的作用。同时,考虑到八达岭长城站内各层、各区域功能不同,因此运营监控设备设置侧重点有所不同,如闭路电视设备在进出站通道以及站台设置较多,在风机房、工作区等区域设置较少;广播设备在进出站通道、站台以及工作区走廊设置较多,在风机房等区域设置较少。这里以出站通道层部分区域为例，说明八达岭长城站运营监控系统具体设计情况，如图 5-63、图 5-64 所示。

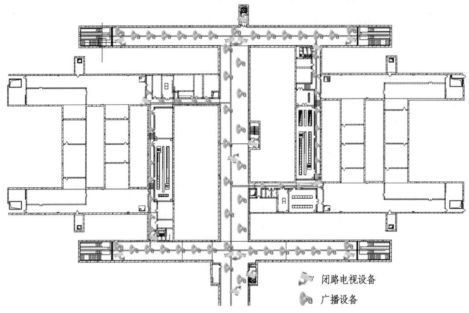

图 5-63　八达岭长城站出站通道层部分区域闭路电视及广播设备设计示意

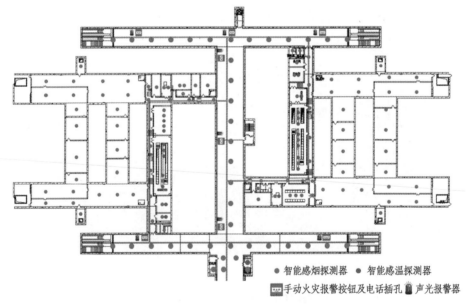

图 5-64　八达岭长城站出站通道层部分区域报警设备设计示意

5.5　地下工程养护

5.5.1　地下工程养护的目的

地下工程养护指的是为保证地下工程土建结构、机电设施以及其他工程设施正常使用而进行的经常性保养、维修，预防和修复灾害性损坏，以及提高使用质量和服务水平而进行的加固、改善或增建。各类地下工程养护的目的基本相同，均是保证地下工程土建结构、机电设施和其他工程设施具有良好的耐久性和满足耐久性要求的使用寿命。若养护维修管理不善，会出现劣化现象或加速劣化的发展，进而造成土建结构、机电设施和其他工程设施等部分耐久性降低或使用寿命的缩短。此外，为充分发挥地下工程使用功能，应尽可能保证地下工程使用环境良好。因此，需要对地下工程土建结构、机电设施和其他工程设施进行养护维修，不断延长其使用寿命。

地下工程养护范围包括土建结构、机电设施以及其他工程设施。其中，土建结构主要是指地下工程的各类土木建筑工程结构物，包括边仰坡、洞门、衬砌、路面、防排水设施、斜（竖）井、检修道及风道等结构物。机电设施是指为地下工程运行服务的相关设施，包括供配电设施、照明设施、通风设施、消防设施、监控与通信设施等。以地下交通工程为例，其地下工程养护内容如图 5-65 所示。

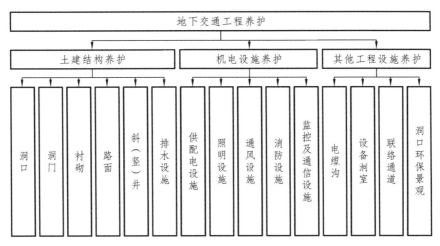

图 5-65　地下交通工程养护内容

5.5.2　地下工程养护常见项目

按养护对象来分，地下工程养护主要包括土建结构养护、机电设施养护以及其他工程设施养护；按养护频率来分，地下工程养护大体可分为日常检查、定期检查、专项检查等。不同类别地下工程由于所配置的机电设施和其他工程设施不同，在土建结构、机电设施以及其他工程设施养护的项目上有所不同，具体养护项目名称不同。另外，由于不同类别地下工程养护的侧重点不同，其养护频率也有所不同。其中，地下交通工程与地下市政管道工程养护所参考的规范及养护内容相近，本节以公路隧道以及综合管廊为例，说明其养护常见项目及养护频率。地下民用建筑养护由于没有专用的相关规范，一般多参考建筑类相关规范，如《既有建筑维护与改造通用规范》（GB 55022—2021）、《建筑消防设施的维护管理》（GB 25201—2010）等，本节基于上述规范对地下民用建筑养护项目进行简要说明。

1. 地下交通工程

地下交通工程涵盖公路隧道、铁路隧道、铁路地下车站、地铁区间隧道、地铁车站等多种地下工程，其养护内容虽有一定差异，但其养护项目大体相同，因此本节仅以公路隧道为例简述地下交通工程常见养护项目。

公路隧道养护对象涵盖土建结构、机电设施以及其他工程设施。土建结构的养护项目包括日常巡查、清洁、结构检查、技术状况评定、保养维修以及病害处治等内容。机电设施的养护项目包括日常巡查、清洁维护、机电检修与评定、专项工程等内容。其他工程设施养护项目包括日常巡查、清洁维护、检查评定、保养维修等内容，其具体含义如表 5-19 ~ 表 5-21 所示。

表 5-19 土建结构养护项目含义

养护项目	含义
日常巡查	日常巡查应对隧道洞口、衬砌、路面是否处在正常工作状态、是否妨碍交通安全等进行检查
清洁	对隧道内路面、标识、排水设施、顶板、斜井、侧墙、洞门等部位进行日常清洁，保持其干净整洁
结构检查	对洞口、洞门、衬砌、路面、排水设施等部位进行检查，包括经常检查、定期检查、应急检查和专项检查
技术状况评定	采用技术状况评定方法对土建结构技术状况进行系统掌握，进而确定相应的养护对策或措施
保养维修	包括经常性或预防性的保养和轻微缺损部分的维修等内容，恢复和保持结构的正常使用状况
病害处治	针对病害采取合适的措施进行维修，包括修复破损结构、消除结构病害、恢复结构物设计标准、维持良好的技术功能状态

表 5-20 机电设施养护项目含义

养护项目	含义
日常巡查	在巡视车上或通过步行目测以及其他信息化手段对机电设施外观和运行状态进行的一般巡视检查，并对检查结果及时记录
清洁维护	对隧道机电设施外观的日常清洁，以经常保持机电设施外观的干净整洁
机电检修与评定	通过检查工作发现机电设施完好情况，系统掌握和评定机电设施技术状况，确定相应的养护对策或措施。机电检修工作主要内容包括经常检修、定期检修和应急检修
专项工程	对机电设施进行的集中性、系统性维修，使其满足原有技术标准。专项工程可根据设备运行状态启动

表 5-21 其他工程设施养护项目含义

养护项目	含义
日常巡查	包括日常巡查中发现、记录、报告或处理明显异常
清洁维护	包括电缆沟与设备洞室的清理、洞口联络通道内垃圾清扫、洞口限高门架与洞口环保景观设施脏污清除、附属房屋设施的清洁维护
检查评定	包括发现其他工程设施的异常，掌握并判定其技术状况，确定相应的养护对策或措施
保养维修	包括其他工程设施的结构破损修复、环保景观设施的恢复及附属房屋的保养

公路隧道土建结构日常巡查频率不宜少于 1 次/d；定期检查周期应根据隧道技术状况确定，宜每年 1 次，最长不得超过 3 年 1 次；其他清洁、结构检查等项目的频率应根据公路隧道养护等级进行确定。

2. 地下民用建筑

地下民用建筑养护涵盖建筑、结构以及设备设施，3 种检查均可分为日常检查和特定检查 2 类，其日常检查周期每年不应少于 1 次；在雨季、供暖季以及遭受台风、暴雨、大雪和大风等特殊环境前后，应对既有建筑进行特定检查，其具体含义如表 5-22 ~ 表 5-24 所示。

表 5-22 建筑养护项目含义

养护项目	含义
日常检查	屋面的渗漏和损坏状况
	室内装修与主体结构连接的缺陷、变形、损伤情况
特定检查	临近雨季时，防水和排水状况
	在台风、暴雨、大雪和大风等前后，装饰部分、变形缝盖板等的损坏及其连接的缺陷、变形、损伤状况
	临近雨季时，地下建筑出入口、天井、风井等防雨水倒灌状况

表 5-23 结构养护项目含义

养护项目	含义
日常检查	结构的使用荷载变化情况
	建筑周围环境变化和结构整体及局部变形
	结构构件及其连接的缺陷、变形、损伤
特定检查	在台风、大雪、大风前后，结构的缺陷、变形、损伤
	在暴雨前后，既有建筑周围地面变形、周围山体滑坡、地基下沉、结构变形

表 5-24 设备设施养护项目含义

养护项目	含义
日常检查	设施设备所处的工作环境
	设施设备、电气线路、附属管线、管道、阀门及其连接的材料等老化、渗漏、防护层损坏情况
	系统运行的异常振动和噪声情况
特定检查	临近雨季时，屋面与室外排水设备的完好状况
	临近供暖季时，供暖设备和系统的运行状况和安全性以及供水、排水、供暖、消防管道与系统防冻措施的完好状况
	在台风、暴雨、大雪和大风等前后，设施设备、附属管线、管道、阀门及其连接状况
	临近雨季时，地下建筑挡水和排水设施设备的完好状况

3. 地下市政管道工程

地下市政管道工程主要是地下给（排）水管道、通信管道、电缆等汇聚在一起的共同沟，典型代表为地下综合管廊，本节仅以地下综合管廊为例简述地下市政管道工程常见养护项目。

综合管廊养护涵盖土建结构、附属设施以及入廊管线。土建结构养护项目包括日常巡检与监测、维修保养、专业检测以及大中修管理。针对养护对象不同，附属设施养护可分为供配电系统、照明系统、消防系统、通风系统等养护，养护项目包括日常巡检与监测、维修保养，针对不同系统养护项目可能增加专业检测、大中修管理。入廊管线养护项目包括日常巡检与监测、维修保养、专业检测，其具体含义如表 5-25 ~ 表 5-27 所示。

表 5-25　土建结构养护项目含义

养护项目	含义
日常巡检	日常巡检对象一般包括管廊内部、地面设施、保护区周边环境、供配电室、监控中心等，检查的内容包括结构裂缝、损伤、变形、渗漏等通过观察或常规设备检查判识发现土建结构的现状缺陷与潜在安全风险
日常监测	管廊土建结构的日常监测是采用专业仪器设备，对土建结构的变形、缺陷、内部应力等进行实时监测，及时发现异常情况并预警
维修保养	土建结构保养以管廊内部及地面设施为主，主要包括管廊卫生清扫、设施防锈处理等；综合管廊土建结构的维修主要针对混凝土（砌体）结构的结构缺陷与破损、变形缝的破损、渗漏水、构筑物及其他设施[门窗、格、支（桥）架、护栏、爬梯、螺丝]松动或脱落、掉漆、损坏等，以小规模维修为主
专业检测	专业检测是采用专业设备对综合管廊土建结构进行的专项技术状况检查、系统性功能试验和性能测试
大中修管理	综合管廊的大中修一般包括破损结构的修复、消除结构病害、恢复结构物设计标准，维持良好的技术功能状态

表 5-26　附属设施养护项目含义

养护项目	含义
日常巡检与监测	对象一般包括供配电系统、照明系统、消防系统、通风系统、排水系统、监控与报警系统以及标识系统等，检查的内容为通过观察或常规设备检查判识发现附属设施的现状缺陷与潜在安全风险
维修保养	对象一般包括供配电系统、照明系统、消防系统、通风系统、排水系统、监控与报警系统以及标识系统等，以小规模维修为主
专业检测	采用专业设备对综合管廊附属设施进行的专项技术状况检查、系统性功能试验和性能测试
大中修管理	对象一般包括供配电系统、消防系统、通风系统、排水系统以及监控与报警系统等，内容包括破损设施的修复、恢复设施设计标准，维持良好的技术功能状态

入廊管线包括给水管道、排水管渠、天然气管道、热力管道、电力电缆、通信线缆等，针对不同类型的管线，日常巡检与监测、专业检测及维修保养的具体含义略有区别，本处仅以给水管道为例进行阐述，如表 5-27 所示。

表 5-27　入廊管线（给水管道）养护项目含义

养护项目	含义
日常巡检与监测	包括对管道、阀门、接头以及支吊架等附件的直观属性巡视和对管道压力、流量等参数的实时监测
专业检测	应当检测给水管道运行中的节点压力、管段流量、漏水噪声等动态数据，对管道运行工况进行分析，对管网水压水质数据、阀门操作等均应有文字记录
维修保养	包括对管道、阀门、支吊架、标识牌等进行清洁和保养，对设施、设备部件进行停水更换

日常巡检应结合管廊年限、运营情况等合理确定巡检方案、巡检频次，频次应至少一周一次，在极端异常气候、保护区周边环境复杂等情况，宜增加巡检力量、提高巡检频率。当经多次小规模维修，结构劣损或渗漏水等情况反复出现，且影响范围与程度逐步增大时，应结合具体情况进行专业检测；经历地震、火灾、洪涝、爆炸等灾害事故后，应进行专业检测；达到设计使用年限时，应进行专业检测。经专业检测建议进行大中修时，或超过设计年限需要延长使用年限时，应进行大中修管理。

5.5.3　地下工程养护条件

地下工程养护首先需要依据其具体类型，确定地下工程养护等级，如公路隧道依据公路等级、隧道长度及交通量大小，将公路隧道养护划分为 3 个等级，以高速公路和一级公路为例，其划分标准如表 5-28 所示，其中 pcu/（d·ln）指的是每天每车道的车辆数。

表 5-28　高速公路、一级公路隧道养护等级分级

单车道年平均日交通量 /[pcu/（d·ln）]	隧道长度/m			
	$L>3\ 000$	$3\ 000 \geq L>1\ 000$	$1\ 000 \geq L>500$	$L \leq 3\ 000$
≥10 001	一级	一级	一级	二级
5 001～10 000	一级	一级	二级	二级
≤5 000	一级	二级	二级	三级

然后，在结合日常检查等项目资料的基础上，分别对养护对象进行技术评定，得到地下工程总体技术状况评定。以公路隧道为例，在技术状况评定中需要分别对土建结构、机电设施以及其他工程设施进行技术状况评价，其技术状况评定方法如式（5-12）~式（5-16）所示。

1. 土建结构技术状况评定方法

$$JGCI=100 \cdot \left[1-\frac{1}{4}\sum_{i=1}^{n}\left(JGCI_i \times \frac{w_i}{\sum_{i=1}^{n}w_i} \right) \right] \qquad （5-12）$$

式中：w_i——分项权重，可参考《公路隧道养护技术规范》（JTG H12—2015）选取；

　　　$JGCI_i$——分项状况值，按式（5-13）计算。

$$JGCI_i = \max(JGCI_{ij}) \qquad\qquad (5\text{-}13)$$

式中：$JGCI_{ij}$——各分项检查段落状况值；

j——检查段落号，按实际分段数量取值。

结合计算结果，土建结构技术状况评定分类宜按表 5-29 进行确定。

表 5-29　土建结构技术状况评定分类界限值

技术状况评分	土建结构技术状况评定分类				
	1 类	2 类	3 类	4 类	5 类
$JGCI$	≥85	≥70，<85	≥55，<70	≥40，<55	<40

2. 机电设施技术状况评定方法

$$JDCI = 100 \cdot \left(\frac{\sum\limits_{i=1}^{n} E_i w_i}{\sum\limits_{i=1}^{n} w_i} \right) \qquad\qquad (5\text{-}14)$$

式中：E_i——对各分项判定设备完好率（0% ~ 100%），按式（5-15）计算；

w_i——各分项权重；

$\sum w_i$——各分项权重和；

$JDCI$——机电设施技术状况评分（0 ~ 100）。

$$设备完好率 = \left(1 - \frac{设备故障台数 \times 故障天数}{设备总台数 \times 日历天数} \right) \times 100\% \qquad\qquad (5\text{-}15)$$

结合计算结果，机电设施技术状况评定分类界值宜按表 5-30 进行确定。

表 5-30　机电设施技术状况评定分类界限值

技术状况评分	机电设施技术状况评定分类			
	1 类	2 类	3 类	4 类
$JDCI$	≥97	≥92，<97	≥84，<92	<84

3. 其他工程设施技术状况评定方法

$$QTCI = 100 \cdot \left[1 - \frac{1}{2} \sum_{i=1}^{n} \left(QTCI_i \times \frac{w_i}{\sum\limits_{i=1}^{n} w_i} \right) \right] \qquad\qquad (5\text{-}16)$$

式中：$QTCI$——其他工程设施技术状况评分；

$QTCI_i$——各分项设施状况值，值域为 0 ~ 2，可参考《公路隧道养护技术规范》（JTG H12—2015）确定；

w_i——各分项设施权重。

结合计算结果，其他工程设施技术状况评定分类判定标准及界值宜按表 5-31 进行确定。

表 5-31 其他工程设施分类判定标准及界限值

设施技术状况分类	技术状态	QTCI 界限值
1 类	设施完好无异常，或有异常，但破损情况较轻微，能正常使用	≥70
2 类	设施存在破损，部分功能受损，维护后能使用，应准备采取对策措施	40~70
3 类	设施存在严重破损，使用功能大部分或完全丧失，必须停用并采取紧急对策措施	<40

在土建结构、机电设施以及其他工程设施技术状况评定的基础上，得到公路隧道总体技术状况评定，依据评定结果，参照表 5-32 可以确定后续公路隧道养护对策，进而对公路隧道开展更加有针对性的养护工作。

表 5-32 公路隧道总体技术状况评定类别与养护对策

技术状况评定类别	评定类别描述		养护对策
	土建结构	机电设施	
1 类	完好状态。无异常情况，或异常情况轻微，对交通安全无影响	机电设施完好率高，运行正常	正常养护
2 类	轻微破损。存在轻微破损，现阶段趋于稳定，对交通安全不会有影响	机电设施完好率较高，运行基本正常，部分易耗部件或损坏部件需要更换	应对结构破损部位进行监测或检查，必要时实施保养维修；机电设施进行正常养护，应对关键设备及时修复
3 类	中等破损。存在破坏，发展缓慢，可能会影响行人、行车安全	机电设施尚能运行，部分设备、部件和软件需要更换或改造	应对结构破损部位进行重点监测，并对局部实施保养维修；机电设施需进行专项工程
4 类	严重破损。存在较严重破坏，发展较快，已影响行人、行车安全	机电设施完好率较低，相关设施需要全面改造	应尽快实施结构病害处治措施；对机电设施应进行专项工程，并应及时实施交通管制
5 类	危险状态。存在严重破坏，发展迅速，已危及行人、行车安全	——	应及时关闭隧道，实施病害处治，特殊情况需进行局部重建或改建

5.5.4 地下工程养护措施

地下工程日常检查多采用目测或采用简单的仪器进行测量，如图 5-66 所示；定期检查一般需要采用专业的设备进行检测，如图 5-67 所示；专项检查除需采用专业设备外，必要时还需由具备相应检测资质的专业机构进行检测。

随着地下工程数量和规模的飞速发展，其养护难度也在逐渐增加。现代社会科学技术的发展和互联网时代的来临，为地下工程养护提供了新的养护措施和技术，如基于 GIS+三维模型技术的智慧管理系统、大数据分析技术以及机器人巡检技术等。

图 5-66 地下工程日常检查（综合管廊）　　　图 5-67 地下工程定期检查（地铁区间隧道）

1. 基于 GIS+ 三维模型技术的智慧管理系统

地理信息系统（Geographic Information System，GIS）是在计算机硬、软件系统支持下，对整个或部分地球表层（包括大气层）空间中的有关地理分布数据进行采集、储存、管理、运算、分析、显示和描述的技术系统。三维可视技术，是以建（构）筑物的各项相关信息数据作为模型的基础，进行建筑模型的建立，通过数字信息仿真模拟建筑物所具有的真实信息，具有可视化、协调性、模拟性、优化性和可出图性 5 大特点。

地下工程运营养护中 GIS 与三维模型的结合，使得地下工程从宏观到微观、从全局到细节都有了良好的管理条件。在运营养护中，将地下工程实体 1：1 数字化至运营平台，将地下工程周边环境、异常情况通过 GIS 集中展示并与模型产生交互。通过平台的 GIS 和模型的结合管理，可实现定位地下工程所在位置、精准确定出入口位置、设备定位、巡检人员定位、设备工作状态查看、设备信息显示、土建结构属性查询、地下工程管理信息维护、地下工程运营养护数据管理等，从而展开对地下工程的数字化管理，降低运营成本，提高运营效益。以地下综合管廊为例，其所建立的基于 GIS+ 三维模型技术的智慧管理系统如图 5-68 所示。

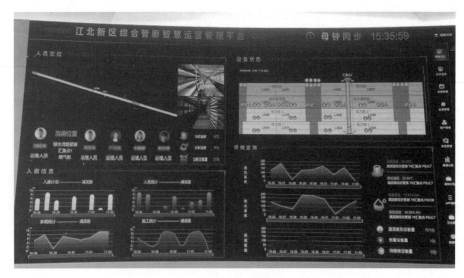

图 5-68 江北新区综合管廊智慧运营管理平台

2. 大数据分析技术

目前，地下工程设备养护主要依靠人工进行日常检查或定期检查，依靠经验虽可以得出一些设备出现故障的规律，但仅仅依赖单一手工登记、个人记忆等记录方式进行的简单设备资产信息管理，存在着诸多缺陷与不足，已远远不能够满足现代地下工程运营养护的要求。

运营过程中，由于设备状态数据（包括设备成本数据、运行数据及外界环境数据等）存在体量大、类型繁多等特点，可以将大数据技术引入到设备的养护管理中实现设备全寿命周期的管理。本节以地下综合管廊风机为例，给出大数据技术应用到综合管廊风机养护管理的流程，如图 5-69 所示。通过对风机相关数据进行分析，可以优化风机开关的最佳阈值、维护计划、开启方式等，达到对风机全寿命周期内的最优控制。

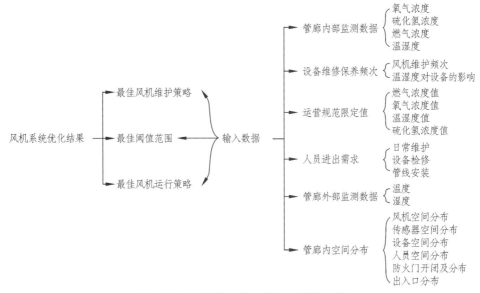

图 5-69　风机系统优化相关大数据分析

3. 机器人巡检技术

随着人工成本的逐年提升，高效率、高精度、低成本的智能设备逐步进入地下工程运营养护市场，部分地下工程运营养护管理已采用智能机器人开展巡检工作，例如延崇高速金家庄隧道在运营养护中就采用了智能巡检机器人，如图 5-70 所示。

图 5-70　延崇高速金家庄隧道智能巡检机器人

除智能巡检机器人外，部分地下工程还设置了智能巡检车，智能巡检车具有高清图像采集、巡检路径规划、重点部位巡检、自主避障、自主充电及一键返航等功能，目前多应用于地下市政管道工程中，部分重点功能如下：

（1）高清图像采集。

巡检机器车搭载有高分辨率可见光摄像头，高倍率放大变焦，以及夜间补光效果，在地下管廊昏暗环境下，实现对地下工程内的高清图像采集。

（2）巡检路径规划。

巡检路径规划包括识别地下工程内标记的轨迹及预设的巡检路径 2 种方式。巡检车可根据路径自动导航，完成巡检任务，路径出现轻微损坏的情况亦可正常完成巡检。

（3）重点部位巡检。

通过在巡检车地图上，后台设置重点巡检部位，配置巡检内容，巡检车会停下后详细巡检。可再编辑、删除重点巡检点位。巡检过程中，一旦发现异常，巡检车可自动将报警信息推送至监控中心。目前在地下市政管道工程应用中可实现土建结构裂缝识别、渗漏水识别等功能。

无论是采用传统措施还是融合互联网及三维建模技术的智能运营养护措施，在发现土建结构、机电设施及其他工程设施损坏或发生病害后都应及时维修处治。以土建结构发生病害为例，其病害处治目的是修复破损结构、消除结构病害、恢复结构物设计标准、维持良好的技术功能状态。土建结构病害治理方法需要结合病害种类以及正确把握病害产生的原因进行选取。表 5-33 列出了常用的结构病害治理方法，可根据病害情况和需要进行选择。

表 5-33　地下工程结构病害治理方法

治理方法	病害原因												病害现象
	热力引起的变化							材料劣化	渗漏水	其他			
	松弛压力	偏压	地层滑坡	膨胀性压力	承载力不足	静水压	冻胀力			衬砌背面空隙	衬砌厚度不足	无仰拱	
衬砌背后注浆	★	★	★	★	★	★	★		○	★	★		①衬砌裂纹、剥离、剥落；②支护结构有脱空
防护网								★					
喷射混凝土	○	☆		☆	☆	○		☆			☆		①衬砌裂纹、剥离、剥落；②衬砌材料劣化
施作钢带				☆				○			☆		
锚杆加固	☆	★	☆	★	★	○	☆	○			☆	★	①拱部混凝土和侧壁混凝土裂纹，侧壁混凝土挤出；②路面裂缝，路基膨胀
排水止水	○	○	☆	○	○	★	★		★				①衬砌裂纹或施工缝漏水增加；②随衬砌内漏水流出大量砂土
凿槽嵌拱或直接增设钢拱	★	★	★	★	★	★	★						①衬砌裂纹、剥离、剥落；②衬砌材料劣化
套拱	○	☆	☆	☆	☆	○	○	☆			★		

治理方法	病害原因													病害现象
	热力引起的变化							其他						
	松弛压力	偏压	地层滑坡	膨胀性压力	承载力不足	静水压	冻胀力	材料劣化	渗漏水	衬砌背面空隙	衬砌厚度不足	无仰拱		
隔热保温							★							①拱部混凝土和侧壁混凝土裂纹，侧壁混凝土挤出；②随季节变化而变动
滑坡整治		☆	★											①衬砌裂缝，净空宽度缩小；②路面裂缝，路基膨胀
围岩压浆	○	○				○	○	○	☆	☆	☆	☆		①拱部混凝土和侧壁混凝土裂纹，侧壁混凝土挤出；②路面裂缝，路基膨胀
灌浆锚固	☆	★	★	★	★					○	★			
隧底加固		★		★	★	○	☆				★			
更换衬砌	☆	☆	☆	☆	☆	○	○	★	☆	☆	★	★		

注：① 符号说明："★"表示对病害处治非常有效的方法；"☆"表示对病害处治较有效的方法；"○"表示对病害处治有些效果的方法。

② 松弛压力中包括突发性崩溃。

思考题

1. 地下工程运营及维护的目的是什么？
2. 各类地下工程通风方式、通风设备设施有哪些？
3. 各类地下工程运营通风标准有哪些？
4. 各类地下工程照明灯具的优缺点是什么？
5. 各类地下工程照明标准是什么？
6. 不同类型地下工程照明设计有什么区别？
7. 地下工程为什么要设置监控系统？
8. 地下工程监控设备包含什么？
9. 地下工程常见的养护项目是什么？
10. 简述地下工程的养护条件。

参考文献

[1] 郭春. 地下工程通风防灾[M]. 成都：西南交通大学出版社，2018.

[2] 刘顺波. 地下工程通风与空气调节[M]. 西安：西北工业大学出版社，2015.

[3] 胡汉华，吴超，李茂楠，等. 地下工程通风与空调[M]. 长沙：中南大学出版社，2005.

[4] 招商局重庆交通科研设计院有限公司. 公路隧道通风设计细则：JTG/T D70/2-02—2014[S]. 北京：人民交通出版社，2014.

[5] 中铁二院工程集团有限责任公司. 铁路隧道运营通风设计规范：TB 10068—2010[S]. 北京：中国铁道出版社，2010.

[6] 北京市规划委员会. 地铁设计规范：GB 50157—2013[S]. 北京：中国建筑工业出版社，2013.

[7] 中国建筑设计研究院. 人民防空地下室设计规范：GB 50038—2005[S]. 北京：国标图集出版社，2005.

[8] 中南建筑设计院股份有限公司. 商店建筑设计规范：JGJ 48—2014[S]. 北京：中国建筑工业出版社，2014.

[9] 赵海天. 道路照明多维度理论与技术[M]. 北京：科学出版社，2020.

[10] 招商局重庆交通科研设计院有限公司. 公路隧道照明设计细则：JTG/T D70/2-01—2014[S]. 北京：人民交通出版社，2014.

[11] 铁道第三勘察设计院集团有限公司. 铁路电力设计规范：TB 10008—2015[S]. 北京：中国铁道出版社，2016.

[12] 中铁二院工程集团有限责任公司. 铁路隧道设计规范：TB 10003—2016[S]. 北京：中国铁道出版社，2017.

[13] 铁道部专业设计院. 铁路隧道照明设施与供电技术条件：TB/T 2275—1991[S]. 北京：中国铁道出版社，1992.

[14] 北京市地铁运营有限公司，北京市地铁运营有限公司设计研究所，广州市地下铁道总公司，等. 城市轨道交通照明：GB/T 16275—2008[S]. 北京：中国标准出版社，2008.

[15] 王树兴，于玉香，崔建，等. 高速公路隧道智能监控管理技术[M]. 重庆：重庆大学出版社，2019.

[16] 袁雪戡，蒋树屏，谢永利，等. 秦岭终南山特长公路隧道关键技术研究[M]. 北京：人民交通出版社，2010.

[17] 工业和信息化部电子工业标准化研究院. 城市轨道交通综合监控系统工程技术标准：GB/T 50636—2018[S]. 北京：中国建筑工业出版社，2018.

[18] 公安部第一研究所，公安部科技信息化局. 安全防范工程技术标准：GB 50438—2018[S]. 北京：中国计划出版社，2018.

[19] 交通部公路科学研究院，国家交通安全设施质量监督检验中心. 高速公路隧道监控系统模式：GB/T 18567—2010[S]. 北京：中国标准出版社，2010.

[20] 蒋雅君. 隧道工程[M]. 北京：机械工业出版社，2021.

[21] 杨新安，黄宏伟. 隧道病害与防治[M]. 上海：同济大学出版社，2003.

[22] 重庆市交通委员会. 公路隧道养护技术规范：JTG H12—2015[S]. 北京：人民交通出版社，2015.

[23] 同济大学，广州地铁设计研究院股份有限公司. 城市轨道交通隧道结构养护技术标准：CJJ/T 289—2018[S]. 北京：中国建筑工业出版社，2018.

[24] 宁波市市政管理处，宁波市城市管理研究中心，宁波大学，等. 城市隧道养护技术规程：DB3302/T 1104—2019[S]. 杭州：浙江工商大学出版社，2019.

[25] 郑立宁，杨超，王建. 城市地下综合管廊运维管理[M]. 北京：中国建筑工业出版社，2017.

[26] 韩直，杨荣尚，易富君，等. 公路隧道运营安全技术[M]. 北京：人民交通出版社，2012.

[27] 吕康成. 公路隧道运营管理[M]. 北京：人民交通出版社，2006.

[28] 中国建筑东北设计研究院有限公司. 民用建筑电气设计标准：GB 51348—2019[S]. 北京：中国建筑工业出版社，2019.

[29] 上海市政工程设计研究总院（集团）有限公司，同济大学. 城市综合管廊工程技术规范：GB 50838—2015[S]. 北京：中国计划出版社，2015.

[30] 住房和城乡建设部标准定额研究所. 既有建筑维护与改造通用规范：GB 55022—2021[S]. 北京：中国建筑工业出版社，2021.

第 6 章　地下工程防灾减灾

@ 学习目标

　　1. 了解灾害的基本定义，掌握灾害的分类类型。
　　2. 了解地下工程常见灾害的基本类型，系统学习并掌握地下工程火灾、震灾、水灾 3 种灾害的分类、特点及产生的危害。
　　3. 了解常见的 3 种地下工程灾害的防治措施。

6.1　灾害的定义及类型

6.1.1　灾害的定义

　　灾害一般是指那些可以造成人畜伤亡和形成物质财富损毁的自然或社会事件，它们源于天体、地球、生物圈等方面以及人类自身的失误，形成超越本地区防灾救援力量的大量伤亡和物质的毁损。根据联合国有关灾情调研报告，过去 30 年间全世界出现的大型灾害增加了数倍，目前主要有雪崩、寒流、干旱、疫病、地震、饥饿、火灾、洪水、滑坡、热浪、暴风、海啸、火山爆发、战乱、恐怖袭击等 15 类灾害。

6.1.2　灾害的类型

　　目前灾害大致可分为 2 大类：自然灾害和人为灾害。

1. 自然灾害

　　自然灾害是指由于自然异常变化造成的人员伤亡、财产损失、社会失稳、资源破坏等现象或一系列事件。自然灾害包括地质灾害（地震、火山爆发、地下毒气、海啸），地貌灾害（山崩、滑坡、泥石流、沙漠化、水土流失），气象灾害（暴雨、洪涝、热带气旋、冰雹、雷电、龙卷风、干旱、低温冷害），生物灾害（病害、虫害、有害动物），天文灾害（天体撞击、太阳活动与宇宙射线异常）等，如图 6-1 所示。

图 6-1　泥石流掩埋隧道洞口

2. 人为灾害

人为灾害是由人们行为失控和不恰当的改造自然行为，打破了人与自然和谐的动态平衡，导致科技、经济和社会系统的不协调而引起的灾害。它是人类认识的有限与无限，科技发展和欠发展等矛盾的必然表现形式，有时也是人和人所在的社会集团的有意行为。

人为灾害包括生态灾害（自然资源衰竭、环境污染、人口过剩），工程经济灾害（工程塌方、爆炸、有害物质失控），社会生活灾害（火灾、战争、社会暴力与动乱、恐怖袭击）这几类。图 6-2 所示为隧道内油罐车追尾爆炸引起火灾。

图 6-2　隧道油罐车爆炸引发火灾

6.2　地下工程常见灾害

地下工程可能发生的灾害也可大致分为 2 大类：自然灾害和人为灾害。自然灾害主要有洪涝、水淹、地震、雪灾、泥石流、滑坡等；而人为灾害主要有战争（炸弹、生化武器）、交通事故、火灾、毒气、化学爆炸、环境污染、工程事故及运营事故等。大型地下工程灾害往往同时伴随一种或几种次生灾害，如震级较大的地震往往伴随着大范围火灾、暴雨；核武器爆炸将引起火灾放射性灾害。同时，人类对自然资源过度开采，违反客观规律的大型工程活动，也会导致自然灾害频率增加，例如泥石流、滑坡、局部地表沉陷等。以下将主要介绍火灾、震灾、水灾这 3 种常见的地下灾害。

6.2.1 火　灾

火灾是指在时间或空间上失去控制的燃烧所造成的灾害。而地下工程火灾则是在矿井、巷道、隧道、地铁及其车站、地下商店等地下建筑物或构筑物中，因失火而造成的灾害。随着地下工程的建设，一些可燃物品进入地下，加之 20 世纪 70 年代单独为战备而修建的地下工程一般都没有考虑消防问题，使地下工程产生了火灾隐患或发生了火灾。此外，在地铁车站、地下商场、地下旅馆、饭店、地下影剧院等人员相对集中的公共活动的地下空间，往往忽视防火规范要求，片面追求地下建筑装饰的多样化和高标准，也给地下建筑的安全带来了诸多火灾隐患。

对地下工程灾害的调查统计结果显示，在人员活动比较集中的地下街、地铁车站、地下步行道等各种地下设施和建筑物地下室中发生的灾害占 40%，而其中发生火灾的次数最多，约占 30%，空气质量恶化导致事故约占 20%，两者相加约占一半。又因空气质量事故多由火灾引起，因此火灾在地下空间内部灾害中发生频次最高，应对其给予足够重视。

1. 火灾的起因

对于地下工程而言，可燃物、充足的通风和供氧条件及引火源构成了地下工程火灾的主要因素。

地下工程火灾的可燃物因其用途不同而异，一般有木材、煤炭、纺织品、纸张、塑料制品（如电缆、胶带等）及各种油类等。地下工程火灾与地面火灾不同，维持地下工程火灾长时间燃烧的氧气必须由自然通风或强制通风供给。

引火源可以是电气事故引起的电火花、各种作业留下的残火、过失操作带来的火源等。根据资料统计，隧道事故中常见的火源有明火、电火花（如切断电源时）、摩擦产生的火花或高温（如制动时）、静电火花、撞击所引起的局部高温等。

通风提供的氧气是很好的助燃物，当氧气和易燃、易爆气体混合的浓度在爆炸极限范围之内时，若遇明火，就会产生燃烧或发生爆炸。通过众多隧道火灾案例分析发现，车辆以及隧道内电气设备是引起隧道火灾的主要危险源，同时从英国消防研究中心的相关统计资料来看，隧道中大约每行车 107 km，平均发生火灾 0.5 ~ 1.5 次，其中有 1%左右是罐车火灾，平均一座隧道每 18 年就可能发生一次火灾，包括油罐车、有毒化学品罐车与可燃物罐车等。同时，载有可燃物品的车辆数量的增加、电气设备的不断增多以及人为因素都可能导致隧道内火灾事故发生。

2. 火灾的分类

工程火灾的分类方法较多，可根据可燃物的种类、引起火灾的原因、发生火灾的地点、火焰燃烧的状态等进行分类。

（1）按可燃物的种类分类。

美国国家防火协会（National Fire Protection Association）采用的是按可燃物的种类来划分的火灾分类方法，该分类方法已经被很多国家或地区采用。按可燃物的种类不同将火灾分为4类：

① A 类火灾。由木材、纸张、锯木屑、煤炭和垃圾等普通可燃物燃烧引发的火灾属于 A

类火灾，用水和含水量大的稀释溶液使燃烧物骤冷或冷却，即可有效地扑灭这类火灾。A 类火灾燃烧生成的气体产物主要有二氧化碳和一氧化碳，同时烟流中还含有少量的水蒸气、甲烷、乙炔、氢气和重碳氢等。燃烧不完全的烟流具有可爆性或可燃性。该类可燃物燃烧后留下的是灰或残渣。

②B 类火灾。在易燃液体表面或可燃性气体中发生的火灾属于 B 类火灾，如可燃液体（汽油、石油、溶剂等）与空气的接触面、可燃性气体与空气的混合物的燃烧都属于 B 类火灾。B 类火灾不宜用水扑灭，否则燃烧过程中容易发生爆炸或爆燃。在火灾初期，限制流向火区的空气（氧气）量或阻止有效燃烧是扑灭火灾的关键。B 类火灾的烟流组成与 A 类火灾的烟流组成基本相同，燃烧不完全的烟流有可爆性或可燃性。该类可燃物燃烧后留下的残渣较少。

③C 类火灾。在电气设备内部或其附近发生的火灾属于 C 类火灾，如液压联轴节喷油引起的火灾，各类电气设备事故造成的火灾都属于 C 类火灾。扑灭 C 类火灾的关键是切断电源，在切断电源之前，必须使用非导电性的灭火剂，如化学干粉、干冰冷却剂、惰性气体、蒸发液体灭火剂等；切断电源后，可采用水或含水量大的稀释溶液灭火。

④D 类火灾。在可燃金属（如镁、钛、铝、锂、钠等）中发生的火灾属于 D 类火灾。控制和扑灭 D 类火灾，必须采用专门的技术和专用的灭火设备。

实际上，火灾过程中只有一种可燃物燃烧的情况是很少的，大部分火灾是几种可燃物同时燃烧。在地下建筑物或构筑物等地下工程中的可燃物有木材、煤炭、纸张、胶带、电缆、棉纺织品等，有时还有动力电缆、照明电缆和各类用电设备，因此，地下工程火灾一般为 A 类火灾和 C 类火灾。例如在煤矿井下巷道中，有支架、背板和枕木等木材类，有运输过程中的煤炭，未开采的煤炭或开采后丢弃的煤炭，有各类用电设备，有动力电缆、柔性风筒、运输机胶带等聚氯乙烯材料，所以发生在煤矿井巷中的火灾为 A 类火灾或 C 类火灾。在纺织品地下仓库中存放的可燃物以纺织品为主，同时有照明设备或其他用电设备，所以在纺织品仓库中的火灾也是 A 类火灾或 C 类火灾。

（2）按引起火灾的原因分类。

按引起火灾的原因不同，可将火灾分为内因火灾和外因火灾 2 类。

由可燃物经长时间氧化，蓄积热量，发展到自燃引起的火灾，称为内因火灾。可燃物由蓄积热量发展成为火灾要经过 3 个阶段，即潜伏期、自热期和燃烧期。潜伏期和自热期的时间较长。如果在潜伏期和自热期，破坏了外部的供氧条件或热量蓄积条件，自燃过程终止，便不能发展成为火灾。所以，内因火灾往往是由于发现不及时或处理不当造成的。

由外部热源引燃可燃物而发生的火灾，称为外因火灾。外因火灾是偶然事件，当通风条件适宜且有大量的可燃物时，可在很短的时间内形成大范围的火区，燃烧生成大量的有毒有害气体，使风流中的氧气浓度下降；同时，燃烧产生的大量热量，使风流温度升高。

地下工程火灾可以是内因火灾，也可以是外因火灾，外因火灾通常比内因火灾的直接损失大。

（3）按燃烧状态分类。

按火灾的燃烧状态不同，可将火灾分为阴燃火灾和明火灾。

燃烧处于阴燃状态，无明显火焰的火灾，称为阴燃火灾。当燃烧地点通风不良，严重缺氧时，发生阴燃；可燃物即将燃尽，挥发物含量很低时，火灾也往往处于阴燃状态。阴燃火灾的烟流中一氧化碳气体含量高，烟流具有可爆性或可燃性，对人的危害很大。

燃烧时有较长火焰的火灾，称为明火灾，明火灾有富氧燃烧和缺氧燃烧 2 种状态。在富氧燃烧状态下，可燃物燃烧充分，烟流中的一氧化碳等可燃性气体含量较低；在缺氧燃烧状态下，烟流中的一氧化碳等可燃性气体含量较高，烟流有可爆性或可燃性。

当地下建筑物或构筑物中存放的可燃物较多时，火灾初期一般为富氧燃烧状态的明火灾，随着火势的增大或通风（供氧）条件的恶化，逐渐发展成为缺氧燃烧状态的明火灾。当采取了控制向火区的通风量或封闭火区的灭火措施后，或者火焰即将熄灭时，明火灾便发展成为阴燃火灾。

此外，火灾还可以按燃烧现象发生瞬间的不同特点进行分类，分为着火、自燃、闪燃和爆燃等。

3. 地下工程火灾特点

地下工程是一种埋入地下的封闭式空间，人们的方向感往往较差。因此，当灾情发生后，由于其位置的特殊性以及空间的局限性，地下工程发生火灾后的混乱程度比在地面上严重得多，防护的难度也大得多，通常带来疏散与救援困难、排烟困难以及从外部灭火困难等问题。图 6-3 所示为隧道车辆燃烧引发火灾。

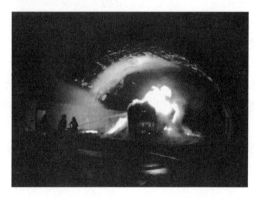

图 6-3　隧道车辆燃烧引发火灾

上述特性导致地下工程火灾特点明显不同于地面火灾，地下工程发生的火灾特性主要有以下几方面：

（1）灭火扑救困难。

地下建筑的火灾比地面建筑火灾扑救要困难得多。地下工程发生火灾时，究竟发生在哪个部位难以判断，人们需要详细询问和研究工程图，分析可能发生火灾的部位和可能出现的危险情况，而后做出灭火方案。由于出入口有限，消防人员在高温浓烟的情况下，难以接近火点，扑救工作面十分窄小。国外消防专家通常把扑救地下工程的火灾难度，看作与扑救超高层建筑最顶层火灾难度相当。我国地下建筑发生的数起大的火灾，最长的燃烧时间为 41 天。与地面建筑相比，地下工程火灾扑救困难的原因主要是：① 探测火情困难；② 接近火场困难；③ 通信指挥困难；④ 缺少地下工程报警消防专门器材。

（2）升温快、蔓延快、氧含量下降快。

就其可燃物来说，由于使用性质不同，可燃物量也不一样。在地下建筑封闭空间内，一旦发生火灾，大量可燃物燃烧，室内温度升高很快，会较早地出现全面燃烧现象，从失火到爆发成灾的时间一般为 5 ~ 10 min，较大的火灾一般可在半个小时和数个小时之间爆发。因地下工程内的散热条件与外部相比较差，因而隧道火灾的温升速度要快很多。此外，火灾不完全燃烧的 CO 等产物较多，在流动过程中与新鲜空气接触，继续燃烧，容易使火灾从一处"跳燃"至另一处。如火灾发生在隧道内部，隧道内着火车辆继续行驶也将扩大火势蔓延。由此可见，地下空间内火灾蔓延的潜在因素较多，若未能及时控制，将引发火势快速蔓延。以公路隧道内为例，根据观察，火源的跳跃长度可达到 50 倍的隧道直径。隧道内火灾发展的基本过程如图 6-4 所示。

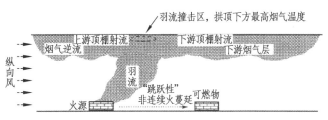

图 6-4　隧道内火灾发展的基本过程

同时，火焰受到地下工程净空的限制，而向水平方向延伸，炽热气流可以传播很远，燃烧所带来的热量最多有 10% 左右被烟气带走，因此烟气温度随着距火源距离的增加而迅速下降。火灾发生时，由于地下工程的相对密闭性，大量的新鲜空气一时难以迅速补充，使空间内氧气含量急剧下降。国际消防法规规定，在空气中氧含量降到 10% 以前，人员应全部疏散。

（3）产生烟气量大。

地下工程内发生火灾时，由于新鲜空气供给不足，气体交换不充分，燃烧不完全，导致一氧化碳等有毒烟气的大量产生。这样，即便是在强力照明的条件下，能见度一般也只在 1.0 m 的范围内，并且隧道内有毒烟雾的传播会引起现场人员中毒或者死亡。受地下空间结构竖向的限制，烟气在纵向上的输运能力增强，高温烟气受到浮力驱动，迅速蔓延至整个空间。如在公路隧道中，火灾产生的烟气会极大地影响隧道内的空气分布，导致内部气流减速、加速或者流动方向发生逆转。在隧道内气压与风机影响下，一般高温烟气会向一侧流动，引起该侧温度升高。

（4）排烟困难，散热慢。

地下建筑内失火，与地上建筑失火情况完全不同。地上建筑着火时，可以开启门窗，进行散热和排烟。地下建筑若是由厚钢筋混凝土衬砌和岩土介质包围，出入口较少且面积有限，有时人员出入口可能就是喷烟口。地下建筑通风条件不如地面建筑，对流条件很差，因而排烟排热也不如地面建筑。因此，以隧道工程为例，隧道运营期间必须要考虑火灾工况下的隧道防排烟设计。图 6-5 所示为隧道运营阶段的纵向排烟示意图，在悬挂于隧道拱顶的射流风机及风机送排风设施作用下，烟气向隧道火源点下游纵向流动，从而避免其向上游流窜影响人员疏散。

（5）人员疏散困难。

地下工程只有数量有限的洞口，当发生火灾时，人员疏散只能步行通过出入口或联络通道，地面建筑发生火灾时使用的消防救助工具对地下的人员疏散则无能为力。同时，安全疏散困难又极易导致发生次生灾害。火灾发生后，人们情绪紧张，容易产生混乱、拥挤的情况，进而导致更多的伤亡事故。

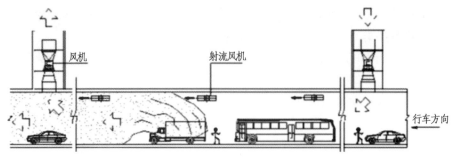

图 6-5　隧道纵向式排烟示意

　　地下工程内的安全疏散有以下两个方面的不利因素：首先，有些地下建筑内的各种可燃物质，燃烧时会产生大量的烟气和有毒气体（如 CO、CO_2 及其他有毒气体），不仅严重遮挡视线，使能见度大大降低，还会使人中毒窒息，危害极大。其次，地下建筑发生火灾时，室内由于正常的照明电源切断，变得一片漆黑。如地下工程内未安装事故照明和紧急疏散标志指示灯，工作人员根本无法逃离火场。地面建筑即使是月夜地面照度也有 0.21 lx，地下建筑内无任何自然光源，加上浓烟滚滚，使疏散极为困难。

　　（6）结构破坏严重。

　　地下工程结构发生火灾后，所产生的热量大部分被地下结构吸收，导致温度迅速上升，最高温度可超过 1 000 ℃。一项针对 2005 年弗雷瑞斯隧道火灾的调查表明，隧道内的最高温度可达 1 650 ℃，在如此高的温度下，隧道内的通信、照明、电力等设备连同滞留在隧道内的车辆基本全部被烧毁。

　　4. 地下工程火灾规模及排烟需风量

　　（1）火灾规模。

　　地下工程火灾中，火灾热释放率（可用 *HRR* 表示）是用于表征火灾规模大小和评价火灾危险性的重要参数，也是开展火灾模拟研究的基础参数。所谓热释放率，是指在规定的试验条件下，在单位时间内材料燃烧所释放的热量，单位为瓦特（W），即焦耳/秒。*HRR* 值越大，燃烧反馈给材料表面的热量就越多，结果造成材料热解速度加快和挥发性可燃物生成量的增多，从而加速了火焰的传播。因此，热释放率反映的是火源释放热量的快慢和大小，也就是火源释放热量的能力。

　　目前，国内外相关规范已针对地下工程火灾热释放率划分进行了规定。以隧道工程为例，《公路隧道通风设计细则》（JTG/T D70/2-02—2014）规定，公路隧道火灾最大热释放率如表6-1 所示。

表 6-1　隧道火灾最大热释放率　　　　　　　　　　　　　　　　　单位：MW

通行方式	隧道长度	公路等级		
		高速公路	一级公路	二、三四级公路
单向交通	*L*>5 000 m	30	30	—
	1 000 m<*L*≤5 000 m	20	20	—
双向交通	*L*>4 000 m	—	—	20
	2 000 m<*L*≤4 000 m	—	—	20

　　注：运煤专用通道、客车专用通道等特殊隧道火灾最大热释放率取值宜根据实际条件具体确定。

此外，依据《城市地下道路工程设计规范》（CJJ 221—2015）有关规定，世界各国对隧道内车辆火灾热释放率取值规定不一致，如表 6-2 所示。

表 6-2　世界道路协会和各国车辆火灾热释放率　　　　　　　　单位：MW

车辆类型	英国	澳大利亚	中国	世界道路协会（1995）	世界道路协会（1997）	法国（CETU）	美国
小汽车	5	—	3～5	5	—	2.5～8	5
1 辆小型客车	—	2.5	—	—	2.5	—	—
1 辆大型客车	—	5	—	—	5	—	—
2～3 辆客车	—	8	—	—	8	—	—
货车	15	15	—	—	15	15	—
长途汽车/卡车（中等、重型）	20	—	—	—	—	—	—
卡车	—	—	—	20	20～30	—	—
巴士	—	20	20	20	20	20	20
重型车	30～100	20～30	20～30	—	—	30	20～30
危险品车、重型车（大车）							
油罐车	—	—	—	100	100～120	200	100

注：资料来源于上海市地方标准《道路隧道设计规范》（DG/T J08-2033—2008）、英国《公路及桥梁设计手册》、澳大利亚《公路隧道火灾安全指南》（2001 版）、美国《公路隧道/桥梁和其他封闭式高速公路防火标准》NEPA520（2004 版）。

而在火灾模拟中，t^2 模型是目前运用最广泛且用于描述火灾热释放速率随时间的变化过程，其模型如式（6-1）所示。

$$Q = \alpha t^2 \tag{6-1}$$

式中：Q——火源热释放速率（kW）；

　　　α——火灾发展系数（kW/s²），依据表 6-3 取值；

　　　t——火灾发展时间（s）。

表 6-3　火灾增长系数 α

火灾发展等级	典型可燃材料	α
慢速	粗木条、厚木板制成的家具	0.002 931
中速	无棉制品聚酯床垫	0.011 27
快速	塑料泡沫、堆积的木板、装满邮件的邮袋	0.046 89
超快速	油池火、轻质窗帘、快速燃烧的软垫座	0.187 6

（2）火风压。

地下工程内发生火灾时出现的附加热风压，称为火风压或浮力效应烟流阻力。火风压是由于火灾烟流变化引起的自然风压的增量。以隧道工程为例，火灾烟流区火风压作用方向以沿隧道上坡方向为正，下坡方向为负，火风压随高温烟流扩散不断变化。

火风压按式（6-2）和式（6-3）计算。

$$\Delta P_{\mathrm{f}} = \rho \cdot g \cdot \Delta H_{\mathrm{f}} \cdot \frac{\Delta T}{T} \qquad (6\text{-}2)$$

$$\Delta T = \Delta T_0 \cdot e^{-\frac{c}{G}x} \qquad (6\text{-}3)$$

式中：ΔP_{f}——火风压值（N/m²）；

ρ——通风计算点的空气密度（kg/m³）；

g——重力加速度（9.8 m/s²）；

ΔH_{f}——高温气体流经隧道的高程差（m）；

T——高温气体流经隧道内火灾后空气的平均绝对温度（K）；

x——沿烟流方向计算烟流温升点到火源点的距离（m）；

ΔT_x——沿烟流方向距火源点距离为 x 处的气温增量（K）；

ΔT_0——发生火灾前后火源点的气温增量（K）；

G——沿烟流方向 x 处的火烟的质量流量（kg/s）；

c——系数，$c = \dfrac{k \cdot C_{\mathrm{r}}}{3\,600 C_{\mathrm{p}}}$。

其中：C_{r}——隧道断面周长（m）；

k——岩石的导热系数，$k = 2 + k' \cdot \sqrt{v_1}$，$k'$ 值为 5～10，v_1 为烟流速度（m/s）；

C_{p}——空气的定压比热，取 1.012 kJ/（kg·K）。

（3）火灾烟气生成量。

火灾产烟量是地下工程火灾工况下的通风设计和防灾救援的关键参数之一。依据《铁路隧道防灾疏散救援工程设计规范》（TB 10020—2017），可采用轴对称羽流公式计算火灾产烟量。

① 羽流质量流率按式（6-4）计算。

$$\begin{cases} Z > Z_1, m_{\mathrm{p}} = 0.071 Q_{\mathrm{c}}^{1/3} Z^{5/3} + 0.001\,8 Q_{\mathrm{c}} \\ Z < Z_1, m_{\mathrm{p}} = 0.032 Q_{\mathrm{c}}^{3/5} Z \\ Z_1 = 0.166 Q_{\mathrm{c}}^{2/5} \end{cases} \qquad (6\text{-}4)$$

式中：m_{p}——羽流质量流率（kg/s）；

Z_1——火焰极限高度（m）；

Z——燃料面到烟层底部的高度（m）；

Q_{c}——火源的对流热释放速率（kW），$Q_{\mathrm{c}} \approx 0.7Q$（$Q$ 为火源功率）。

② 羽流的平均温度应按式（6-5）计算。

$$T = T_0 + \frac{Q_{\mathrm{c}}}{m_{\mathrm{p}} c_{\mathrm{p}}} \qquad (6\text{-}5)$$

式中：c_{p}——空气的定压比热容，取 1.012 kJ/（kg·K）；

T_0——环境的绝对温度（K）；

T——羽流的平均温度（K）。

③ 烟气生成量应按式（6-6）计算。

$$V = \frac{m_p T}{\rho_0 T_0}$$ （6-6）

式中：ρ_0——环境温度下气体的密度（kg/m^3）；

V——烟气生成量（m^3/s）。

（4）火灾排烟需风量。

隧道及地下工程火灾排烟需风量与临界风速是密切相关的。临界风速是指隧道发生火灾时，能阻止烟雾发生逆流的最小风速，它也是隧道排烟系统设计的关键参数之一。采用临界风速控制烟气的流动，既能防止烟雾回流危害火灾上游阻塞的车辆和滞留人员，又能延长烟雾在隧道顶壁的贴附时间，避免烟雾在下游扩散，从而增加人员的逃生时间。临界风速取决于火灾热释放率、隧道断面积和隧道净空高度。根据《公路隧道通风设计细则》，火灾临界风速如表 6-4 所示。

表 6-4　火灾临界风速 v_c

热释放率/MW	20	30	50
火灾临界风速 v_c/（m/s）	2.0 ~ 3.0	3.0 ~ 4.0	4.0 ~ 5.0

确定临界风速取值后，火灾排烟需风量按式（6-7）计算。

$$Q_{req(f)} = A_r \cdot v_c$$ （6-7）

式中：$Q_{req(f)}$——隧道火灾排烟需风量（m^3/s）；

A_r——隧道净空断面积（m^2）；

v_c——隧道火灾临界风速（m/s），如表 6-4 所示。

5. 地下工程火灾危害

在地下矿井，巷道、隧道、仓库、工作面等狭小空间发生的火灾，燃烧产生的烟流在狭小空间内运动，运动过程受通风系统强制通风或自然通风的作用，这类火灾称为井巷火灾。井巷火灾时期，火区下风侧的人员都处于被烟流污染或可能被烟流污染的危险区，因此烟流、热能和有毒有害气体的危害更大。归纳起来，地下工程火灾的危害主要包括人员伤亡和财产损失两个方面。

（1）人员伤亡。

由于烟流流动空间狭小，燃烧生成的热能不能向周围扩散，烟流温度可达数百度甚至千度以上。在火灾时期，火区下风侧几十米甚至几百米的范围内，烟流温度仍可达 70 ℃。以隧道为例，车辆是隧道火灾中重要的可燃物，研究表明，小汽车火灾功率峰值为 2.5 mW，大客车为 20 ~ 30 MW，重型载货汽车（HGV）可以超过 100 MW。另外，火势增长速度也很迅速，国外 Runehamar 隧道全尺寸 HGV 火灾试验表明，火灾热释放速率在不到 10 min 的时间内可超过 100 MW，如瑞士圣哥达隧道火灾发生几分钟内洞内温度已达到 1 000 ℃。人员进入高温烟流区容易烧伤，长时间在高于身体温度的烟流中滞留容易患热病。

地下工程火灾时期，烟气中毒性气体浓度高，烟气被定义为液体和固体燃烧产生的可燃气体、空气与固体颗粒的混合物。其中毒性物质主要包括燃烧生成物中的麻醉性气体和刺激性气体，如表 6-5 所示。

表 6-5　隧道火灾烟气中的有毒气体

可燃物材料	有毒气体
所有含有碳元素的可燃材料	CO_2
	CO
明胶、聚氨基甲酸酯	NO_x
棉毛、丝绸、皮革、含氮塑料、纤维塑料和人造纤维	HCN
橡胶、聚硫橡胶	SO_2
尼龙、尿素、甲醛、树脂	NH_3
苯酚、甲醛、木材、尼龙、树脂	$-CHO$

以隧道为例，车辆内饰大多为可燃物，燃烧后将产生大量有毒有害气体，对人员造成极大威胁；另一方面，隧道为狭长空间，仅有洞口与外界相通，因此火灾过程中氧气不足导致燃料不完全燃烧程度较高，发烟量大。地下工程火灾中最常见的有毒气体是 CO，CO 对人体的危害极大，能使人在短时间内中毒死亡。燃烧使风流中有毒有害气体的浓度升高，当烟流中氧气的浓度小于 12%（体积浓度）时，会使人在短时间内窒息，危害生命安全。

浓度较高的毒性气体很难自行排出，且大量烟气使能见度降低，减缓人员疏散速度，妨碍人员安全撤离。燃烧产生大量的粉尘和水蒸气，它们与流过火区的风流混合，形成火灾烟流。烟流的能见度比风流的能见度低得多，因而人在烟流中的视野范围缩小。烟流中的粉尘和有毒有害气体一般呈酸性，对人的眼睛、鼻子、呼吸系统和皮肤等有着强烈的刺激作用，严重威胁人员的安全疏散。

地下工程火灾从发现、判断确认到启动救援系统的响应时间相对较长，短时间内很难采取救援措施，容易失去最佳时机。与其他地下工程相比，由于隧道相对狭长封闭的结构，疏散距离长，安全出口少，疏散救援工作更加困难，很难在短时间内完成大规模人员疏散，进而造成人员的死伤。

（2）财产损失。

火灾的直接危害是烧掉资源、材料、设施和设备，破坏地下工程建筑，造成人们生产和生活秩序的混乱。火灾的惨状造成了人们心理上对火灾的恐惧，降低了工作效率。火灾的直接产物是热能、粉尘和有毒有害气体。热能传递过程和烟流温度分布，烟流运移规律和粉尘运动过程，有毒有害气体扩散行为过程和烟流分组等是火灾的表现形式。

火灾的直接危害是破坏工程中的结构和通风系统的风流状态，烧毁资源、材料、设施、设备和工程建筑，引起瓦斯和粉尘爆炸。大量地下工程火灾事故统计数据表明，地下工程的火灾极易造成车辆损毁、地下工程内部设施及结构破坏等。由于火灾过程中热释放速率较大，热量不易散去，温度很容易超过 1 000 ℃，因此火源附近地下工程结构很容易遭到破坏，造成重大人员伤亡和经济损失。

6. 地下工程火灾案例

2003 年 2 月 18 日，韩国大邱市地铁中央路站发生地铁纵火案。当时 2 列地铁列车上共有约 600 名乘客，由于一男子蓄意纵火，共造成 198 人死亡，146 人受伤，298 人失踪，如图 6-6 所示。大邱市地铁全长 28.3 km，1997 年投入运行，每天运送乘客 14 万多人次，产生如此巨大的伤亡事故值得反思。

图 6-6　韩国大邱地铁火灾

1999 年 3 月 24 日，位于法国监管地段的勃朗峰隧道内发生火灾，如图 6-7 所示。该隧道是意大利和法国之间通过阿尔卑斯山的交通要道，长 11.5 km。当日上午 11 时许，一辆满载面粉和黄油的比利时卡车在隧道中部失火，并殃及前后车辆。大火持续燃烧了 48 h，造成了 38 人死亡，绝大多数是由于火灾封闭通道而被困在自己的车中死亡的。

图 6-7　勃朗峰隧道火灾

2019 年 8 月 27 日 18 时 24 分，G15 沈海高速猫狸岭隧道发生一起较大货车起火事故，造成 5 人死亡、31 人受伤，直接经济损失 500 余万元。猫狸岭隧道的衬砌材料在骤然升温和长时间的高温下出现了爆裂以及材料性能劣化等问题，其对于隧道衬砌结构的破坏是致命甚至不可修复的，如图 6-8 所示。

图 6-8　猫狸岭隧道火灾后衬砌结构损坏

6.2.2　震　灾

在危害隧道及地下工程的各类灾害中，地震灾害是非常重要的一种灾害类型，其造成的灾害损失大，波及面广，影响也大，因而普遍受到关注。地下工程的防震减灾技术也是近年来地下空间开发领域中应重点进行研究的一个学科。自20世纪末以来，世界范围内发生的几次大地震，给隧道及地下工程带来了较为严重的灾害，也使得人们对于隧道及地下工程地震响应和震灾的认识有了进一步的加深。

地震产生的地层震动不但对各类地下结构物的主体部分带来危害，导致结构出现裂缝、错位甚至塌落，从而危及结构物的安全和正常使用；同时也会导致附属设施的损坏，从而影响其正常功能。上述这些破坏是直接的，通常称为一次性灾害。另外，地震还可以间接地带来次生灾害，如引起火灾、导致涌水、有毒物质泄漏等。这些次生灾害也往往对人民生产生活产生很大的影响，造成严重的经济和社会损失。

1. 地震基本参数

所谓地震，是指地壳岩层受力后快速破裂错动（释放能量）所引起的地表振动或破坏。而地球上板块与板块之间相互挤压碰撞，造成板块边沿及板块内部产生错动和破裂，则是引起地震的主要原因。

地震参数是用来描述地震基本特征的物理量，地震的基本参数包括地震时刻、震中位置、震级和震源深度，其中地震时刻、震中位置和震级亦为表述一次地震的三要素。以下将主要介绍地震震级、震源深度、地震烈度及地震动参数。

（1）地震震级。

工程上采用震级来衡量地震的大小，通常用字母 M 表示，震级与震源释放出来的弹性波能量有关，它可以通过地震仪器的记录计算出来，地震越强，震级越大。一般可根据地震仪测定的每次地震活动释放的能量多少来确定震级。目前国际通用的地震震级标准一般为里氏震级，我国规定对公众发布一律使用面波震级。

地震按震级大小的分类情况可分为：

① 弱震：震级小于 3 级的地震。

② 有感地震：震级等于或大于 3 级、小于或等于 4.5 级的地震。

③ 中强震：震级大于 4.5 级，小于 6 级的地震（如彝良地震）。

④ 强震：震级等于或大于 6 级的地震（如玉树地震），其中震级大于或等于 8 级的又称为巨大地震（如汶川地震）。

国际上使用的地震震级为里克特级数，是由美国地震学家里克特所制定，它的范围在 1 ~ 10 级之间。该级数直接与震源中心释放的能量（热能和动能）大小有关，震源放出的能量越大，震级就越大。

（2）地震震源深度。

震源深度是指震源到地面的垂直距离，震源深度是影响地震灾害大小的因素之一。对于同级地震，震源深度不同，对地面造成的破坏程度也不同，震源越浅，破坏越大。一般根据震源深度可将地震划分为浅源地震、中源地震和深源地震。

① 浅源地震：震源深度 0 ~ 60 km，简称浅震。浅震对构筑物威胁最大。同级地震，震源越浅，破坏力越强。

② 中源地震：震源深度 60 ~ 300 km。

③ 深源地震：震源深度 300 km 以上，目前观测到最深的地震震源深度为 720 km。

（3）地震烈度。

工程上采用地震烈度来衡量地震的破坏程度。它指的是地震引起的地面震动及其影响的强弱程度。震级、距震源的远近、地面状况和地层构造等都是影响烈度的因素。同一震级的地震，在不同的地方会表现出不同的烈度。烈度是根据人们的感觉和地震时地表产生的变动，以及对建筑物的影响来确定的。仅就烈度和震源、震级之间的关系来说，震级越大、震源越浅，烈度也就越大。

一般情况下，一次地震发生后，震中区的破坏程度最严重，烈度也最高，该烈度叫作震中烈度。从震中向四周扩展时，地震烈度就会逐渐减小。根据《中国地震烈度表》（GB/T 17742—2020）规定，中国地震烈度等级划分如表 6-6 所示。

表 6-6　中国地震烈度等级划分

烈度等级 /度	房屋震害程度	人的感觉	器物反应
Ⅰ（1）	无	无	无
Ⅱ（2）	无	室内个别静止中的人有感觉，个别较高楼层中的人有感觉	无
Ⅲ（3）	门窗轻微作响	室内少数静止中的人有感觉，少数较高楼层中的人有明显感觉	悬挂物微动
Ⅳ（4）	门窗作响	室内多数人，室外少数人有感觉，少数人睡梦中惊醒	悬挂物明显摆动，器皿作响

烈度等级/度		房屋震害程度	人的感觉	器物反应
V（5）		门窗、屋顶、屋架颤动作响，灰土掉落，个别房屋墙体抹灰出现细微裂缝，个别老旧A1类或A2类房屋墙体出现轻微裂缝或原有裂缝扩展，个别屋顶烟囱掉砖，个别檐瓦掉落	室内绝大多数、室外多数人有感觉，多数人睡梦中惊醒，少数人惊逃户外	悬挂物大幅度晃动，少数架上小物品、个别顶部沉重或放置不稳定器物摇动或翻倒，水晃动并从盛满的容器中溢出
VI（6）	A1	少数轻微破坏和中等破坏，多数基本完好	多数人站立不稳，多数人惊逃户外	少数轻家具和物品移动，少数顶部沉重的器物翻倒
	A2	少数轻微破坏和中等破坏，大多数基本完好		
	B	少数轻微破坏和中等破坏，大多数基本完好		
	C	少数或个别轻微破坏，绝大多数基本完好		
	D	少数或个别轻微破坏，绝大多数基本完好		
VII（7）	A1	少数严重破坏和毁坏，多数中等破坏和轻微破坏	大多数人惊逃户外，骑自行车的人有感觉，行驶中的汽车驾乘人员有感觉	物品从架子上掉落，多数顶部沉重的器物翻倒，少数家具倾倒
	A2	少数中等破坏，多数轻微破坏和基本完好		
	B	少数中等破坏，多数轻微破坏和基本完好		
	C	少数轻微破坏和中等破坏，多数基本完好		
	D	少数轻微破坏和中等破坏，大多数基本完好		
VIII（8）	A1	少数毁坏，多数中等破坏和严重破坏	多数人摇晃颠簸行走困难	除重家具外，室内物品大多数倾倒或移位
	A2	少数严重破坏，多数中等破坏和轻微破坏		
	B	少数严重破坏和毁坏，多数中等和轻微破坏		
	C	少数中等破坏和严重破坏，多数轻微破坏和基本完好		
	D	少数中等破坏，多数轻微破坏和基本完好		

烈度等级/度	房屋震害程度		人的感觉	器物反应
IX（9）	A1	大多数毁坏和严重破坏	行走的人摔倒	室内物品大多数倾倒或移位
	A2	少数毁坏，多数严重破坏和中等破坏		
	B	少数毁坏，多数严重破坏和中等破坏		
	C	多数严重破坏和中等破坏，少数轻微破坏		
	D	少数严重破坏，多数中等破坏和轻微破坏		
X（10）	A1	绝大多数毁坏	骑自行车的人会摔倒，处不稳状态的人会摔离原地，有抛起感	—
	A2	大多数毁坏		
	B	大多数毁坏		
	C	大多数严重毁坏和破坏		
	D	大多数严重毁坏和破坏		
XI（11）	A1	绝大多数毁坏	—	—
	A2			
	B			
	C			
	D			

（4）地震动参数。

地震动是由震源释放出来的地震波引起的地表附近土层的振动运动。而地震动参数则是表征地震引起的地面运动的物理参数，通常采用幅值、频率特性和持续时间这 3 个参数来表达地震的特点。地震动参数也是工程抗震设计的依据，不同工程对工程场地地震安全性评价的深度以及提供的参数的要求不同，这取决于工程的类型、安全性、危险性以及社会影响等因素。

其中，地震动幅值是地震振动强度的表示，通常以峰值表示的最多。地震动峰值的大小反映了地震过程中某一时刻地震动的最大强度，它直接反映了地震力及其产生的振动能量和引起结构地震变形的大小，是地震对结构影响大小的尺度。目前对于一般工业民用建筑，中国已经颁发的抗震设计规范都以基本烈度为基础来确定设防烈度，以烈度值换算成地震动峰值加速度进行抗震设计。地震动峰值加速度是地下工程抗震设计中最重要的设计参数之一。

2. 震灾的起因

地下工程震灾则是随着地震引起的强烈地面振动及伴生的地面裂缝和变形，使得地下建筑物结构发生变形破坏。以隧道工程为例，隧道洞口段衬砌发生震害主要是由于地震惯性力和强制位移所引起的。

（1）地震惯性力。

所谓地震惯性力，即为地震发生时由地震加速度和建筑物质量所引起的惯性力。在对"5·12"汶川大地震中隧道震害的调查统计中可发现，一般处于硬岩地质地段的隧道洞口段衬砌结构基本未发生损坏，而软岩地质的隧道洞口段衬砌结构却破坏较为严重。这一现象主要是由硬岩和软岩不同的地层岩性和物理力学性能所造成的，前者围岩整体性好、刚度大及自承能力强，而后者洞口段一般埋深较浅，自身不能成拱，且围岩一般为强风化岩体，故其软岩地质情况下隧道衬砌结构将受到严重破坏。

此外，地震波是由基岩向隧道围岩进行传播，由于围岩岩性的不同，其地震波峰值加速度的放大系数也不同，硬质围岩放大系数较小，而软质围岩放大系数较大。因此即使对于同一区域埋深相同的隧道，由于围岩间的不同岩性使得围岩实际地震动参数也不尽相同，其所承受的地震惯性力也将不同。

（2）强制位移。

强制位移一般发生于软岩隧道中，其洞口段一般穿越软硬围岩交接面，地震发生时此处易发生强制错动，导致产生较大的水平位移，从而造成了软岩隧道洞口段出现错台、二次衬砌垮塌等严重震害。

2. 震灾的类型

一般震灾根据直接或间接的影响作用可分为直接灾害和次生灾害 2 类。

（1）直接灾害。

地震的直接灾害是指由于地震破坏作用（包括地震引起的强烈振动和地震造成的地质灾害）导致房屋、工程结构、物品等物质的破坏，包括以下几方面：

① 房屋修建在地面，量大面广，是地震袭击的主要对象。房屋坍塌不仅造成巨大的经济损失，而且直接恶果是砸压屋内人员，造成人员伤亡。

② 人工建造的基础设施，如交通、电力、通信、供水、排水、燃气、输油、供暖等生命线系统，大坝、灌渠等水利工程等，都是地震破坏的对象，这些结构设施破坏的后果也包括本身的价值和功能丧失两个方面。城镇生命线系统的功能丧失还给救灾带来极大的障碍，加剧地震灾害。

③ 工业设施、设备、装置的破坏显然带来巨大的经济损失，也影响正常的供应和经济发展。

④ 牲畜、车辆等室外财产也遭到地震的破坏。

⑤ 大震引起的山体滑坡、崩塌等现象还破坏基础设施、农田等，造成林地和农田的损毁。

（2）次生灾害。

地震次生灾害是指由于强烈地震造成的山体崩塌、滑坡、泥石流、水灾等威胁人畜生命安全的各类灾害。

地震次生灾害大致可分为 2 大类：

① 社会层面：如道路破坏导致交通瘫痪、煤气管道破裂形成的火灾、下水道损坏对饮用水源的污染、电信设施破坏造成的通信中断，还有瘟疫流行、工厂毒气污染、医院细菌污染或放射性污染等。

② 自然层面：如滑坡、崩塌落石、泥石流、地裂缝、地面塌陷、砂土液化等次生地质灾害和水灾，发生在深海地区的强烈地震还将引起海啸。

3. 震灾的特点

地下工程震灾主要有以下几种特点：

（1）突发性较强，猝不及防。

地震灾害是瞬时突发性的社会灾害，地震发生十分突然，一次地震持续的时间往往只有几十秒，在如此短暂的时间内造成大量的房屋倒塌、地下建筑物破坏、人员伤亡，这是其他的自然灾害难以相比的。

（2）破坏性大，成灾广泛。

地震波到达地面以后造成了大面积的房屋和工程设施的破坏，若发生在人口稠密、经济发达地区，往往可能造成大量的人员伤亡和巨大的经济损失，尤其是发生在城市内，国际上在 20 世纪 90 年代发生的几次大的地震，造成很多的人员伤亡和损失。

（3）社会影响深远。

地震由于突发性强、伤亡惨重、经济损失巨大，它所造成的社会影响也比其他自然灾害更为广泛、强烈，往往会产生一系列的连锁反应，对于地区及国家的社会生活和经济活动都会造成巨大的冲击，同时对人的心理影响也比较大，这些都可能造成较大的社会影响。

（4）预防难度比较大。

与洪水、干旱和台风等气象灾害相比，地震的预测要困难得多，地震的预报是一个世界性的难题，同时建筑物抗震性能的提高需要大量资金的投入，要减轻地震灾害需要各方面协调与配合，需要全社会长期艰苦细致的监测预警工作。

（5）次生灾害危害更大。

地震不仅产生严重的直接灾害，而且不可避免地要产生次生灾害。有的次生灾害的严重程度大大超过直接灾害造成的损害。一般情况下次生灾害或间接灾害是直接经济损害的 2 倍。

（6）持续时间比较长。

该特点主要有 2 方面：一方面是主震之后的余震往往持续很长一段时间，虽然其震级没有主震大，但是这些余震也会有不同程度的发生，影响时间就比较长；另一方面是由于地震破坏性大，使得灾区的恢复和重建的周期比较长，将来需要对其进行规划和重建，重建周期比较长。

（7）地震灾害具有某种周期性。

一般来说，地震灾害在同一地点或地区要相隔几十年或者上百年，或更长的时间才能重复地发生。地震灾害对同一地区来讲具有准周期性，就是具有一定的周期性，认为在某处发生过强烈地震的地方，在未来几百年或者一定的周期内还可以再重复发生。

4. 震灾的危害

从上述内容可看出，地震震害对地下工程构筑物产生的破坏是极为严重的，且受多重因素的影响变化幅度范围也较大。此处以隧道工程为例，结合汶川大地震中相关隧道震害实例为研究背景，根据震害现象、破坏程度等因素，可将震灾对隧道产生的危害初步分为以下几种类型：

（1）边仰坡开裂、滑塌、崩塌、落石。

边仰坡开裂是隧道洞口边仰坡震害的常见形式，多发生在隧道洞口的土质边坡表层，表现为隧道边仰坡稳定性受地震影响，坡顶在震时或震后出现具有一定宽度及延伸方向的裂缝，如图 6-9（a）所示。隧道洞口是隧道唯一暴露的部位，洞口段所处地质条件较差，一般为比较严重的风化堆积体，埋深较浅，故震害及次生灾害发生较多，随着地震烈度的增加，隧道洞口段破坏得越严重。隧道边仰坡开裂是隧道边仰坡的表层破坏，而地震中所产生的强大惯性力是导致斜坡变形破坏的主要原因。在水平地震惯性力的作用下，斜坡坡顶产生走向垂直于地震力作用方向的竖向拉裂缝，同时带动裂缝外侧变形体沿水平方向运动，并产生近水平或外倾的拉剪破裂面。

边仰坡滑塌和崩塌震害受地震作用影响发育条件复杂，究其原因是边仰坡浅表层的稳定性在地震作用下遭到削弱或破坏而造成的。滑塌震害表现为全强风化的高陡边仰坡浅表层的碎石堆积层在地震惯性力的作用下松动而沿着浅表滑落。滑塌体可能砸坏洞口，甚至掩埋洞口，中断交通，如图 6-9（b）所示。崩塌震害表现为坡顶的碎石块或整块岩体在震动效应作用下开裂形成的岩块，在地震惯性力作用下脱离母岩，被水平抛射出去，受重力作用而下落，最终堆积于坡脚。

边仰坡落石震害表现为坡体上部岩体受地震惯性力作用，与母岩的黏结能力变弱而脱离母岩，或巨型孤石受地震惯性力作用脱离表层土体，沿坡面以较大的势能和动能滚落，直接威胁隧道洞口或明洞结构的安全，如图 6-9（c）所示。

（a）白云顶隧道映秀端地表滑动裂缝

（b）龙洞子隧道洞门边坡滑塌

（c）龙溪隧道出口落石堵塞洞口

图 6-9　隧道边仰坡开裂、滑塌、落石

（2）明洞、洞门破坏。

明洞破坏表现为明洞被落石砸穿，或受地震惯性力作用而开裂。明洞被砸坏及明洞开裂震害多发生在强风化坚硬岩体所构成的高陡斜坡隧道洞口或强风化软岩堆积体隧道洞口，以及在边仰坡防护不足甚至未做防护的洞口。洞口破坏通常发生在端墙式洞口中，其主要表现形式为端墙开裂、拱圈松脱、落石砸坏、翼墙和伸缩缝开裂、帽石掉落等。

隧道洞口处于地质条件较差的浅表层，自由度较高，周围土体对洞口的约束能力十分脆弱。如图 6-10（a）所示，端墙开裂的原因主要有 2 类：一是洞口位于偏压地形中，弱压一侧边坡浅层失稳导致端墙底部失去支撑，墙体受自身重力作用被拉裂；二是洞口在地震荷载的作用下被拉裂，此类震害是由地震波的特性所直接决定的，洞口在地震波作用下发生往复运动，纵波在端墙内循环地发生拉伸、压缩作用，在这样的循环作用下，端墙强度不能抵抗地震荷载的拉伸强度时则被拉裂。

由图 6-10（b）可知，翼墙开裂的主要原因是翼墙一般为混凝土片石挡墙，其本身抗拉、抗剪切的能力较弱，强度也较低，抗震性能较差。如果边仰坡在地震作用下有外倾趋势，或者边仰坡发生崩塌、滑塌，则翼墙后的主动土压力会增大，加之在地震横波作用下，强大的地震荷载极易使翼墙发生剪切、拉裂破坏。对于端墙与拱圈松脱，常是由于两者之间的连接强度不足造成的。

（a）桃关隧道洞门端墙开裂，拱圈损坏　　　　　（b）福堂隧道右侧翼墙开裂

图 6-10　明洞、洞门破坏

（3）仰拱和基底开裂、隆起。

仰拱和基底开裂震害表现为隧道仰拱被拉裂而形成一定方向的具有一定宽度和长度的裂缝。仰拱和地基隆起震害表现为隧道受强烈压力作用而形成沿隧道轴线方向的具有一定隆起高度和长度的凸起。仰拱和地基开裂及隆起的表现形式主要为横向开裂、纵向排水沟轻度隆起-张裂、仰拱强烈隆起-张裂、仰拱基底隆起等，如图 6-11 所示。

地震发生时，隧道周围积聚的高地应力在地震振动的激励下得以瞬间释放，而释放的高地应力由于只有隧道内部这个释放空间，则高地应力直接作用在隧道的左右两侧，当仰拱的抗剪切强度不能抵抗高地应力造成的流动挤压时，仰拱便会遭到剪切破坏，直至仰拱隆起。

（4）衬砌开裂与错台。

由图 6-12（a）、（b）可知，衬砌横向开裂一般分布在拱顶及拱腰，通常是纵波产生的隧道轴向往复的拉压作用使得二次衬砌的动应变不断累积，当累积应变超过了混凝土的极限应变时，衬砌表面会产生横向裂纹。若地震能量足够强，地震波的往复作用将可能使横向裂纹不断扩展、深切、贯通，并发展为环向裂缝。

（a）龙溪隧道仰拱隆起-张裂

（b）龙溪隧道进口基底隆起

图 6-11　仰拱和基底开裂、隆起

由图 6-12（c）、（d）可知，由震害引起的衬砌环向开裂通常发生在隧道特殊部位，如隧道与断裂破碎带、软硬围岩接触面、基覆界面的交界处。隧道穿过断裂破碎带时，地震引发地层产生相对位移，错动不仅会使施工缝处产生错台，更会使得衬砌的整体性遭到破坏，直接产生较大的环向破裂带，甚至造成二次衬砌垮塌及塌方震害。

由图 6-12（e）、（f）可知，隧道衬砌结构纵向裂缝多是由于地震波沿竖向传递引起的，衬砌顶部和底部受到纵向反复的拉压作用，导致衬砌墙身拱顶和底部产生纵向裂缝。斜向裂缝一般是由水平向正交地震波和横向垂直地震波的共同作用下产生的，如图 6-12（g）、（h）所示。

（a）马鞍石隧道横向开裂

（b）隧道横向开裂示意

（c）龙溪隧道环向开裂

（d）隧道环向开裂示意

（e）友谊隧道纵向开裂

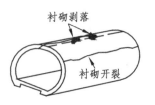
（f）隧道纵向开裂示意

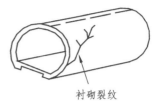

衬砌裂纹

（g）龙洞子隧道斜向开裂　　　　　　　　（h）隧道斜向开裂示意

图 6-12　衬砌开裂和错台

（5）衬砌剥落掉块、坍落。

隧道衬砌剥落掉块、坍落是较为普遍的震害类型，2 种震害的发生部位一般都在隧道的拱顶和拱腰部位。

隧道掉块实质是由于地震作用下不断累积的压应变超过了衬砌的压应变极限，而导致拱顶局部、浅表层的混凝土块掉落。隧道结构在受到水平向的地震荷载作用下，拱顶会受到较大的挤压作用，加之隧道区周围积聚的高地应力瞬间释放叠加作用于隧道衬砌，衬砌结构混凝土的抗压能力不能抵抗高地应力和地震荷载对拱顶的挤压，于是在拱顶局部产生压裂缝，裂缝在地震荷载作用下不断扩展贯通、深入，进而使局部表层混凝土块松动、掉落。

由图 6-13 可知，隧道衬砌坍落相较于掉块而言，其震害形式表现为影响范围更大，破坏深度更深，甚至可演变为隧道拱顶发生垮塌，而且一般来说，都伴随着钢筋屈服等现象。当掉块形成后，二次衬砌在地震波不断往复的拉压作用下，衬砌逐渐开裂，当横向和纵向以及斜向的裂纹逐渐贯通后，拱顶衬砌混凝土块便与周围的衬砌失去了联系，对围岩的支撑能力丧失。受上部围岩的挤压作用，伴随地震的振动作用，拱顶的混凝土便会坍落。

（a）龙溪隧道拱顶二次衬砌坍落　　　　　　（b）酒家垭隧道二次衬砌坍落

图 6-13　隧道衬砌坍落

（6）塌方。

塌方是指隧道结构受地震荷载作用后围岩失稳而造成的突发性坍塌、崩塌等破坏性地质灾害，常发生于断层破碎带、膨胀岩（土）松散岩层、不整合接触面、侵入岩接触带及岩体结构面不利组合地段，如图 6-14 所示。

由地震诱发的隧道塌方震害按照不同的产生因素一般分为 2 种震害形式：一种是由于围岩横向变位而在地下结构中产生强制变形所引起的破坏，如断裂破碎带上下盘错动而引起隧道衬砌结构的剪切移位，塌方体来自隧道截面的左右边墙以及拱顶，这类塌方往往直接封堵整个隧道截面，属于全面型塌方；另一种是在地震惯性力伴随高地应力影响作用下，二次衬砌结构拱顶产生径向大变形并遭到破坏，塌方体自拱顶向下涌入隧道，这类塌方在隧道拱顶往往形成一个具有一定宽度、高度和沿隧道轴线方向一定长度的空腔，属局部型塌方。

图 6-14 龙溪隧道拱顶垮塌

5. 震灾的案例

根据相关历史资料统计和文献调研，截至目前国内外隧道及地下工程发生的地震灾害不在少数，隧道震害及应对措施也一直是众多学者关注和研究的焦点之一。以下是历史上国内外地震震级和烈度较大的隧道震害实例。

1923 年日本关东发生震级为 7.8 级的大地震，地震烈度 X 度，如图 6-15 所示。该地震使得临近震中的 25 座铁路隧道受到破坏，其中洞身破坏达到 14 座。长坂山隧道（埋深 91 m）的砖和混凝土衬砌错位和破裂，有一处拱墙纵向错位达 25 cm；而南无谷隧道（埋深 76 m）穿过褶曲破坏的玄武岩，衬砌裂缝遍及全洞，衬砌变形严重，底板大多上鼓，最大达 1 m 左右，断面收缩最大达 50 cm。

图 6-15 日本关东大地震

1930 年日本伊豆地震，震级 7.0 级。当时丹那第一线铁路隧道正在施工，该隧道通过安山岩和凝灰岩，上覆厚约 40 m 由黏土和漂砾组成的古代湖泊沉积，地震使排水隧洞在横穿丹那山断层处水平错位 2.39 m，竖向错位 0.6 m，并且在主隧道边墙位置有数处裂缝。

1952 年美国加州克恩郡 7.6 级地震，使得位于南太平洋铁路线上的 4 座隧道受到严重破坏。这 4 座隧道均通过风化破坏的闪绿岩和白狼断层破碎带，均用厚度为 30~60 cm 的钢筋混凝土加固。3 号隧道横穿白狼断层，埋深为 46 m，边墙混凝土被压酥，一处边墙上跳并将扭曲变形的钢轨压在其下。4 号隧道埋深 38 m，一处边墙横向错动达 50 cm。5 号隧道埋深 69 m，震后地面裂缝，一处透顶坍塌，泥石流入洞内。6 号隧道埋深 15 m，初期支护断裂剥落。以上 4 座隧道在震后均改建为明堑或重建。

1978 年日本伊豆尾岛 7.0 级地震，发生于伊豆尾岛与伊豆半岛间的海上，该地区地质为第三纪火山岩，风化且节理发育。在该地区所修建的稻取单线铁路隧道，长 906 m，地震时出现一条横贯隧道的断层，使得隧道衬砌及仰拱严重裂缝，拱顶混凝土剥落穿顶，衬砌截面严重变形。

1995 年日本 7.2 级阪神地震，使得一百多座隧道发生不同程度的破坏，其中 10% 的隧道遭受了显著的破坏，必须进行修复和加固等。而采用明挖施工的地下铁道车站部分的支承柱被压坏而造成地面塌陷，隧道衬砌大面积开裂。此外，电力、供水管线、煤气以及通信线路等生命线工程在大范围内受到致命的破坏。

而纵观国内，我国位于世界两大地震带——环太平洋地震带和欧亚大陆地震带之间，区域地震也十分活跃和频繁。1975 年我国海城地震，个别隧道的入口端墙与翼墙上沉降缝变形较大。1976 年唐山 7.9 级大地震，使地面建筑物发生了较为严重的破坏，对煤矿巷道、人防工程和生命线工程亦造成一定程度的破坏。

我国 2008 年发生了 8.0 级的汶川大地震，其为构造型地震，震中位于成都西北方向、距离约为 70 km。主断裂为龙门山断裂之映秀—北川断裂，主震由映秀至北川，历时约 100 s，断裂延长约 300 km。该地震为一次罕遇或超罕遇的特大地震，具有震级大、烈度高、破坏力极强的特点，共造成 8.7 万余人死亡和失踪，直接经济损失 8 451 亿元。地震发生后，都江堰、映秀、汶川以及沿线公路震灾特别严重，其中都汶（都江堰—汶川）公路沿线隧道发生了不同程度的破坏。据相关学者对都汶公路沿线 18 座隧道进行的现场震害调研，发现大部分隧道都经历了不同程度的震害。其中，5% 的隧道属于轻度震害，22% 的隧道属于中度震害，73% 的隧道为严重震害，对震区隧道的部分调查结果如表 6-7 所示。

表 6-7　汶川地震震区隧道震害情况

隧道名称	与断裂带距离/km	实际烈度/度	单/双洞	主要震害类型
龙溪隧道	1.6	XI	双洞	① 纵向开裂、斜向开裂、混凝土剥落、拱顶混凝土纵向剥落、拱肩与边墙连通成多道环向裂缝、隧道洞口处二次衬砌环向开裂； ② 部分区段内出现了拱顶大面积崩塌
白云隧道	2.4	X	双洞	① 距映秀端洞口 60 m 处隧道衬砌破坏长近 20 m，二次衬砌错台近 40 cm、环向钢筋外凸； ② 局部垮塌，路面破损，存在开裂起拱现象，严重段拱起路面错台高差达 20 cm
烧火坪隧道	4.9	XI	单洞	① 二次衬砌出现多处斜向和纵向裂缝，防火涂料大面积脱落，洞内衬砌施工缝环向开裂； ② 部分区段的衬砌拱顶出现环向开裂并渗水

隧道名称	与断裂带距离/km	实际烈度/度	单/双洞	主要震害类型
龙洞子隧道	4.9	X	双洞	① 衬砌边墙局部垮塌，衬砌、拱肩、施工缝开裂，衬砌边墙横向开裂，并与沟槽和底板连通形成环向裂缝，衬砌边墙斜向开裂，伴有混凝土剥落、掉块； ② 隧道底板出现多处开裂、错台并与沟槽形成环向贯通，裂缝宽度约为 15 cm
友谊隧道	6.5	X	单洞	① 隧道纵向施工缝张开。 ② 路面严重开裂破坏，裂缝沿路面贯通，裂缝宽度最大值达 20 mm，路面普遍破损，裂缝布满路面，仰拱出现隆起，二次衬砌侧墙严重破坏。部分衬砌出现垮塌，沿纵向出现多处错台。 ③ 二次衬砌内钢筋出现屈服并暴露于衬砌外、衬砌混凝土出现压裂和剥落。 ④ 洞内纵向出现 2 段大范围垮塌
紫坪铺隧道	7.3	X	双洞	① 洞身多处开裂，以环向和纵向裂缝为主，裂缝宽 5～30 mm，并且衬砌开裂处多渗水。 ② 仰拱多处发生纵向开裂，向上隆起及错台，纵向裂缝长度达 50 m，隆起高度约 60 cm
龙池隧道	7.3	XI	单洞	① 洞内衬砌出现裂缝与掉块。其纵向裂缝的位置主要为：拱顶、拱脚、墙底，局部为边墙中部；斜向及环向裂缝的位置主要为：断层附近、施工缝附近、Ⅲ级围岩地段。 ② 基底上鼓并错台。 ③ 隧道进口左洞附近发育 F_8 断层，在该断层两侧约 100 m 范围内出现二次衬砌混凝土脱落、开裂、错台及仰拱隆起等震害现象
马鞍石隧道	7.3	X	单洞	① 路面开裂、衬砌结构性裂缝、局部掉块、钢筋压曲、部分开裂渗水。 ② 洞身结构破坏严重；衬砌存在开裂起层、剥落。 ③ 洞内沟槽多处损坏并与衬砌、路面裂缝形成环向贯通。路面出现轻微隆起、沉陷、形成坑槽，最深 4 cm
皂角湾隧道	8.9	XI	单洞	① 洞门端墙破损，崩落土沙。 ② 主体洞身开裂，附属物破坏，隧道渗水
彻底关隧道	13	XI	单洞	震害主要集中于进口 60 m 范围内： ① 二次衬砌沿施工缝环向开裂。 ② 洞口起拱线位置产生纵向裂缝（延伸约 4 m）。 ③ 路基与两侧电缆沟拉裂（最大 30 cm），部分盖板损毁

隧道名称	与断裂带距离/km	实际烈度/度	单/双洞	主要震害类型
福堂隧道	13	X	双洞	① 端墙破损，崩落土砂，洞门部分帽石被砸坏。 ② 洞身结构完好
桃关隧道	17.9	XI	单洞	① 洞口高陡斜坡崩塌堵塞内侧（能过人），端墙帽石被砸坏。 ② 洞口段施工缝出现微小裂缝、防火涂料脱落
酒家垭隧道	24.4	IX	单洞	① 断裂附近隧道多处发生开裂，主要以横向和纵向裂缝为主。 ② 拱顶、边墙等处发生大面积混凝土剥落。 ③ 仰拱多处出现纵向裂缝。 ④ 施工缝多开裂且渗水
单坎梁子隧道	24.4	IX	单洞	① 洞门端墙、拱圈及翼墙开裂，涂料脱落。 ② 排水沟被堵塞、破坏

6.2.3 水　灾

地下工程的水害是地下工程在建造投入使用以及对其进行维护的过程中一种较为常见的问题，地下工程是在含水的岩土环境中修建的结构物，在其施工和使用过程中，时刻都受到地下水的危害。特别是在大规模的地下结构工程中出现的结构病害，这种长期的渗漏会腐蚀建筑物混凝土中的钢筋结构，因此必然会影响到建筑混凝土结构的使用安全及其使用寿命。由于地下水的渗透和侵蚀作用，使工程产生病害，轻者影响使用功能，严重者使整个工程报废，造成巨大的经济损失和严重的社会影响。

如我国既有铁路隧道中，由于防排水工程存在问题，有相当一部分隧道存在漏水现象，其中不少隧道漏水严重。由于渗漏危害，严重地影响铁路隧道的结构稳定和运营安全。与铁路隧道一样，公路隧道、地下铁道等地下交通工程因渗漏而影响结构稳定、使用功能和运营安全的现象普遍存在。

1. 水灾的起因

地下工程发生水害主要有以下几种原因：

（1）防水层质量不过关。

这主要是地下工程在设计施工过程中材料方面和施工工艺方面的原因。若材料在生产、运输、储藏的过程中产生偏差则属于质量问题。因此地下工程在施工材料选择上，需鉴别材料性能是否满足防水使用年限和质量控制的要求。

（2）地下工程自身的结构变异。

由于整个地下工程长期处于较为复杂的环境中，在此期间会对整个结构产生影响，导致结构变异因素较多，一旦变异发生，结构会出现诸如变形、开裂、移位、混凝土剥落等现象，从而导致防水体系失效。例如，围岩的流动性会致使后期的围岩应力在长期的调整过程挤压防水板，导致地下工程的防水层失效。四季交替以及较大的温差，会使得结构面临强烈的冻胀力，使结构产生开裂、移位、变形等现象，也会造成地下工程防水失效。

（3）自然因素和外部环境的影响。

自然因素及外部环境影响包括腐蚀性介质的破坏，微生物的腐蚀，力场作用力的破坏，大气环境以及时间的作用所导致的高分子有机材料的降解等。除了这些影响，地下工程还随时面临着地下围岩和衬砌结构长期的相互作用所产生的挤压、变形等因素对防水体系产生的损害作用。

（4）使用、维护和管理不当。

当排水系统出现堵塞、排流不畅等情况时，若维护不善，将会使水压长期积累，从而引起结构的开裂，破坏地下工程防水系统。在较为严寒的地区，由冰冻所产生的冻胀力是导致地下工程结构开裂，造成排水管堵塞和破裂的重要原因，因此对地下工程进行维修和养护是十分有必要的。

2. 水灾的类型及危害

地下空间工程处于地面高程以下，在地下空间较长的运营期间（一般按 50 年或以上考虑），局部气象、水文和地下水环境等因素的较大变化对在规划、设计和施工阶段考虑不周的地下空间会产生如下 2 类不利影响：一类是泛滥河水极易流入地下工程这种封闭性空间，大量水体瞬间涌入造成地下空间运营系统暂时瘫痪，这一问题带有很强的突发性，并可能造成较大人员危害或财产损失，属于水灾问题，通常情况下多由地表水体或暴雨引起；另一类是地下空间工程时刻受到地下水的渗漏浸泡，当区域性地下水位渐变回升时，孔隙水压力和浮力增加会对设计欠合理的地下结构造成不同程度的破坏，当设计欠合理的地下结构在高水头压力作用下可能出现局部破坏后，大量的地下水涌入，最终酿成运营期间的地下空间水灾，这种现象在地下采矿工程中常有发生，如图 6-16 所示。

图 6-16　隧道涌水事故

3. 水灾的案例

2016 年 6 月 28 日，降雨导致重庆酉阳马鞍山隧道发生涌水，隧道内 2 辆客运中巴车以及 10 余辆小车共 60 人被困，如图 6-17 所示。经过当地有关部门的全力救援，所有被困人员均获救，未造成人员伤亡。

图 6-17　降雨引起隧道内涌水

2020 年 5 月 21 日，广州普降大雨至大暴雨，广州地铁 13 号线官湖站、新沙站、沙村站、南岗站等站外出现区域性洪涝，洪水倒灌进站导致地铁隧道被淹，13 号线全线停运，如图 6-18 所示。

图 6-18　广州地铁暴雨内涝致停运

2021 年 7 月 20 日，郑州持续遭遇极端特大暴雨，城市多条地铁线路受灾严重（图 6-19）。郑州地铁 1 号线共计 12 座车站、26 个区间被淹；2 号线一期刘庄至南四环站全线有 3 座车站和 14 个区间存在不同程度浸水；5 号线五龙口停车场及其周边区域发生严重积水现象，积水冲垮入场线挡水墙进入正线区间，导致 5 号线一列列车被洪水围困，最终酿成 14 人不幸遇难的悲剧。

图 6-19　郑州地铁暴雨积水事故

6.3 地下工程灾害防治措施

6.3.1 火灾防治措施

由于地下空间封闭性的环境特点，地下空间的防火应以预防为主，火灾救援以内部消防自救为主。常用的地下工程火灾防护措施如下：

1. 合理规划布局

城市的地下铁道、公路隧道、地下商业街、地下停车场等地下建筑，与城市地下总体布局规划相结合，增强城市总体防灾、抗灾能力。火灾发生时，地下铁道、地面建筑、其他地下通道之间要有可靠的防火分隔，有效地阻止火势蔓延扩大，减少火灾的损失。

2. 选择钢筋混凝土结构

地下建筑内长时间高温燃烧，会引起结构大面积倒塌，基本上无法修复。大火连续延烧几十个小时，隧道内部钢筋混凝土保护层只是局部脱落，部分烧灼，大部分经检查修复后可以继续使用。高温下混凝土的性能很大程度上受含水量、所用填料类型、配筋率以及其他配料设计等因素的影响，如混凝土中加入聚丙烯纤维可能在火灾中形成膨胀空隙。

3. 合理选择防火材料

城市地下空间装修材料应选用阻燃、无毒材料，禁止在其中生产或储存易燃、易爆物品和着火后燃烧迅速而猛烈的物品，严禁使用液化石油气和闪点低于 60 ℃ 的可燃液体。这样可以使装饰材料燃点增高，使其不易着火，即使着火，燃烧蔓延速度也较慢，以便为扑灭初期火灾及组织安全疏散赢得时间。

4. 合理选择出入口位置和数量

一个车站出入口通过能力总和，应大于该车站远期超高峰的客流量。鉴于目前我国地下铁道车站浅埋占多数，故要求浅埋车站出口数量不宜少于 4 个，小站出口可适当减少，但不能少于 2 个，并随客流量的增加，出口数量也要相应增加。

5. 合理进行防火防烟分区划分

设置防火防烟分区及防火隔断装置。为防止火灾的扩大和蔓延，使火灾控制在一定的范围内，地下建筑必须严格划分防火及防烟分区，相对于地面建筑要求更严格，并根据使用性质不同加以区别对待。防烟分区不大于、不跨越防火分区，且必须设置烟气控制系统控制烟气蔓延，排烟口应设在走道、楼梯间及较大的房间内。当地下空间室内外高差大于 10 m 时，应设置防烟楼梯间，在其中安置独立的进风排烟系统。

除此之外，为了阻止烟流的扩散，应在地下建筑中减少发烟量大的物品，并设置排烟系统将烟有组织地排走，还要对自然扩散的烟流加以阻隔，划分成若干个防烟单元。防烟单元和防火单元可以统一，防烟单元的面积可小于防火单元的面积，在每个防烟单元中应设独立的排烟系统。设置防烟楼梯间是阻隔火和烟沿垂直方向蔓延的有效措施，特别是在人员安全出口处更为重要。

6. 设置联络通道

根据国内外地下铁道运营中事故的灾害分析,列车在区间隧道发生火灾而又不能牵引到车站时,乘客必须在区间隧道下车。为了保证乘客安全疏散,2 条隧道之间应设联络通道,这样可使乘客通过另一条隧道疏散到安全出口,如图 6-20 所示。联络通道也为消防人员灭火救援提供便利,其两端应设防火卷帘门,人员撤出着火隧道后,应及时落下防火卷帘,以免火焰向另一条隧道燃烧。

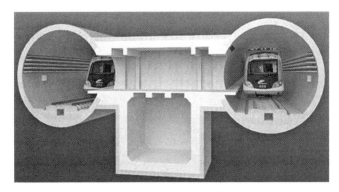

图 6-20　宁波地铁 T 形隧道联络通道

7. 建立监测监控系统

在地下空间应设置自动感温、感烟和自动报警系统。在大型或人员集中的地下建筑中应设置防灾中心,中小型的可与机电设备的控制室合并在一起。同时,应建立视频监控系统,配备专职消防人员巡逻,对纵火、爆炸等人为破坏进行监控,发现可疑应及时跟踪和控制;一旦发现火源,应采取各种紧急措施。

8. 建立自动喷淋及喷雾系统

自动喷淋、喷雾系统与感温、感烟系统同时建设,喷淋及喷雾系统与感温、感烟系统联动,以有效控制火源。其中,喷雾系统的雾状水滴能迅速将火源包围,使之与空气隔绝而熄灭或延缓火势蔓延时间。值得指出的是,不论是自动报警还是自动喷淋系统,都必须保证其质量可靠。如果有火不报,等于不设,如果无火误报,则可能引起混乱,或使内部物品遭受不应有的水淋。

9. 设置可靠的应急照明装置和疏散指示标志

可靠的应急照明装置和完整的疏散指示标志能够大大提高火灾时人员的安全逃生系数,并应采用自发光和带电源相结合的疏散标志。应急照明装置除有保障电源外,还应使用穿透烟气能力强的光源。此外还应配有完善的广播系统。

10. 快速灭火

在灾情得到初步控制后,特别是当火情已呈现蔓延和扩展趋势时,应尽快针对燃烧物特性使用不同的灭火剂加以扑灭。灭火机理主要可归纳为隔离、冷却、窒息和抑制,在规划时应根据地下空间潜在火灾的特点采用不同的灭火方法。普通的燃烧物用水即可扑灭,在必要时还可增设泡沫灭火或二氧化碳灭火系统。前一种灭火剂使燃烧物迅速被大量泡沫所包围，与空气隔绝而熄灭，二氧化碳可以排除燃烧物周围的氧气，同样会使火窒息。这两种灭火系统比水的效果都好，但造价相当高，而且都需要在使用前临时用化学药剂配制，喷出后才能产生灭火作用。因此，平时的维护管理十分重要。在化学反应过程中任何一个环节发生故障，都将使整个系统失效，所以宜在可燃物很集中或防火标准很高的地下建筑中使用。

6.3.2 震灾防治措施

地震的发生具有不可预见性，因此对于地下工程中的防震减灾应做到未雨绸缪。一般地下工程震灾防护措施可分为地震勘测预警、抗震设防措施、抗减震措施3个方面。

1. 地震勘测预警

（1）重视地下工程前期勘测设计。

查明地下工程所遇断层的近期活动性、活动方式与活动量等特征。推断工程使用期间断层是否有突发活动，对活动性较大的断层，应布置专门的监测系统，在地震发生前，对地下工程运行管理采取一定措施，以避免或减轻损失。

隧道等地下工程进出口段容易遭到破坏，应尽量选择在地质条件较好的地段，避开断裂破碎带。风化卸荷带、滑坡体和饱和砂土地区，应采用钢筋混凝土衬砌、喷锚支护等措施加固。

傍山隧道等地下工程尽量靠向山体内部，保持较厚的外侧盖层，洞线选择应处于地下水位以上，尤其应回避大的阻水断裂带和饱和砂土区，洞线应避免与最大土压力方向一致。预防地震时地下水压骤增和松散土层对地震效应的放大导致地震灾害加重。避免岩爆和诱发地震发生。

地下工程的主体结构应尽量避开断层，也不要横跨断层。如无其他选择，亦须了解断层是否活动，并在设计中采取相应措施，保证结构的稳定性。由于节理及裂隙是地表水和地下水的通道，如构造岩石为石灰岩、石膏等，水沿裂隙流动，易发展成溶洞，如果地下工程的坑道顺着岩层的节理或裂隙修筑，则形成的溶洞，会使坑道结构应力重新分布，受力不均匀，出现不稳定现象。另外，对于节理和裂隙发达的地区，岩层整体性差，坑道周围所产生的地层压力较大，必须相应加强结构强度。

（2）加强地震预报。

地震预报的含义是对地震发生的时间、地点、震级的超前预报。通常按预报的时间长短把地震预报分为长期预报（几十年到几年）、中期预报（几年到半年）、短期预报（半年到半个月）、临震预报（半个月到几天）4个阶段。国内外学者研究认为，大地震的发生是有一定的孕育过程的。

在地震孕育过程中，震源区及周围区域的介质和应力状态要发生明显的变化，通过在地面附近进行的多种观测可能发现这些变化。因此，有可能根据在地表观测到的前兆性异常来预报地震。只要从事地震预报和防震减灾的广大科技工作者，充分利用丰富的信息资源和先进的科技手段，就一定能够做好地震的预报工作，最大限度地降低地震灾害损失。

2. 抗震设防措施

以隧道工程为例，《公路隧道抗震设计规范》（JTG 2232—2019）已针对隧道抗震设防位置、措施等进行了相关规定。

（1）隧道抗震设防分类及标准。

公路隧道应根据公路等级及隧道重要性可按表6-8进行抗震设防分类。对经济、国防具有重要意义，或有利于抗震救灾确保生命线畅通的公路隧道，宜适当提高抗震设防类别。

表6-8　公路隧道抗震设防分类

抗震设防类别	适用范围
A	穿越江、河、湖、海等水域，技术复杂、修复困难的水下隧道
B	① 高速公路、一级公路隧道； ② 三车道、四车道隧道； ③ 连拱隧道、明洞和棚洞； ④ 地下风机房
C	① 二级、三级公路隧道； ② 通风斜井、竖井及风道、平行导洞
D	① 四级公路隧道； ② 附属洞室

确定隧道工程抗震设防等级首先需要确定抗震设防烈度，其是由基本地震动峰值加速度换算为Ⅱ类场地的基本地震动峰值加速度 A，按表6-9对应关系确定。

表6-9　地震动峰值加速度分档与抗震设防烈度的对应关系

抗震设防地震动分档/g	0.05	0.10	0.15	0.20	0.30	0.40
Ⅱ类场地基本地震动峰值加速度/g	[0.04，0.09)	[0.09，0.14)	[0.14，0.19)	[0.19，0.28)	[0.28，0.38)	[0.38，0.75)
地震烈度	Ⅵ	Ⅶ		Ⅷ		Ⅸ

基于上述内容，各类隧道的抗震设防等级可按表6-10确定。

表6-10　公路隧道抗震设防等级

抗震设防类别	地震基本烈度					
	Ⅵ	Ⅶ		Ⅷ		Ⅸ
	0.05g	0.10g	0.15g	0.20g	0.30g	0.40g
A	二级	三级	四级		更高，专门研究	
B			三级	四级		
C、D	一级	二级		三级		四级

（2）隧址、场地及地基抗震设防。

对隧道工程进行抗震设防时，隧道选址应考虑下列宏观震害或地震效应：

① 强烈地震动导致隧道结构物的振动破坏。

② 强烈地震动造成的场地、地基失稳或失效，包括液化、地裂、震陷、滑坡、崩塌等。

③断层错动，包括基岩断裂及构造性地裂造成的破坏。

④局部地形、地貌、地层结构的变异引起的地震动异常造成的特殊破坏。

而在隧道地质勘查方面，除满足现行规范要求外，还应从抗震角度对下列内容进行场地与地基勘察和评价：

①场地土的类型、场地类别、场地抗震地段类别、地基液化判别。

②活动性断层和发震断层的位置、连续性和活动性等。

③隧址区潜在滑坡、塌陷、崩塌和采空区等岩土体的稳定性。

④断层破碎带、岩溶、软弱围岩等地段隧道的稳定性。

⑤土层剖面及土的动剪切模量和阻尼比等参数。

基于前述地质勘查，可将隧道围岩抗震地段类别分为有利、一般、不利和危险 4 种，考虑隧道埋深、围岩级别的影响，可按表 6-11 进行选取。

表 6-11　隧道围岩抗震地段类别

埋深	围岩级别					
	I	II	III	IV	V	VI
深埋	有利	有利	有利	有利	一般	不利
浅埋	有利	有利	有利	一般	不利	危险
洞口	有利	有利	一般	不利	不利	危险
有仰坡	有利	有利	一般	不利	危险	危险

由表 6-11 可知，一般情况下，处于坚硬、完整岩体中的隧道其抗震是有利的，处于不良地质地段的隧道抗震是不利的；深埋隧道抗震是有利的，浅埋隧道抗震是不利的；相对于洞身隧道结构，洞口、边仰坡的抗震是不利的。

此外，在隧道勘察时还需从宏观地质与微观地质出发，对隧道边仰坡、洞口等地段的场地，按抗震有利、一般、不利、危险地段进行划分，场地的地段类别应按表 6-12 进行划分。

表 6-12　场地的地段类别划分

地段类别	地形、地貌、地质
有利地段	缓坡、稳定基岩，坚硬土，密实、均匀的中硬土等
一般地段	不属于有利、不利和危险的地段
不利地段	陡坡、陡坎、河岸和边坡的边缘，地表存在结构性裂缝，强风化岩层，软弱土，液化土，平面分布上成因、岩性、状态明显不均匀的土层，陡峭的倾向于山体外侧的地层，高含水量的可塑黄土等，条形突出的山嘴，高耸孤立的山丘
危险地段	地震时可能发生滑坡、崩塌、地陷、地裂、泥石流等及发震断层带上可能发生地层位错的部位

由表 6-12 可知，隧址宜绕避抗震不利地段和危险地段；若难以绕避时，应以最短距离穿越抗震不利地段和危险地段；当必须穿越Ⅷ度及以上地震区的危险地段时，应进行专题研究。

（3）钻爆隧道抗震设防。

采用钻爆开挖隧道的抗震设防措施应满足以下几项要求：

①隧道布置应尽量减小浅埋、偏压段的长度，并避免洞口桥隧相接。

②抗震设防地震动分档值 0.2g 及以上地区宜避免设置连拱隧道。

③抗震设防地震动分档值 0.4g 及以上地区或穿越活动断层时，宜适当加大隧道内轮廓尺寸。

④当隧道内设辅助通道时，应采取必要的构造措施增强主洞与辅助通道连接处结构的抗震性能。

（4）隧道洞门抗震设防。

隧道洞门的抗震设防需要满足以下规定：

①隧道宜选择明洞式洞门或钢筋混凝土洞门，并尽可能正交设置。

②隧道洞门设计应尽可能减少对山体的扰动，应采取措施控制边仰坡高度。

③当洞口地形较陡或边仰坡欠稳定时，易导致滑坡、坍塌及落石危及行车安全，故宜采取接长明洞、适当增加明洞回填土厚度、设置主动或被动防护网等措施，以防止落石撞击明洞。

3. 地下工程抗减震措施

目前隧道及地下结构的抗震技术，主要有 2 种途径：第一种途径是通过改变隧道结构本身的性能，如减小隧道地下结构的刚性，使之易于追随地层的变形，从而减小地下结构的响应，此为抗震技术；第二种途径是在地下结构与地层之间设置减震层，使地层的变形难以传递到隧道地下结构上，从而使隧道结构的地震响应减小，此为减震技术。

（1）抗震技术措施。

隧道等地下结构可以通过一定的抗震措施来有效降低地震震害。总体上来看，目前所用的抗震措施主要是从加固洞室围岩和改变地下结构本身性能这 2 个角度考虑的。一般地下结构抗震技术分类如表 6-13 所示。

表 6-13　地下结构抗震技术分类

序号	结构情况	抗震方法	实现途径
1	改变结构	减小质量	采用轻骨料混凝土
2		增加强度	采用钢纤维混凝土
3		增加阻尼	采用聚合物混凝土
4			粘贴大阻尼材料，使其成为复合结构
5		刚度调整	增加厚度或采用钢筋混凝土等
6			喷锚网支护或钢纤维喷混凝土
7			管片式拼装衬砌

以下将主要介绍地下结构抗震的主要技术措施：

①衬砌结构加强。

结构加强主要是通过增加隧道衬砌结构的刚度与强度等特性来减小地震时隧道的响应，主要采用钢筋混凝土、钢纤维混凝土、聚合物混凝土等措施提高隧道衬砌结构刚度。地震发生时，隧道衬砌结构受到地震力的作用使自身内力增大。因而对于隧道而言，完全依靠提高隧道衬砌结构的刚度得到的抗震效果并不理想。为了改善钢筋混凝土衬砌结构的抗震性能，必须使其具有足够强度的同时还要有良好的柔性。

② 注浆加固围岩。

当围岩级别较差时，可以通过注浆、锚固的方法改善隧道的抗震性能。注浆加固围岩相当于提高围岩级别，加强了隧道与围岩的整体性，使围岩刚度与隧道衬砌刚度协调一致，降低衬砌的相对变形以减小内力。由于注浆层位置及刚度介于围岩与衬砌之间，使得震害集中于注浆层而不波及隧道结构，能明显降低地震引起的结构内力，同时使得内力分布更加均匀，起到一定的消减震效果。

③ 优化隧道结构性能。

隧道衬砌刚度加大后，隧道边墙和拱顶的加速度在地震响应中都将随之加大，相应所承受的地震荷载也将增加。适当降低结构刚度，可使结构在地震时发生一定的变形，随地层变形而变形，消耗地震能量。

一般来说，可以采用柔性结构和延性结构材料，如采用轻质高强材料（如陶粒混凝土、陶粒钢纤维混凝土）代替钢筋混凝土，在强度满足要求的情况下，减轻结构质量，降低惯性力，减小地震荷载；采用钢纤维喷混凝土、钢纤维模筑混凝土，提高混凝土延性、抗折性、抗拉性、韧性；采用聚合物混凝土、聚合物钢纤维混凝土，增加混凝土柔韧性、弹性和阻尼，使地下结构吸收地震能量，减轻地震反应。

采用柔性结构可以减小结构刚度，进而减少衬砌结构的加速度响应，但同时因刚度不足导致响应位移加大，可能影响隧道正常使用，因此还需要控制结构的变形。合理的山岭隧道抗震结构应该具备一定的柔度，使其在地震作用下能够有效地耗散地震能量，减小加速度响应。同时，在重力、地震荷载及各种可能预见作用力下的变形还能满足工程要求。

（2）减震技术措施。

减震是在隧道结构与地层之间设置减震层，使地层的变形难以传递到隧道地下结构上，从而使隧道结构的地震反应减小。地下结构减震技术分类如表6-14所示。

表6-14　地下结构减震技术分类

序号	结构情况	减震方法	实现途径
1	不改变结构	设置减震装置	在衬砌与围岩间设置减震器
2			在衬砌与围岩间设置板式减震层
3			在衬砌与围岩间压注减震材料
4			管片衬砌接头部位设置减震装置

以下将主要介绍地下结构减震的主要技术措施：

① 设置减震层。

利用减震层的隧道减震方法基本思想是在隧道衬砌与地层之间设置减震层，使原有的衬砌-围岩系统变为衬砌-减震层-围岩系统，阻止围岩的变形传递到衬砌结构上，吸收能量，减小衬砌结构的地震响应。由于减震层吸收的是动应变，因此减震层材料必须具备一定的弹性，使其在地震力作用下不被塑性化，在下次地震作用时仍可以发挥作用。减震层须具有较小的刚度和一定的阻尼，使隧道结构在静力作用下能够正常工作，不发生弹性形变或损坏，而在地震发生时减震层又可以减震耗能。

通过在衬砌与围岩之间或二次衬砌与初期支护之间设置大阻尼的黏弹性材料（橡胶、沥青、火山渣、泡沫混凝土、片石混凝土、高分子聚合物等）可以达到隧道减震的目的。由于减震层的大阻尼柔性材料在地震作用下通过大变形能够吸收大量地震能量，通过减震层的变形释放围岩位移，使围岩位移难以传递到衬砌，从而减小衬砌的内力，达到减震目的。目前常见的减震装置有减震器、板式减震层、压注式减震层等。减震器一般是由提供刚度的弹簧和提供阻尼的橡胶材料组成，主要有承压式减震器、承剪式减震器等。板式减震层，是将减震材料制成板材，便于现场施工。对于压注式减震层，有沥青系、氨基甲酸乙酯系、橡胶系、硅树脂系等，它们平时是液状，与硬化添加剂一起从隧道内压注到围岩与衬砌之间的间隙内，硬化后形成减震层。

对于软质围岩，减震层的减震效果不明显；对于硬质围岩，减震层的效果则较为明显；能明显降低地震引起的结构内力，同时使得内力分布更加均匀；不能有效减小地震引起的结构位移。

② 优化隧道结构性能设置减震缝。

山岭隧道沿线的地质情况一般差异较大，软岩和硬岩分布在整个狭长的隧道结构中，在罕遇地震作用下，软硬岩交界处容易发生较大的变形。因此，在隧道这些相对变形较大的位置可以设置减震缝，如图 6-21 所示。沿隧道纵向设置环向减震缝，把隧道分为多个相互独立的节段。各个节段可发生横向和纵向相对位移但并不产生相互作用，围岩的变形大部分通过各个节段的错动而释放，使结构的横向和纵向相对位移集中在减震缝处，减弱各个节段上因围岩变形而产生的相对位移，满足地震作用下的变形要求，从而降低结构内力，减轻结构开裂等震害。

抗震缝在整个隧道结构中可以设置多条，除了设置在软硬岩分界处外，还可以设置在深浅埋隧道分界处以及隧道结构断面尺寸变化处。

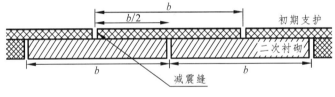

图 6-21　减震缝布置方式

6.3.3　水灾防治措施

地下工程水灾防治措施主要包括采用自防水材料和防内涝措施 2 种。

1. 自防水材料

结构自防水即混凝土结构本体防水，它是人为地从材料和施工等方面采取措施抑制或减少混凝土内部空隙生成，提高混凝土密实性，从而达到防水的目的。结构自防水的主要材料是普通硅酸盐水泥、矿渣水泥、粉煤灰水泥等。这些材料的抗渗性和耐久性都比较好，但由于防水混凝土的抗拉强度低、变形小、易于收缩，往往会破坏结构的整体性能。此外，普通防水混凝土内部空隙也容易形成渗水通道，结构自防水的关键是减少结构裂缝，这与混凝土材料结构设计方案施工工艺和结构使用环境等因素有关，混凝土的抗裂性和结构裂缝的处理是结构自防水的 2 个重要方面。

2. 地下工程内涝防治

由于地下空间的地势特点，内涝的防治一直是重点和难点。地下工程内涝主要由地下水、地表水及气象降雨造成，严重时将会引起洪水倒灌进入并淹没地下工程形成内涝。一般性洪涝灾害具有季节性和地域性，虽然很少造成人员伤亡，但一旦发生，就会波及整个连通的地下空间，造成巨大的财产损失。

（1）地下工程内涝特点。

随着城市地下空间规模的扩大，功能、结构和相邻的环境呈现多样性和复杂性，导致地下空间内涝的成灾特性具有风险大、不确定性、难预见性和弱规律性。

① 成灾风险大。地下空间具有一定的埋置深度，通常处在城市建筑层面的最低部位，对于地面低于洪水位的城市地区，由洪涝灾害引起的地下空间内涝成灾风险高。

② 内涝灾害具有不确定性和难预见性。根据已发生的地下空间受内涝的众多案例进行分析，其受灾因素多样化，有自然因素也有人为因素，灾害原因具有多样性，灾害发生前难以预料。

③ 灾害损失大、灾后恢复时间长。随着大型地下综合体和大型城市公用设施（如地下变电站、城市综合管廊等）的出现，加上地下空间规划的连通性，以及地下空间自身防御洪涝灾害的脆弱性，一旦内涝灾害发生，地下空间内的人员、车辆及其他物资难以在短时间内快速转移和疏散，导致损失严重，甚至产生相关联的次生灾害。为排出地下空间内的积水，往往需要临时调集排水设备或等外围洪水退去方可救援，造成灾害损失大和灾后恢复时间延长。

（2）地下工程防内涝措施。

城市地下工程的内涝问题需要采取以下几点措施：

① 地下工程的出入口、进排风口和排烟口都应设置在地势较高的位置，出入口的标高应高于当地最高洪水位。

② 出入口安设防淹门，在发生事故时快速关闭，堵截暴雨洪水或防止洪水倒灌。另外，一般在地铁车站出入口门洞内预留门槽，在暴雨时临时插入叠梁式防水挡板，阻挡雨水进入；在大洪水时可减少进入地下空间的水量。

③ 在地下空间入口外设置排水沟、台阶或使入口附近地面具有一定坡度；直通地面的竖井、采光窗、通风口，都应做好防洪处理，有效减少进水量。

④ 设置泵站或集水井。侵入地下空间的雨水、洪水和火警时的消防水等都会聚集到地下空间的最低处。因此，在这些地方应设置排水泵站，将水量及时排出，或设集水井，暂时存蓄洪水。

⑤ 通常采用防水龙头或双层墙结构等措施，并在其底部设排水沟、槽，减少渗入地下空间的水量。

⑥ 在深层地下空间内建成大规模地下储水系统，不但可将地面洪水导入地下，有效减轻地面洪水压力，而且还可将多余的水储存起来，综合解决城市在丰水期洪涝而在枯水期缺水的问题。

⑦ 及时做好洪水预报与抢险预案。根据天气预报及时做好地下空间的临时防洪措施，对于地铁隧道遇到地震或特殊灾害性天气，及时采取关闭防淹门、中断地铁运营、疏散乘客等措施，从而使灾害的危害程度降到最低。

📝 **思考题**

1. 灾害的定义及种类分别是什么？地下工程常见灾害主要有哪几种类型？
2. 隧道及地下工程火灾有哪些特点？火灾发生时应采取何种设计措施保证人员安全疏散？
3. 隧道及地下空间工程震灾有哪些危害？应采取哪些主要措施对震灾进行防护？
4. 思考可以采取什么工程措施防止城市地下工程发生内涝。

参考文献

[1] 马桂军，赵志峰，叶帅华. 地下工程概论[M]. 北京：人民交通出版社，2018.

[2] 张庆贺，廖少明，胡向东. 隧道与地下工程灾害防护[M]. 北京：人民交通出版社，2009.

[3] 曹彦国，向群，郭胜. 隧道养护[M]. 北京：中国铁道出版社，2013.

[4] 张兴凯. 地下工程火灾原理及应用[M]. 北京：首都经济贸易大学出版社，1997.

[5] 胡隆华，彭伟，杨瑞新. 隧道火灾动力学与防治技术基础[M]. 北京：科学出版社，2014.

[6] 崔光耀，王明年，于丽，等. 汶川地震公路隧道洞口结构震害分析及震害机理研究[J]. 岩土工程学报，2013，35（6）：1084-1091.

[7] 高波，王峥峥，袁松，等. 汶川地震公路隧道震害启示[J]. 西南交通大学学报，2009，44（3）：336-341+374.

[8] 李天斌. 汶川特大地震中山岭隧道变形破坏特征及影响因素分析[J]. 工程地质学报，2008，16（6）：742-750.

[9] 崔光耀，王明年，林国进，等. 汶川地震区典型公路隧道衬砌震害类型统计分析[J]. 中国地质灾害与防治学报，2011，22（1）：122-127.

[10] 王明年，崔光耀. 高烈度地震区隧道设置减震层的减震原理研究[J]. 土木工程学报，2011，44（8）：126-131.

[11] 高峰，石玉成，严松宏，等. 隧道的两种减震措施研究[J]. 岩石力学与工程学报，2005（2）：222-229.

[12] 李育枢. 山岭隧道地震动力响应及减震措施研究[D]. 上海：同济大学，2006.

[13] 招商局重庆交通科研设计院有限公司. 公路隧道抗震设计规范：JTG 2232—2019[S]. 北京：人民交通出版社，2020.

[14] 中铁第一勘察设计院集团有限公司. 铁路工程抗震设计规范：GB 50111—2006[S]. 北京：中国计划出版社，2006.

[15] 汤维. 地下工程防水所面临的问题及措施[J]. 灾害与防治工程，2010，68（1）：70-74.

[16] 郭陕云. 地下工程防水所面临的问题及措施[J]. 灾害与防治工程，2010，68（1）：4-5.

第7章　地下工程发展趋势及典型案例

 学习目标

1. 了解地下工程设计方法、施工方法、养护维修、材料的发展趋势。
2. 了解地下工程典型特征及修建意义。

7.1　地下工程发展趋势

近些年来，世界地下工程技术发展较快，突破性地建成多项宏伟的地下工程，工程技术的主流趋势正朝着更加安全、经济、绿色和艺术等方向发展。在理论研究、工程设计、节能减排、新材料应用等诸多领域有较大进步。思考地下工程发展趋势，引导广大科技工作者更好地把握本学科的发展成为重要任务。

7.1.1　地下工程设计方法发展趋势

我国隧道及地下工程建设规模大，分布遍及全国，所通过地形及地质情况复杂多变。伴随着国家经济、技术和装备水平的不断提升，各种新工法、新技术和新结构不断涌现。为促进我国隧道及地下工程学科的发展，对近年来我国隧道及地下工程设计方法的重大进展和应用情况进行总结和梳理，以期为设计提供参考和借鉴。

1. 概率极限状态设计法

目前，隧道结构设计方法主要分为安全系数法（容许应力法和破损阶段法）和概率极限状态法。20 世纪 90 年代，原铁道部针对单线铁路隧道整体式衬砌、明洞及洞门结构开展了荷载、混凝土强度、几何尺寸及标准图校准等工作，其成果应用于 1999 版《铁路隧道设计规范》，2000 年以后铁路隧道的建设及设计理论快速发展，双线及大跨隧道的数量越来越多，隧道普遍采用复合衬砌及新奥法施工，1999 版《铁路隧道设计规范》已不能满足设计需要，为此，2001 版、2005 版《铁路隧道设计规范》分别纳入容许应力法和极限状态法，但受极限状态法适用条件的限制，该方法没有应用。2011 年，铁道部重新启动转轨工作，制定了铁路工程极限状态法设计标准转轨分"形式转轨"与"建立体系"两步走的原则，由中铁二院牵头研究"铁路隧道结构极限状态设计方法"等 6 项系列课题，对铁路隧道荷载分类、荷载组合规则、复合式衬砌围岩压力计算方法、复合式衬砌及洞门结构计算模型、极限状态法设计表达式、

目标可靠度指标及分项系数确定方法等内容开展研究，在此基础上编制了《铁路隧道极限状态法设计暂行规定》（Q/CR9129—2015），并通过时速120～350 km不同速度等级的6个铁路项目、8个隧道工点试设计验证，最终形成了铁路隧道极限状态设计方法并纳入《铁路隧道设计规范（极限状态法）》（Q/CR9129—2018）。为提高隧道设计的科学性，并与国际标准接轨，隧道设计方法由安全系数法向极限状态法的转轨势在必行。

极限状态法相对安全系数法而言，是设计理念的革新，它不仅提高了隧道结构设计的科学性，同时统一了我国与国外的隧道设计标准，这对国内设计单位在国外开展勘察设计工作具有重要的积极意义。其创新性主要有：① 提出了铁路隧道复合式衬砌及洞门结构目标可靠指标；② 建立了铁路隧道复合式衬砌及洞门结构极限状态表达式，提出了基于荷载及结构自重的分项系数值，并给出了相应的调整系数；③ 修正了隧道洞门墙土压力不定性系数、土压力作用点位置，首次提出隧道洞门整体稳定性分块求和计算方法。

2017年，中铁第一勘察设计院集团有限公司、中国中铁二院工程集团有限责任公司、中铁第四勘察设计院集团有限公司、中铁第五勘察设计院集团有限公司、中国铁路设计集团有限公司及中铁工程设计咨询集团有限公司等6家单位共同完成铁路隧道极限状态法试设计，试设计分别采用极限状态法和安全系数法对一般隧道结构进行了平行设计，项目涵盖了高速铁路、客货共线铁路时速120～350 km不同速度等级的6个铁路项目、8个隧道工点。针对复合式衬砌、明洞、洞门结构开展试设计的工作内容，计算工况共87种，其中素混凝土衬砌17种，钢筋混凝土衬砌35种，明洞衬砌14种，洞门结构21种。

根据试设计结果，极限状态法和安全系数法的设计成果基本一致。

2. 高速铁路隧道机械化大断面设计方法

目前，针对高速铁路大断面隧道修建技术的研究主要以围岩稳定性研究、支护体系设计方法、安全快速施工等方面为核心。围岩稳定性是大断面隧道的基础与核心，目前有关洞身段稳定性的研究成果相对较为丰富，但针对掌子面稳定性的研究不足，尚缺乏较为成熟的评价方法。大断面隧道支护体系多以工程类比为主进行设计，支护设计参数与国外相比较为保守。掌子面超前支护被认为是一种施工辅助措施，其设计多以防止塌方为目的。大断面隧道通常采用分部开挖法施工，这是传统人工作业成本较低、施工装备技术水平低下的结果。随着铁路工程建设对质量、安全、效率等的要求日益提高，广泛采用大型机械配套，实现高速铁路大断面隧道安全快速施工的呼声也越来越高。近年来，国内也开展了个别大断面隧道快速施工技术的研究和工程实践，但研究类型单一，不具有系统性，未形成一整套的施工技术，同时在理论方面的研究不足。

在此背景下，郑万高铁湖北段于2016年年底开展了大规模机械化配套施工，各参建单位于2017年在中国铁路总公司立项"郑万高铁大断面隧道安全快速标准化修建关键技术研究"重点课题，针对大断面隧道标准化施工大型机械化配套技术、大断面隧道掌子面超前支护设计方法、大断面隧道洞身支护结构设计方法、大断面标准化施工工法及工艺、大断面隧道标准化施工组织管理方法等课题开展系统研究。

高速铁路隧道机械化大断面设计方法是以隧道机械化配套施工为前提的采用全断面或微台阶施工的系统设计方法，包括了设计及施工两方面，适用于采用钻爆法机械化大断面作业的高速铁路隧道。该方法的主要内容包括：① 机械化配套方案设计；② 施工工法设计；③ 掌子面稳定性评价；④ 超前支护设计方法；⑤ 洞身支护设计方法。

该方法创新性地提出掌子面稳定性定量评价及超前支护设计方法，提出了基于形变荷载的支护结构设计方法，确定了适用于大断面隧道机械化作业的配套施工工法及工艺，实现了软弱围岩大断面隧道安全快速施工。郑万高铁湖北段线路起于襄阳、止于巴东，全长约 287 km，隧道共 32.5 座，其中 10 km 以上隧道 7 座，均为单洞双线大断面隧道，开挖断面积 150 m² 左右，隧道总长度 167.6 km，隧线比约 58.4%。该段隧道设置 27 个 I 型（普通型）机械化配套作业工区，隧道总长为 60 km，设置 20 个 II 型（加强型）机械化配套作业工区，隧道总长为 78.21 km，现场推广应用机械化大全断面/微台阶法施工，其机械化配套程度及规模为国内在建铁路及公路隧道工程之最。通过采用该方法，极大地提高了施工安全性，施工进度也得到较大幅度提高，正常施工条件下的平均月进度，V 级围岩段可超过每月 70 m，IV 级围岩段超过每月 110 m，III 级围岩段超过每月 150 m；现场施工时，喷射混凝土、锚杆、钢架、仰拱、二次衬砌的施工质量明显提升；同时，围岩变形可控，尤其在软弱围岩地层，采用机械化全断面/微台阶工法，围岩及初支收敛变形显著减小，且收敛速度快。

7.1.2 地下工程施工方法与技术发展趋势

隧道及地下工程施工方法可分为钻爆法、浅埋暗挖法、明挖法、盾构法、TBM 法、沉埋管段法以及辅助工法等。

1. 钻爆法

（1）钻爆法机械化施工技术。

为了解决钻爆法施工中的劳动力投入大、施工效率低、安全及质量风险高等问题，钻爆法施工中采用机械设备，并应用人工智能技术，这对提高隧道施工质量、保障隧道施工安全意义重大。例如：超前地质预报采用多功能地质钻机；超前管棚采用管棚钻机施工，隧道开挖采用液压凿岩台车，如三臂一篮全液压凿岩台车、三臂一篮全电脑凿岩台车、门架式凿岩台车以及单臂和两臂一篮凿岩台车等钻孔凿岩设备，先后研发并在郑万、成昆、兴泉铁路工程中得到应用，土质及软弱破碎围岩隧道可采用铣挖机、液压破碎锤等进行开挖；钢架加工配置弯曲或成型加工设备，大断面架设钢架时宜采用钢架架设专用设备，国内先后开发了单臂轮胎拱架安装机、三臂三篮履带式、三臂三篮轮胎式等拱架安装设备。湿喷设备由人工手持湿喷发展到以湿喷台车为主的大断面、大方量湿喷装备，相继开发了自带空压机、双喷头等多种型号湿喷台车，并向智能湿喷台车发展，智能湿喷台车具备自动定位、隧道轮廓扫描、自动/手动喷射双模式、自动生成施工日志、堵管自动识别、数据存储、无线传输等功能。采用锚杆钻机或凿岩台车施工锚杆，防水板铺设由简易人工铺设台架发展到新型自动铺挂和定位的防水板铺设台车，衬砌采用智能二次衬砌台车施工。智能二次衬砌台车具备自动定位、自动对中、自动振捣、拱顶空洞检测及补救、灌注过程检测及数据收集和传输等功能。研制了衬砌养护台车，具备蒸汽养护、气囊密封、温度智能控制、终端远程监控等功能。

（2）钻爆法施工新技术。

① 水压爆破技术：水压爆破是往炮眼中的一定位置放入一定量的水袋，然后用炮泥回填堵塞。水压爆破具有"三提高、两减少、一保护"的优点，即提高循环进尺、提高光面爆破效果、提高炸药利用率，减少洞渣大块率、减少对周边围岩扰动，粉尘含量降低保护作业人

员健康。

② 预切槽技术：机械预切槽法是指采用专用的预切槽机沿隧道横断面周边预先切割或钻一条有限厚度的沟槽，填充混凝土后形成连续结构，在软岩地层中起超前支护、初期支护或衬砌作用。研发了预切槽设备，探索了一种适用于软土隧道施工的新工法，并在郝窑科隧道Ⅳ级黄土地段设置科研试验段，开展预切槽法施工工艺试验。

③ 长距离出渣运输问题：结合新关角隧道最长达 2 808 m 的斜井施工，首次研发应用了长大斜井皮带运输机出渣运输及设备配套技术。

（3）智能化施工技术。

随着地下工程建造理念的逐渐成熟，施工技术的不断提高，动态智能感知、三维定位测量、机器人控制等 3 大智能装备关键技术的不断突破，现代信息技术（大数据、互联网、人工智能）、现代隧道修建技术与智能工装深度融合，通过规范化建模、网络化交互、可视化认知、高性能计算以及智能化决策支持，逐渐形成了隧道建造新模式，隧道智能建造新模式层级架构如图 7-1 所示。

图 7-1　隧道智能建造新模式层级架构示意

以我国铁路隧道智能建造为例。我国铁路隧道修建发展于 1888 年，目前我国已经是世界上铁路隧道运营里程最长、在建规模最大的国家。近 130 年的发展历程中，隧道建造工艺工法先后经历了上下导坑先拱后墙法、漏斗棚架先墙后拱法，以及新奥法理念下的多种台阶法、眼镜工法和配合各类机械装备的具有中国特色的大断面钻爆法和 TBM 工法。这一过程体现了隧道建设从原始创新，集成创新，引进、消化、吸收、再创新，到形成我国技术标准体系，实现了"走出去"发展战略的伟大转变。智能化建造发展包含 3 个阶段：数字化建造、数字化网络化建造、数字化网络化智能化建造。铁路隧道智能化建造作为其中的一部分，是未来隧道建造发展的必然趋势。从信息化和智能技术在我国铁路工程领域的应用现状看，虽然已在铁路规划、设计、施工、运营和维护等阶段发挥重要作用，但是仍处于第一代和第二代智能建造阶段。例如近年来京张铁路、郑万铁路等线路隧道工程在设计、施工和运营方面建设实现了一定程度的智能化建造理念的应用。在科学技术迅猛发展的今天，我国铁路隧道建造智能技术发展不能简单重复从第一代、第二代到新一代智能技术依次发展，必须借助全球人工智能的快速发展。在新一代智能技术研发和应用方面，突破关键技术，实现弯道超车，实现真正意义上的智能化建造，为智慧铁路奠定基础，实现铁路隧道建设管理深层次发展。

① 智能化建造基础理论。

智能化建造理论与多学科息息相关，涉及通信、信息、计算机软件、人工智能、管理科学、行为科学、控制管理以及系统科学等，这是多学科构成其发展的理论基础。近年来，我国铁路建设管理单位开始将运筹学、管理学、工程经济学与系统工程理论相结合，吸纳新技术，将物联网、云计算、移动互联、大数据、BIM、GIM 等技术融合，在信息论与信息技术、通信技术、GPS 和 GIS 技术、控制理论与技术等领域，理论研究都在不断深化和改进。在京张铁路、郑万铁路隧道工程中进行了机械化与信息化深度融合实践，包含全生命周期、系统层级、智能化功能 3 个维度的铁路隧道智能化建造功能框架已具雏形。

当前初步实现了工程控制论与计算机信息技术的理论结合，并结合京张铁路八达岭等典型隧道智能化建造全过程，实现了机械行为方式、电子远程传输、信息整合融合、材料适配优选 4 个方面的自适应控制管理。基于现代隧道建造理念，依托郑万铁路湖北段典型隧道工程建设，掌握了隧道开挖、锚喷支护、二次衬砌支护时机对于围岩松动圈或塌落拱的影响规律，揭示了全断面或微台阶工况下，二次衬砌合理封闭距离，掌握了深浅层围岩的破坏特性、深部围岩的结构层效应特点及围岩失稳典型模式。

人工神经网络、BP 神经网络、遗传算法、模拟退火算法和群集智能等技术已经应用于围岩分级与智能化设计参数优选，并开始针对隧道安全监测系统中面临的大量数据处理和分析难题开展应用，为信息化介入设计、施工奠定了基础。总体来说，国内智能化建造基础理论发展仍处在起步阶段，智能化是建造技术的发展趋势，如何将先进的信息技术及资源，与岩土工程、隧道工程等学科相结合，进行工程智能决策并构建完善的设计、施工决策体系已经成为铁路隧道智能化建造基础理论发展的核心问题。

② 智能化勘察设计。

隧道智能化建造在勘察设计方面，综合应用物联网、大数据、人工智能等信息技术，依托智能化装备，实现基础三维实体模型全生命周期信息再现的自动化动态设计。依据空天地一体化的测绘多技术融合勘测方案，有利于及时提供施工各阶段数字化地质资料，在质量、工期和安全保证等方面为隧道建造提供有力的基础数据保障。钻探与超前地质预报方面，国铁集团在面向川藏铁路隧道工程开展的系统性科研攻关课题中，提出了千米级钻机整套装备相应的设计方法，建立了基于物探、钻探、点云和数字凿岩信息的综合超前预报体系。近年来，拉林铁路、郑万铁路等在建项目及川藏铁路雅安—林芝段都面临多类型严峻的不良地质考验，综合采用 POS（Position and Orientation System）数码航空影像、高分辨率卫星影像、雷达影像、机载 LIDAR（激光雷达）、无人机摄影及倾斜摄影、三维激光扫描及超前千米级水平钻机等综合测量技术，形成空天地一体化的测绘多技术融合勘测方案。

郑万铁路湖北段在智能设计方面，主要收集现有设计参数，构建设计参数数据库，根据隧道围岩智能分级结果，利用数据库搜索算法，自动匹配选择出设计参数初选值；利用现有设计理论编译相关软件，实现对参数初选值进行自动校核，当满足要求时得到推荐值，不满足要求时进行优化，给出最终推荐值。初步实现了设计参数智能匹配、推荐及校核、优化，但其匹配推荐方式为固定式匹配，严格依赖所建参数数据库，无法进行模糊综合匹配，此外其校核公式仅涵盖部分设计参数，重要设计优化参数（如锚杆）并不能实现智能检核优化。以上方法智能化程度不高，需要人工介入，可靠性、泛化性也尚需大量工程验证。

智能化勘察设计是隧道智能化建造的核心和精髓，长久以来，新奥法支护理论依然在山岭隧道占据主导作用，其强调围岩支护不能单纯依靠支护结构，需要通过支护作用去充分调动围岩的自承载能力，由围岩作为主体结构去承担围岩压力。但目前的隧道施工普遍重视、强调支护结构中被动支护的作用，而对加固围岩与充分发挥围岩自身承载能力方面重视不够或衬砌施作不到位，我国铁路隧道支护总体上属于被动支护体系，主动支护理念尚不统一。我国在多年隧道建设中，对变形主动控制已经达成基本共识，即在隧道施工中，主动控制围岩变形及充分发挥调动围岩的自承载作用，是隧道现代修建技术的核心理念。锚杆、锚索以及注浆加固地层等是主动控制围岩变形的关键技术措施，但变形主动控制理念的内涵、应用条件和适用范围等尚未在理论研究和实际应用中形成统一的认识。智能化建造应由表及里，重视主动支护体系的作用。

③ 智能化施工。

智能化施工是智能化建造技术水平的重要体现，智能化施工涉及机械工程、机械电子、计算机技术、定位技术、遥控技术等学科融合，施工过程中机械工装用量多少、参与深度综合代表了我国铁路隧道建设的技术水平。20 世纪 80 年代以来，带有液压机械臂的凿岩钻机在隧道内开始应用，标志着我国隧道机械化施工的开端。当前，隧道在超前钻探、开挖、初期支护、抑拱、防（排）水板、二次衬砌及水沟电缆槽等作业生产线采用谱系化工装已经相当普遍。当前机械化应用规模由小到大、适用范围由窄到宽、信息化水平由低到高、支护结构适应性由差变强。

目前，铁路隧道型谱化智能装备施工状态实时感知方面，国外以电脑凿岩台车为主，虽然具备自动定位、自动标记钻孔位置、自动传输数据并快速生成施工报告等智能化功能，但未形成全工序成套智能施工装备；国内在此方面的研究起步较晚，多采用引进、消化、吸收、创新的策略进行国产化研发，且多集中于凿岩台车、湿喷机械手等单台装备，但型谱化智能装备施工状态实时感知水平整体不高。郑万铁路初步研制了智能型凿岩台车、智能型注浆台车、智能型拱架台车、智能型锚杆台车、智能型湿喷台车、数字化衬砌台车，部分装备实现了施工状态实时感知，其中智能型凿岩台车具备了对炮孔数量、位置等信息实时感知功能；智能型注浆台车具备了注浆量信息实时感知功能。我国动态调控技术主要根据工程经验、人工输入基础参数再匹配的方式来实现对当前施工状态的动态调控，并且目前参与智能施工的专业化人才较为缺乏，人员的专业技术都是针对智能建造中各分领域的技术，受工程经验和数据库本身的局限，不能对整体智能建造施工有充分的掌握，距离基于机器本身参数的动态、实时、自动调控的完全智能化调控仍相差甚远。

实践表明，既有装备尚不能满足复杂艰险山区高能地质环境条件下隧道工程安全高效施工的需求，故采用主动支护体系替代传统支护体系，研发适配于主动支护体系的隧道智能施工装备，形成基于隧道智能施工装备的质量控制技术，建立隧道智能监测技术及体系，从而指导主动支护体系智能化施工，实现隧道安全、高效、优质及少人化施工目标，意义重大且十分急迫。

④ 智能化协同管控。

智能管控集中体现智能建造的精髓与能动性、互动性，是全生命周期智能建造过程的集中展示与运用。目前，国内智能建造协同管控尚处于起步阶段，郑万铁路湖北段隧道工程建设在"地-隧-机-信-人"智能建造协同管控方面做了初步尝试，构建了隧道智能化建造协同管理平台，具备了围岩智能分级、设计参数智能优选、开挖及支护智能施工和施工质量管控等4项功能。京雄高铁明挖隧道衬砌施工建立了由移动厂房、智能钢筋台车、智能模板台车、中央集料斗布料系统、智能养护系统组成的集中控制管理平台。

上述平台采用了轻量化 BIM 技术，构建的可视化远程控制平台实现了隧道施工信息的数字化储存与可视化展示，保证了项目参与各方良好的信息交流和沟通协调；此外还有监测及检测结果的可视化，主要采用应力或变形远程自动监测方法。其中，应力监测需埋入大量自动传感器，建立庞大的监测网络；变形监测应用了三维激光扫描、测量机器人等先进技术，但不能将隧道支护结构变形数据转化为应力数据，控制方式单一。隧道施工质量智能管控主要利用三维点云扫描、热成像技术、地质雷达等无损检测手段实现，如通过三维点云扫描实现超欠挖轮廓矫正，利用热成像摄像机测量混凝土温度进而实时确定喷射混凝土强度，基于地质雷达的衬砌检测等。

铁路隧道智能化建造的着力点是网络化数据传输与信息化经营管理。协同管控体包含建设、设计、咨询、施工、监理等隧道参建单位，各参建单位利用协同管控软件系统可快速便捷地开展工作，实现设计、施工、物料信息的传输与管理。协同管理平台软件是实现协同管控的直接工具，施工单位的信息化管理平台需与铁路工程建设管理平台接驳，隧道建设过程中各项资料应能汇集于大数据中心，一方面便于数据存档、可追溯，一方面便于随时备查可查，为运营养护提供辅助。

2. 浅埋暗挖法

浅埋暗挖法施工新技术：管幕法与浅埋暗挖法结合的施工方法，即先施作管幕结构，在其保护下采用浅埋暗挖法施工隧道，如北京地铁 19 号线平安里车站超浅埋暗挖施工中，实现了管幕法与 PBA（洞桩法）工法完美结合，既避免了车站上方大规模地下管线改移及交通导改，又提高了地下空间利用率、降低车站埋深、大大节约工程造价。再如沈阳地铁新乐遗址站施工，采取在管幕施工完成后，分段切管，在管内分块施作车站主体结构；拱北隧道开挖断面 338 m^2，采用管幕法和暗挖法结合的施工方法，成功解决了目前世界开挖断面最大的暗挖隧道。

3. 明挖法

预制装配式地下车站技术的研发和应用有利于推动地铁地下车站结构建造技术的变革，促进地铁建设工业化生产，能更好地解决地铁建设与城市资源、社会发展、环境可持续发展之间的矛盾。长春地铁 2 号线袁家店站是国内首例装配式地铁车站试验站，长春其余部分地铁车站也在积极推进和探索装配式结构的应用。北京地铁 6 号线西延工程金安桥站为地下两层双柱三跨车站，为北京市首座整体装配式车站。

4. 盾构法

盾构施工技术具有"大、难、新、智"的特点。"大"体现在盾构隧道的直径呈现显著增大的趋势;"难"表现在针对各种不良地层、建构筑物、管线密集的繁华城区,穿越道路、桥梁、隧道、江、河、湖、海等复杂的工程环境条件,在大断面软硬不均地层、花岗岩球状风化地层、大卵石地层中盾构施工的难题,开发了限排减压换刀技术与盾构地中对接技术,创新了盾构常压换刀技术;"新"突出表现在技术创新方面,如双模盾构;"智"指的是"智慧盾构",包括盾构机自动掘进技术、大数据库等。

(1)大直径盾构新技术。

世界上已修建了大直径盾构隧道(直径大于 10 m)数百座,在建的盾构机最大直径达到 17 m,国内已在黄浦江、长江、珠江、钱塘江、湘江等河流采用大直径盾构修建了数十条水下隧道,并成功应用于公路、铁路、城市轨道交通及给排水、管廊等各个领域,应用领域广泛。

大直径盾构克服了埋深大、断面大、掘进距离长、水压高、地层复杂等难点,实现了多种地质复合情况下的隧道快速施工,其主要技术方向包括:

① 盾构机掘进模式的创新:由单模式盾构向双模式盾构发展。例如,佛莞城际铁路狮子洋隧道,原设计采用土压-泥水双模式盾构,后施工单位改为可常压换刀的复合式泥水平衡盾构;广佛城际东环隧道,两个区间采用了土压-单护盾 TBM 双模式盾构。

② 盾构掘进各系统创新:刀盘在线监测系统、出渣称重系统、同步注浆检测系统、地质超前探测、高压密封及监测、始发延伸导轨、激光颗粒分析系统等。

③ 盾构掘进创新技术:"相向掘进、地中对接、洞内解体"技术(如广深港狮子洋隧道等)、冻结刀盘技术、土舱可视化技术、换刀机器人技术、SBM 竖井掘进机、马蹄形盾构、矩形顶管技术、高水压不稳定地层刀具常压更换技术、带压进舱及高压下动火作业技术等。

④ 海底软弱地层条件下的冻结加固技术:采用海面垂直冻结方法和洞内水平冻结方法实现联络通道开挖和盾构换刀作业,解决冻结管引孔定位、强渗流地层冻结温度控制等技术难题,实现海底软弱地层条件下的联络通道安全施工和盾构常压开舱作业。

⑤ 海域环境复合地层盾构掘进技术:在珠海横琴马骝洲交通隧道施工过程中,针对海域环境、"上软土下硬岩"复合地层条件下超大直径盾构隧道的设计施工技术进行了创新性研究,基于管片受力-变形特征提出了复合地层超大直径盾构隧道结构的横向、纵向计算模型,创建了复合地层盾构针对性设计方法和盾构掘进高效预处理系列措施,形成了海域环境泥水处理和复合地层盾构掘进成套控制技术,技术成果保障了隧道的顺利建设,促进了超大直径盾构隧道技术的进步。

⑥ 盾构法联络通道施工技术:形成了联络通道掘进技术、始发到达技术、高精度测量技术、结构变形控制技术等成套技术,与传统的暗挖法施工相比,具有明显的技术优势,可拓展性强,具有广阔的市场前景。

(2)智慧盾构技术。

① 智能掘进已实现盾构智能选型、参数智能决策、风险预测评价及人机交互与自动化掘进等功能,更符合实际地质环境、理论模型,结合数字化掘进实验平台,以实现智能掘进和大数据高级应用。

② 智能掘进通过智能监控、数据分析、远程诊断,基于大数据技术与科学分析,实时感

知与快速反演的信息化技术应用，实现盾构智能掘进。

③智慧盾构工程大数据平台。该平台已经研发完成，并逐步推广应用。

④基于 BIM 的盾构隧道施工风险集成控制系统。该系统提出盾构隧道工程施工信息模型和建模标准，并将 BIM 同多种信息化技术综合利用，实现对施工风险的实时分析和集成控制。

5. TBM 法

全断面隧道掘进机（TBM）施工具有掘进速度快、工作效率高、成洞质量好、综合效益显著、施工安全文明等显著优势，代表了当今及未来硬岩隧道施工的主流方向，特别是复杂地质条件下深长隧道的施工。

（1）复杂地质条件下 TBM 技术。

①通过隧道沿线岩体条件的研究、TBM 的掘进速度预测与施工参数分析、TBM 滚刀磨损预测与反分析、掘进参数与围岩的适应性研究，得到了各种岩体条件下掘进机的掘进速度、刀具磨损率、利用率和支护强度等参数，形成了深埋长隧道 TBM 施工成套技术。

②通过对超长隧道洞内外控制测量和联系测量方法进行分析研究，形成了科学合理的洞内外测量控制方法和技术成果。

③通过对外水压力的预测及应对对策研究，制定了不同隧道段外水压力的处治措施，确保了主体结构的安全性，保证了施工的经济合理性。

④利用辅助坑道，采用分阶段通风等技术，实现最长 20 km 超长距离通风。

⑤同步衬砌施工，在连续皮带机不间断出渣条件下，实现二次衬砌同步施工。

（2）TBM 智能掘进技术。

将人工智能算法应用于 TBM 掘进速度预测，从而对 TBM 的工作状态进行评价；同时，利用大量已建 TBM 隧道掘进数据建立了知识库及数据库，研究了不同类型 TBM 掘进参数预测方法；提出智能化专家控制系统，引入了模式识别和驱动功率的评价方法，在自动识别地质条件变化的基础上，自适应改变刀盘的驱动功率。而且，将智能设计和决策理论应用到掘进机选型设计中，研制智能掘进机选型的决策支持系统，用于掘进机概念设计阶段的选型；研发了一套 TBM 掘进参数智能控制系统，通过应用大量的专家知识和推理方法实现 TBM 掘进参数的智能控制，为 TBM 施工提供岩体状态参数和 TBM 掘进参数的实时预测，推进 TBM 施工的科学化、智能化发展。

6. 沉埋管段法

（1）港珠澳沉管隧道修建新技术。

港珠澳大桥岛隧工程代表了国内外沉埋管段法修建技术的最高水平和发展方向。港珠澳大桥岛隧工程由沉管隧道、东西人工岛三大部分组成。其中，沉管隧道为双孔双向 6 车道（全宽 38 m，高 11.4 m），基槽最深标高-45 m（即沉管落床时的最大水深），可抗 8 级地震、16 级台风，是世界上最长、施工综合难度最大的沉管隧道之一。

主要技术创新包括：

①构筑人工岛时采用自稳式的巨型钢质圆筒（22 m，高 40~50 m，环岛 1 周共计 120 个，单个质量大于 500 t，插入海床深度 20~30 m）施作海上深大基坑围护结构，创造了超深、超大的海上基坑快捷施工作业的一项崭新工艺。

②大面积、超深度"挤密砂桩复合地基"加固处理技术，使沉管隧道地基的工后沉降有望控制在总沉降量的 20%（约 50 mm）以内，远低于世界同类软基隧道沉降控制的惯用标准。

③采用"半刚性管段接头"。将各个管段小接头处的预应力钢丝束在管节浮运并落床就位后仍然保留而不再切断，从而形成"半刚性管段接头"。保留预应力后的半刚性管段，节段间的抗剪和抗弯承载力均可有效提升，能够承受因疏浚不及时、回淤不均匀所导致管段间过大的接头剪力和转动弯矩，且其纵向差异沉降量最后也将有望控制在允许范围之内。

④采用"三明治"式钢-钢筋混凝土组合结构倒梯形最终接头，自主研发了可折叠拼装的整体式最终接头形式，实现了海上精准对接技术和防水、止水新工艺。

⑤钢筋混凝土沉管结构的控裂和防腐耐久性设计。研究了在全寿命周期内钢筋混凝土沉管结构的控裂质量和防腐耐久性（含接头止水材料）设计。研究的深度和广度均居世界领先水平。

⑥建立了具有完全自主知识产权的、在外海深水海工环境下，超长、超大、超重巨型沉管安装的成套技术和设备系统，成功解决了受限海域拖航、锚泊定位、作业窗口管理和沉放中姿态控制、深水下测量定位和潜水探摸以及沉床后精准对接等系列难题，创造了 1 年内成功完成安装 10 个管节的"中国速度"，更有多次在 1 个月内连续安装 2 节沉管的纪录。

（2）复杂条件下沉埋管段法技术创新。

①水下爆破减震技术：运用"微差爆破+气泡帷幕+钢封门震动监测"多维综合爆破控制技术，不仅确保了已沉放管段的安全，也满足了城市核心区环境保护的要求。

②管段快速浮运沉放技术：采用"拖轮绑拖与吊拖相结合、岸上地锚与水中锚块相结合及设置工程船辅助"的管节浮运方式，解决大流速条件下管节浮运姿态控制问题。

③发明"自动测量、实时传输计算、可视化输出为一体"的管节沉放监控系统，实现管节沉放全过程可视化监控。

④沉管隧道基础灌砂新技术：研发沉管隧道基础灌砂 1∶1 模型试验平台装置及试验方法，将冲击映像法和全波场无损检测技术相结合应用于沉管隧道基础灌砂大比例尺模型试验检测中，揭示灌砂过程中的砂流扩展半径、相邻灌砂孔间的相互影响规律、砂积盘的充满程度以及各影响参数之间的相关关系。

7.1.3 地下工程材料发展趋势

材料是隧道及地下工程历久弥坚的物质基础和质量保证，更是其发展变革的基石和先导。近几年来，我国隧道及地下工程在支护材料方面的进展主要体现在喷射混凝土、衬砌混凝土、热处理高强钢材、防排水材料、保温隔热材料、锚固材料和加固材料等。

1. 喷射混凝土

自 20 世纪 60 年代引入新奥法理念以来，喷射混凝土已成为隧道及地下工程中应用最为广泛的材料。近几年我国在喷射混凝土材料、规格、应用技术和性能测试方面均取得了长足发展，主要体现在以下 3 个方面：

（1）纤维材料：针对不同的工程特点、耐久性、成本控制等要求，选取抗拉强度高、极限延伸率大、抗碱性好的纤维，可以减少或防止混凝土微裂缝的产生，克服普通混凝土抗拉强度低、极限延伸率小、耐久性及适用性不足等问题。目前钢纤维喷射混凝土已广泛应用于浅埋暗挖、深埋软弱围岩隧道及地下工程。

近 5 年来，喷射混凝土中纤维材料进展及应用可归纳以下 2 点：① 由金属钢纤维向玄武岩纤维、玻璃纤维等无机纤维多种类发展；② 由无机纤维向新型高分子合成纤维方向发展，包括聚丙烯纤维、聚酯纤维和聚丙烯腈纤维等有机高分子纤维。

（2）高效添加剂：新型高效外加剂的研制，使得喷混凝土的性能得到极大的改善。一般应用于隧道喷射混凝土的外加剂包括速凝剂、减水剂、早强剂、膨胀剂等。

① 速凝剂：速凝剂可以加快喷射混凝土凝结硬化速度，较快地获得早期强度，对解决边喷边掉、回弹量降低、增加一次喷射厚度及调整多次喷射时间间隔等问题也有所帮助。鉴于一般速凝剂碱性较高，导致混凝土抗压强度保有率低、耐久性差，且损害工人健康，无（低）碱速凝剂以其长期强度高保有率、高耐久性和安全环保成为液体速凝剂发展趋势。

② 减水剂：减水剂可以改善混凝土的和易性，降低施工耗能，提高施工效率。在保持混凝土坍落度不变的条件下，通过加减水剂可以大大减少混凝土拌和物的单位用水量，降低混凝土的水灰比，增强混凝土的强度和稳定性；在混凝土的和易性及强度不变的条件下，通过掺加减水剂可以减少单位水泥用量，节约水泥。

③ 早强剂：混凝土在施工过程中，掺加早强剂可以显著提高混凝土早期强度，从而缩短养护时间。早强剂又叫促强剂，能够调节混凝土凝结、硬化速度。到目前为止，我国先后开发的早强型外加剂主要包括：氯盐、硫酸盐、亚硝酸盐、硅酸盐等无机盐类早强剂；三乙醇胺、甲酸钙和尿素等有机物类早强剂；多种复合型早强类外加剂，如早强减水剂、早强防冻剂和早强泵送剂等。

④ 膨胀剂：膨胀剂经过多年的技术发展，经历了高掺到低掺、高碱到低碱的阶段，但主要是以钙矾石、氢氧化钙、氢氧化镁为膨胀源。按照膨胀性能、补偿收缩效果和膨胀剂的发展历程，近几年膨胀剂产品主要包括 HEA/UEA 膨胀剂、CaO/CaO-CAS 膨胀剂和 MgO/（MgOCaO-CAS）复合类膨胀剂。

（3）高性能掺合料：高性能掺合料的使用可以增强喷射混凝土的抗压强度，改善结构密实性，提高耐久性，增强其与围岩的黏接效应，减少回弹等。目前高性能掺合料主要包括硅粉、磨细矿粉、超细矿粉、粉煤灰等。

2. 衬砌混凝土

（1）纤维混凝土：针对地下混凝土结构存在延性差、耐久性有待提高等问题，引入纤维混凝土不仅可以提高结构的韧性和耐久性，还可在一定程度上减少钢材的用量。纤维混凝土是我国衬砌近几年的研究热点，包括钢纤维混凝土、无机纤维混凝土和有机纤维混凝土 3 类，其中钢纤维混凝土技术成熟应用较多，合成纤维混凝土的研究和应用范围也逐渐扩大。

（2）自密实混凝土：密实性是对混凝土最基本的要求。普通混凝土浇注后需利用机械振捣使其密实，但机械振捣需要一定的施工空间，且一些特殊部位无法进行捣固。自密实混凝土（Self-Consolidating Concrete，SCC）可很好地解决这一问题，是隧道及地下工程衬砌混凝土发展的重要方向，并已成功应用于铁路隧道、水下隧道、地铁隧道等地下工程。近年来，应用于隧道及地下工程的自密实混凝土减水剂取得了显著进展，按其发展历程总体可分为 3 个阶段：以木质素磺酸盐为代表的第一代减水剂，现阶段主要用于复配；以崇系为代表的第二代减水剂，该类别减水剂种类最为广泛；以聚羧酸系为代表的第三代减水剂，其性能优越性明显。

（3）特殊性能混凝土：向混凝土中加入特殊的添加剂，按一定比例拌和形成特殊高强混凝土，应用于隧道及地下工程的特殊环境，保证结构稳定。超高性能混凝土（Ultra-High Performance Concrete，UHPC）是一种以最大堆积密度理论作为设计理论的新型超高强度、高韧性的水泥基复合材料。耐火混凝土是由适当的胶凝材料、耐火骨料、掺合料和水按一定比例配制而成的特种混凝土，依据胶凝材料分为矾土水泥耐火混凝土、矿渣硅酸盐耐火混凝土、磷酸耐火混凝土、镁质水泥耐火混凝土和轻质耐火混凝土。耐腐蚀混凝土是由耐腐蚀胶结剂、硬化剂、耐腐蚀粉料和粗细骨料及外加剂按一定的比例搅拌而成。气密性混凝土是指在混凝土施工中掺入一定量的气密剂以改善混凝土的气密性能，提高混凝土的密实性及抗裂防渗性能，补偿混凝土的收缩，多用于穿过含有瓦斯气体煤层岩体隧道及地下工程。

3. 热处理高强钢材

高强钢筋是指抗拉屈服强度达到 400 MPa 及以上的螺纹钢筋。与普通钢筋相比，它具有强度高、综合性能（工艺性能、焊接性能、延性、抗震性能）优良、节约环保、使用寿命长、安全性高等优点。我国已经通过先进热处理技术加工出高强高韧性钢筋。

目前针对隧道及地下工程开展的热处理高强钢材有高强钢筋格栅拱架、实心锚杆用热处理高强度钢筋、空心锚杆用高强高韧性钢管、高强度箍筋、高强度预应力钢筋、高性能锚固件及不同围岩条件各类型热处理高强锚杆。

4. 保温隔热材料

针对寒区隧道，为避免冻胀病害，隧道结构及防排水系统需增设保温层或供热系统，保温层可采用无机纳米真空绝热保温板、气凝胶、岩棉或聚氨酯等材料，供热系统可采用电热或地热，既满足隧道结构保温需求，又保证隧道防排水效果。同时还可采用玻化微珠保温砂浆无机材料，具有良好的可靠性和稳定性。

针对高地温隧道，为避免高温造成隧道结构劣化，需增设隔热层，隔热层复合防（排）水板形成复合隔热防（排）水层，可有效降低高岩（水、气）温对隧道结构的影响。

5. 锚固材料

随着国内隧道及地下工程的不断发展，岩土施工环境越来越复杂多样，锚杆作为支护的主要组成部分，在发挥隧道结构支护性能方面起到重要作用。近几年我国在新型锚固结构和新型锚固材料上取得了长足进步。

（1）新型锚固结构：为了提高现有隧道及地下工程岩土锚固技术的应用效果或应对复杂岩土工程环境，国内外学者在新型岩土锚固结构方面开展了积极研究。关于新型锚固结构的研发主要有 3 个方面：①改进原有锚杆的结构，如新型锚头、预应力锚固锁定装置、自动卡紧装置、锚杆材料主体等；②应对复杂地质环境，研制相应的新型功能型锚杆，如用于软岩工程的高阻让压型和能量吸收型锚杆等；③复合型锚杆的研究，如集锚固、多重防腐、锚注等功能于一体的锚杆。

（2）新型锚固材料：锚固材料作为锚固体系中最为关键的材料，材料自身的物理力学性质及其与孔壁、杆体的黏结力等因素将直接影响着锚固效果，应用最为广泛的水泥砂浆锚固灌浆材料尚存在干缩变形和抗渗性差的问题。新型锚固材料目前包括树脂锚固剂、聚氨酯锚固剂。

6. 加固材料

在隧道及地下工程施工过程中，采用预加固技术能很好解决软弱围岩变形、掌子面失稳等难题。传统预加固措施通过钢锚杆及喷射混凝土加固掌子面岩土体，后期开挖时钢材切割不仅增加建设成本，而且降低掘进效率。这也促使加固工程在材料和技术上不断创新进步。玻璃纤维注浆锚杆以其抗拉强度高、抗剪强度低、全段锚固、锚注结合、易破除等优点已受到广泛关注并成功应用。

7.1.4 地下工程养护维修方面的发展趋势

本节以公路隧道为例介绍地下工程养护维修的发展趋势。目前，我国已成为世界上隧道建设规模最大、数量最多的国家。然而，随着隧道运营年限的延长，隧道结构出现了各种病害现象，如衬砌开裂、渗漏水、路面开裂、冻害、材料劣化、通风照明不良等。隧道结构病害的存在一方面严重缩短了隧道结构的使用寿命，缩短了维护周期；另一方面给隧道工程的运营带来了巨大的安全隐患。交通运输部于 2015 年组织修订了《公路隧道养护技术规范》（JTG H12—2015），提出了隧道养护等级分类的方法和公路隧道工程技术状况评定方法，对指导隧道养护工作提出更加明确的评价方法和实施手段。

1. 运营隧道检测技术

目前，运营隧道检测监测朝着无损性、高效性、综合性和智能化方向发展，在衬砌表观检测、衬砌结构健康监测和检测监测系统开发等方面取得了一定的成果。

（1）地质雷达检测技术：地质雷达检测技术作为一种高效的无损检测技术，具有高效率、高精度、高分辨率、成果直观且连续测量等特点，应用于隧道衬砌质量检测，为工程质量评价提供了可靠数据，在隧道质量检测工作中显示出其无可比拟的作用。但是该技术也存在一定的局限性与问题。地质雷达发射的声波频率越高则表示其衰减的速度就越快，整体的探测深度也会比较小，分辨率也会随之降低。雷达电磁脉冲信号在介质中传播的过程中极易受到高频电性的影响，而探测深度与数据的精度也会受到仪器特性与介质特性的影响。因此，在未来发展中还需要加强地质雷达技术的研发，全面提升技术水平。

（2）激光断面仪检测技术：激光断面仪法以极坐标为基本原理，建立在无合作目标激光测距技术和精密数字测角技术之上。与计算机技术紧密相结合，加上专门设计的图像处理软件，能在测试的同时迅速得到多组隧道断面图，通过计算机进行数据处理，可与标准断面进行比较并得到隧道的超欠挖等参数，快速给出检测报告文件。但在测量过程中应挑选较容易并无杂物覆盖的断面测量，尽量减小特殊点对检测结果的影响，并且在后期处理时要对明显的错误点进行修改，使之接近于测量的结果。

（3）三维激光扫描技术：三维激光扫描技术突破了传统测量中由点到线、再由线到面的单点测量方法，能获取目标体三维坐标点云信息，准确确立三维矢量模型，实现隧道三维变形监测、侵限分析、二次衬砌厚度评估等。应用三维激光扫描技术对隧道衬砌质量进行控制和评价，方法简单，实施方便，内容全面，并且可以为隧道建设和全生命周期养护提供重要的基础数据。近年来，该技术被广泛应用于隧道变形监测及质量检测中。

（4）红外线检测技术：红外热成像法可用来检测隧道渗漏水，该方法可以得出渗漏水处的面积，为解决隧道修复不当问题提供了依据。此外，红外成像法响应速度快、测量范围宽、非接触测量及测量结果直观形象，红外热成像法的隧道渗漏水检测技术原理简单，易于实现，结合隧道渗漏水要求等级的判断思想将推进其在隧道渗漏水检测中的应用。

2. 运营隧道评价技术

为了有效延长隧道使用寿命，必须定期对运营公路隧道进行病害检测，以便找出隧道病害，及时进行维修加固。此外，隧道病害的评价与判定是在对检测结果分析的基础上对病害进行分析与预测，其主要包含成因分析、病害分类、等级判定和等级标准。

3. 运营隧道维修技术

随着我国高速公路隧道运营里程的迅速增加，运营高速公路隧道衬砌渗漏水、裂损、掉块、厚度不足及背后空洞、腐蚀、冻害、隧底下沉及翻浆冒泥、隧底上拱、洞口危岩落石等各类型病害日益突出，因而从公路隧道拱墙结构和隧底结构等病害类型及其成因机理入手，提出了各类型病害特点且适应公路隧道条件的大修技术。

（1）隧道渗漏：公路隧道工程中渗漏水是最为常见的病害，导致渗漏水的原因有拱顶二次衬砌混凝土不密实、隧道工程的支护施工技术不过关、隧道断面欠挖、振捣不到位、混凝土中有空隙、自然物的腐蚀性等，针对这些原因提出了以排为主以防水为辅、引水泄压断尽水源、设多道防水线、注浆防水加固等预防处理措施，以期提高隧道工程的防渗水效果。

（2）衬砌开裂：隧道衬砌裂缝产生原因具有复杂性和多样性，包括地质条件、设计因素和施工质量等方面。当前国内外隧道裂缝的治理技术，主要有拆除重建法、锚固注浆法、挂网喷浆法、套衬补强法、骑缝注浆法、凿槽嵌补法、直接涂抹法等。

（3）衬砌腐蚀：公路隧道衬砌腐蚀病害整治措施主要有加强衬砌外的排水，提高衬砌的整体性和密实度，向衬砌背后压注防腐蚀浆液，对混凝土裂缝进行修补，定期检查，及时对隧道的裂缝进行修补等。

（4）基底下沉及翻浆冒泥：整治隧底翻浆冒泥病害的方法较多，主要有隧底注浆，增设单、双侧密井暗管水沟，更换隧底，隔离处理等。

（5）隧道底鼓：隧道底鼓是软岩隧道的常见病害，它与隧道围岩性质、应力状态及维护方式密切相关。针对隧道底鼓，目前常采用的整治技术主要有基底换拱、底板锚固及泄压降水等方法。

（6）隧道冻害：对隧道衬砌渗水冻害采取的处治措施主要有裂缝注胶封闭、凿槽埋管引排、钻孔引排、电渗透系统、喷膜防水层、敷设保温板、套衬、电伴热等。对隧道路面冒水结冰主要采取凿槽重新设置保温中心水沟，并在地下集中出水点设置竖向渗井与横向渗沟，形成完善的排水系统。

7.2 典型地下工程

7.2.1 秦岭终南山公路隧道——国内最长公路隧道

秦岭终南山公路隧道（图 7-2），穿越秦岭山脉主峰，是国家高速公路网内蒙古包头至广东茂名高速公路陕西境内的重要路段和控制性工程，也是陕西省"二六三七"高速公路网西安至安康高速公路的控制性工程。隧道按双向四车道高速公路标准建设，南北洞口间里程长 18.02 km，设计速度 80 km/h，建筑限界净高 5 m，净宽 10.50 m，行车道宽 2 m×3.75 m，侧向宽度 1.5 m，纵坡+0.3%～-1.1%，隧道进出口高程分别为 897 m 和 1 025 m。隧道所穿越的秦岭终南山段，其岩性主要为混合片麻岩和花岗岩，各类围岩长度比例为Ⅱ类 3%、Ⅲ类 12%、Ⅳ类 42%、Ⅴ～Ⅵ类 43%（此处按公路隧道设计新规范，对围岩级别已有变动），大小断层共 40 余条。隧道施工采用钻爆法掘进开挖，主要地质灾害为施工开挖时围岩失稳和岭脊段局部有岩爆显现。需要特别提到的是，隧道施工组织利用了东侧当时正在扩挖的、相邻的西康铁路隧道右线作为施工平导，以 8 条施工横通道增加作业面，做到"长隧短打"，大大加速了开挖进度；并采用有轨车及汽车进行施工运输，曾创造全断面掘进月进尺 429.5 m 的新纪录。

图 7-2 秦岭终南山隧道

秦岭终南山公路隧道为世界级超特长隧道。在此之前，我国已通车最长的公路隧道仅 4 km左右，国外已通车最长的高速公路隧道长度为 10.9 km（日本关越隧道）。修建长度 18.02 km的特长公路隧道，无论是国内还是国外在工程建设、施工管理、建成运营等方面都无类似的工程技术经验可以借鉴，难度很大。而其中最关键的则是特长公路隧道的运营通风、防灾救援、交通监控和运营维护与管理技术等几个方面。

为此，交通运输部组织有关单位联合开展了"秦岭终南山特长公路隧道关键技术研究"科技攻关。科研项目组采用产学研相结合的方式，针对特长隧道上述通风、防灾、监控、运营管理等关键技术难题，通过理论分析、数值模拟、物理模型试验以及现场测试取得了多项创新性研究成果：

（1）首次系统开展了我国公路车辆一氧化碳、能见度的基准排放量研究，并提出了有关修正系数；以人体血液中碳氧血红蛋白饱和度安全值为限，提出了确定洞内一氧化碳允许浓度的方法，为制定特长公路隧道卫生控制标准提供了理论依据；通过对依托工程通风方案进行系统验证和局部构造优化，提出了送排风短道因子回流的量化指标；提出了隧道运营通风工况模拟设计方法。上述成果较好地解决了该隧道采用三竖井送排式纵向通风方式所涉及的诸多技术难题。

（2）首次创建了能以模拟各种复杂工况的公路隧道火灾网络通风试验基地。基于多次火灾试验，提出了火灾通风控制基准；还首次提出了包含大风压、节流效应、烟流阻力等因素的公路隧道火灾工况下的动态网络通风计算方法，并研制出相应的程序软件，建立了一套完善的公路隧道防灾救援设计方法。

（3）首次提出了一种"安全置信系数法"，将之应用于特长公路隧道监控系统规模的确定；提出了基于滤波器与灰色系统的交通参数处理方法；建立了根据交通量-车速-洞外亮度的照明控制模型、基于模糊表格法的通风控制模型、隧道配电控制系统网络模型等；对于秦岭终南山特长隧道配电控制系统，提出了网络模型、配电网地理信息系统的功能要求和图形平台的选择方法。

（4）首创了编目、任务、管理三大体系的隧道管理模式，建立了秦岭终南山特长公路隧道交通安全管理体系，并建立了切实有效的应急预案；首次在隧道机电系统中引入"功能位置"的概念，提出了项目矩阵及故障分析方法，建立了一种隧道机电维护闭环控制体系；基于地理信息系统、虚拟现实等信息技术，开发了隧道管理系统软件，实现了资料信息的自动、快速、立体化搜索、查询与调用。

7.2.2 厦门翔安隧道——国内首条海底隧道

厦门翔安海底隧道位于市区东北部，是厦门市"一主四射三联"公路主骨架路网规划中的一条辐射线，是连接厦门市本岛和翔安区陆地的重要通道，兼具高速公路和城市道路双重功能，对缓解厦门、海沧大桥的运输压力，金门、厦门岛、海沧旅游环线的形成，翔安区经济发展和国防巩固，均起到积极的促进作用。它是我国大陆地区第一条采用钻爆法修建的海底隧道，是一项规模宏大的跨海工程，对我国隧道建设技术的进步和发展，缩小与世界先进水平的差距起到了里程碑式的作用。隧道采用三孔形式，两侧为行车主洞，中间为服务隧道，行车主洞为双向六车道，建筑限界净高 5.0 m，净宽 13.5 m。隧道全长 8 695 m，跨越总长 4 200 m，计算行车速度 80 km/h，工程概算 31.97 亿元。厦门翔安隧道设计概况如图 7-3 所示。

隧道主要穿越第四系覆盖层及燕山期侵入岩 2 大类地层。第四系地层以侵入岩残积土为主，其次为上更新统冲洪积、以白色基调为主的黏性土（当地称白土）和黏土质砂，少量全新世冲坡积或海积砂土、黏性土、淤泥等。基岩以燕山早期第二次侵入的花岗闪长岩及中粗粒黑云母花岗岩为主，海域及五通侧为花岗闪长岩分布区，翔安侧潮滩及其以北地带为黑云母花岗岩分布区。主要不良地质包括隧道两端陆域及浅滩段全强风化层（其中翔安侧部分浅滩段存在透水砂层），海域段 F_1、F_2、F_3 三处全强风化深槽和 F_4 全强风化囊。此类全强风化岩体强度低、自稳能力差，易发生渗透破坏。

地下水可分为陆域地下水和海域地下水 2 大类。陆域地下水主要受大气降水的补给，就近向低洼地段排泄，总体上属于潜水，仅局部洼地（如隧道出口处）因上覆土层中含大量高岭土的黏土相对隔水层。地下水具承压性，但承压水头是变化的，干旱季节承压转为无压。海域地下水主要受海水的垂直入渗补给。隧道地质情况如图 7-4 所示。

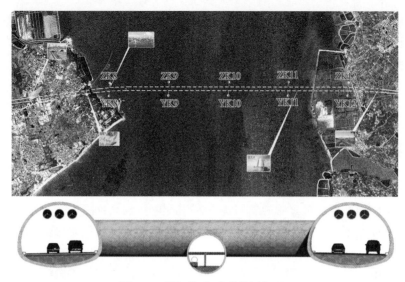

图 7-3　厦门翔安隧道设计概况

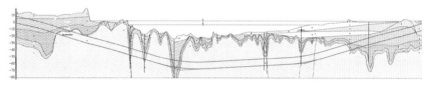

图 7-4　厦门翔安隧道工程地质概况

厦门翔安海底隧道是国内第一条海底隧道，也是世界性的工程，隧道建设规模大、地质条件复杂、水量大、水压高、工程经验少、开挖断面大、结构防腐抗渗要求高、技术难度高、施工风险大、社会影响大。隧道结构及防排水设计施工具有以下特点和难点：

（1）隧道结构防排水原则及标准确定尚无经验可循。翔安海底隧道海水总水头为 50~70 m，其水头较为恒定、水源无限补给，施工中不具备自然坡排水条件，这是海底隧道区别于一般山岭隧道和城市地铁隧道的最大特点之一。一旦发生大的突涌水，就可能引起严重的灾难性后果。从选择地下水处治方式看属于临界状态，从技术和经济的合理性出发，采用全封堵和排导两种方式都是可行的。防排水方式的选择对海底隧道结构设计及防排水系统设计非常关键。

（2）海底隧道水头恒定、水源无限补给，恒定水头的存在对隧道围岩稳定和结构受力有何影响？在应力场、渗流场及应力场和渗流场共同作用下结构的受力有何特征？衬砌水压如何确定？这些是衬砌结构设计面临的关键问题。

（3）海底隧道混凝土结构处于湿热的海洋大气和渗透海水的侵蚀介质环境中，受海水长期浸泡、腐蚀，对高性能、高抗渗衬砌混凝土配制工艺与结构的安全性、可靠性和耐久性，以及洞内装修与机电设施的防潮去湿要求严格。

（4）混凝土在水泥水化热作用下产生温升导致衬砌开裂的现象屡见不鲜，然而，对于海底隧道，衬砌一旦发生裂缝，不但引起渗漏，危及交通安全，还使钢筋长期处于海水的腐蚀之中，将严重影响整个隧道的安全性和耐久性。因此，对海底隧道混凝土衬砌的温控与防裂技术要求非常严格。

（5）海底隧道时刻处于海水的包围之中，隧道防排水系统的通畅是海底隧道安全运营的关键。厦门翔安隧道海域地下水及海水中含有大量的 SO_4^{2-}、Ca^{2+}、Mg^{2+}、HCO_3^- 以及游离 CO_2，混凝土材料又是一种多孔介质，尤其是喷射混凝土，其密实性较差，极容易被溶于水中的这些有害离子渗入，这些离子侵入后，会与混凝土水泥石中的氢氧化钙及水化铝酸钙发生化学反应，生成石膏和硫铝酸钙，不仅对混凝土结构有直接破坏作用，同时这些沉积物质还会积累在排水系统的管道里，从而影响排水系统的排水能力。运营海底隧道防排水系统是否会发生堵塞？堵塞后如何处理？这是厦门翔安隧道运营维修养护面临的突出问题。

翔安隧道寄托了几代人的梦想与期盼，承载了建设者们近一千七百个日日夜夜的艰苦奋战，倾注了建设者们超乎寻常的艰辛与心血，凝聚了全体参建单位的万千智慧与力量，体现了国内第一条海底隧道攻坚克险、永不言弃的顽强意志和穿越海底、成就梦想的建设激情，展示了中国海底隧道的建设实力和科技创新成果，是坚持民主决策和科学发展的硕果，是厦门城市建设史上的一大盛事，是我国隧道建设史上的又一座丰碑。翔安隧道这一宏伟工程的胜利建成，圆了厦门人民百年来的穿越海底抵达彼岸的梦想，作为具有里程碑意义的国内第一条海底隧道、迄今为止世界上断面最大的钻爆法公路海底隧道，它将永远地载入中国交通建设的史册，也必将在世界海底隧道建设史上留下辉煌的一笔。

7.2.3 郑万铁路隧道智能化建造

郑万高铁是华中地区继宜万铁路之后又一条在复杂艰险山区修建的高速铁路。湖北段线路自豫鄂省界的白河特大桥进入湖北省襄阳市境内，全长 287 km，经襄阳东津、南漳、保康，神农架林区、宜昌兴山，经恩施巴东香树湾隧道进入重庆境内。线路自南漳向西穿越荆山山脉、大洪山山脉以及大巴山山脉，该段地层岩性纷杂，地形起伏大，地质条件极为复杂。隧道总延长 167.6 km，分布 32.5 座隧道，其中 10 km 以上隧道 7 座，隧线比约 58.4%，主要工程地质问题有岩溶、滑坡、岩堆、危岩落石、错落、顺层及顺层偏压、河岸冲刷、高地应力等，代表岩性有页岩、灰岩、白云岩、砂岩、泥岩，Ⅳ、Ⅴ 级围岩段占比约 67.4%，有 Ⅰ 级风险隧道 6 座，Ⅱ 级风险隧道 5 座，建设难度极大。

我国铁路隧道绝大部分采用钻爆法修建技术，总结发展过程，大致经历了人工、多工序机械化发展阶段，目前，正在由多工序机械化向全工序机械化发展，随着与信息技术的融合，在不远的未来，将迈向智能化；国外的隧道钻爆法机械化修建技术发展虽然早于我国，但发展历程也大致如此，不过从目前发展进程来看，我国隧道智能化建造技术发展已领先于国外。我国铁路隧道全工序机械化是从郑万高速铁路湖北段隧道工程开始的，经历了试验、推广、提质增效三个阶段，最终形成了国铁集团企业标准《高速铁路隧道机械化大断面法设计施工暂行规定》，并纳入了国铁集团另一项重要的企业标准《川藏铁路勘察设计暂行规定》，为我国铁路隧道机械化建造技术在全国推广打下了坚实基础。

基于郑万高速铁路，综合运用智能传感、图像识别、机器人、人工智能、物联网等前沿技术，攻克了高精度量测定位、机器人自动控制、数据标准化交互等智能装备的核心技术，研发了智能凿岩台车、智能铲铣机、智能湿喷台车、智能拱架台车、智能锚杆台车、智能注浆台车、数字化衬砌台车、数字化养护台车等隧道钻爆法施工智能成套装备，为隧道智能化建造提供了装备支撑。系列化成套智能工装主要有三维量测定位、机器人作业控制、装备数据标准化交互等关键技术。

1. 系列化成套智能工装

（1）三维量测定位技术。

研发了机载一体化集成式的工装精准定位系统，快速实现装备实体、隧道实体、设计空间三者之间动态对应关系，如图 7-5 所示。通过搭载于智能装备的扫描仪（两轴激光测量系统），使用激光测量系统测量隧道内埋设的 2 个标靶，结合装备搭载的倾斜仪，自动求解装备相对隧道的位置与姿态参数，再通过隧道内的第 3 个标靶（校验标靶）进行测量，校验定位结果的正确性，校验通过即完成定位。

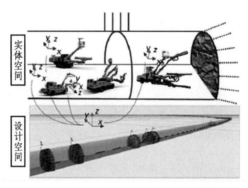

图 7-5　实体空间与设计空间动态对应示意

（2）机器人作业控制技术。

建立重载冗余臂架误差辨识补偿技术。针对施工装备重载臂架关节多、臂展长、荷载大、装配关系复杂、挠度变形大等特点，在机器人控制中引入非线性弹性变形理论，建立复杂非线性变形模式下的等效挠度补偿运动学模型，提出运动学参数冗余性定量分析指标，建立全工作空间运动学参数辨识标定方法，实现臂架全工作空间精确定位。重载臂架复杂变形模式与空间标定示意如图 7-6 所示。

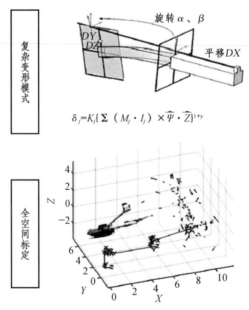

图 7-6　重载臂架复杂变形模式与空间标定示意

研发装备臂架作业运动轨迹自动规划与控制系统，实现臂架作业运动轨迹自动规划与执行，如图 7-7 所示。针对多关节大型臂架及悬垂液压、电气柔性管线，提出复合模型实时干涉检测与安全作业路径规划算法，建立防卡钻防空打、喷混厚度自动补偿等作业参数自适应实时决策方法，攻克高精度电液伺服微动控制技术，开发了装备自适应作业控制系统，实现隧道智能装备按照隧道设计自动规划运动轨迹并自主控制精准作业。

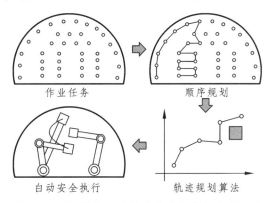

图 7-7　臂架作业运动轨迹自动规划与执行示意

（3）装备数据标准化交互技术。

提出隧道装备多源异构数据的统一交互方法。对隧道地质、设计、施工、质量等不同数据进行无监督聚类分析，明确隧道施工多源异构数据的时间、空间和语义特征，提出全工序智能装备统一数据交互制式，建立基于宽窄带融合技术的高可靠、低时延隧道施工现场装备物联网体系，开发隧道多源异构大数据分布式存储交互架构，搭建智能装备机群信息交互桥梁。智能凿岩台车参数采集与标准化交互示意如图 7-8 示。

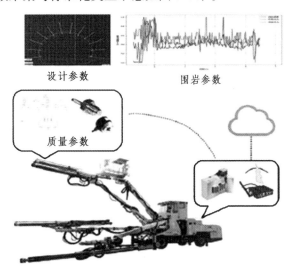

图 7-8　智能凿岩台车参数采集与标准化交互示意

2. 围岩智能分级及支护结构智能设计

（1）围岩智能分级。

现场采集近 1 000 份不同岩性、不同级别围岩的掌子面凿岩台车钻进参数数据样本，钻进参数和围岩级别散点示意如图 7-9 所示。

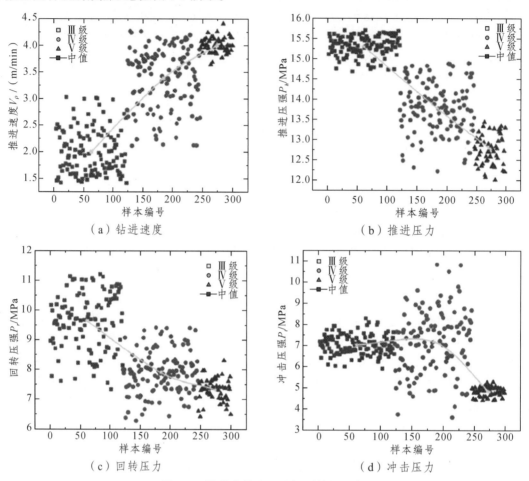

图 7-9　钻进参数和围岩级别散点示意

在解析钻杆推进速度、推进压力、冲击压力及回转压力等钻进参数后，发现钻进参数和围岩级别有较强的相关性。其中，钻进速度和围岩级别呈现负相关；推进压强、冲击压强、回转压强和围岩级别呈现正相关，由此奠定了围岩智能分级的基础。基于这一特性，利用 SVM、BP 神经网络等多种机器学习算法，建立掌子面围岩智能分级模型，如图 7-10 所示，准确率约 87%。

以掌子面围岩智能分级模型为基础，建立隧道围岩智能分级方法并进行软件开发。智能型凿岩台车自动获取钻进参数，通过软件分析实现掌子面分块、随钻围岩分级，并依据权重给出掌子面围岩级别。

（2）设计参数智能优选。

广泛收集原铁道部颁布的隧道通用参考图、郑万铁路隧道支护设计图、郑万铁路爆破设计图，整理形成包括超前支护、洞身支护设计、爆破设计参数等设计参数数据库。根据围岩级别、埋深、岩石类型、施工水平等参数，利用数据库智能搜索匹配算法，进行设计参数匹配、推荐；利用隧道机械化大断面法、超前支护设计方法、洞身支护结构设计方法，对设计参数初选值进行校核、优化，并进行软件开发，实现设计参数智能化选择。

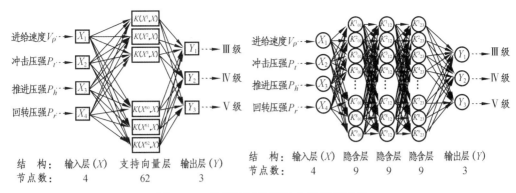

结　构：　输入层 (X)　　支持向量层　　输出层 (Y)
节点数：　　　4　　　　　　　62　　　　　　　3

结　构：　输入层 (X)　隐含层　隐含层　隐含层　输出层 (Y)
节点数：　　　4　　　9　　9　　9　　　3

图 7-10　掌子面围岩智能分级模型示意

3. 隧道智能化建造协同管理平台

（1）多源异构数据接口技术。

智能施工装备所采集的数据格式以半结构化和非结构化格式居多，多种类型智能设备所感知数据方式、类型、存储格式或表现形式可能存在较大差异。施工过程数据有采集频率高、数据记录多等特点；视频或高清数码具有存储空间大、文件格式存储等特点；现场手持终端检测数据具有格式化、模板化等特点。搭建一套满足不同数据类型、存储格式的数据交互、转换接口，借助"数据交互"实现系统内外的数据交互，借助"业务转换接口"将施工数据转换成满足业务管理要求的数据格式，并提取关键数据形成项目管理基层数据源。数据接口内部结构示意如图 7-11 所示。

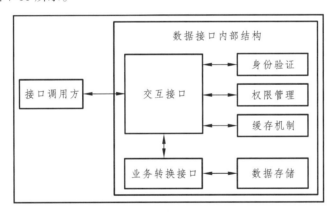

图 7-11　数据接口内部结构示意

（2）多源异构数据存储技术。

智能建造管理平台所涉及数据具有类型多、结构复杂、量大、访问频率高等特点，为提升系统交互效率和访问速度，需构建一个存储结构合理、读写速度快、安全性高的数据存储方案，借助数据拆分存储等技术，改善了海量数据的读写性能。

① 数据垂直拆分。依据智能建造协同平台各个子系统和各业务管理的需要，将整个平台的数据分割到不同的数据表空间，将原来强耦合的系统拆分成多个弱耦合的服务，通过服务间的调用来满足业务需求。这样保证了核心模块的稳定性，同时有效缓解了不同业务模块之间的 IO 竞争压力。

② 数据水平拆分。针对智能施工设备所采集的数据，依据数据的范围或时间属性将数据拆分到多个结构相同的数据表中，借助数据映射关系进行数据访问，有效地解决了施工过程数据、质检资料等单表数据量大的数据读写瓶颈。

③ 数据分区存储。充分借助 Oracle 数据库提供的分区机制，将表中的数据划分成多个区域，通过分区表的映射关系，快速定位查询、读取数据，有效缓解部分数据持续陡增而引起的数据读写速度慢等问题，从而改善巨型数据表的读写性能。

（3）多源异构数据安全技术。

借助磁盘阵列从物理上进行有冗余的数据备份存储，实现了数据的存储安全和快速数据还原功能。应用程序严格按照前端、应用逻辑、数据库进行分离，防止非法软件通过前端攻击数据库和窃取数据信息。利用票据与令牌信息进行用户认证与授权，借助 token 验证用户的合法性与有效性，有效避免了非法访问。借助 MD5 加密技术对数据进行加密处理，降低了数据在传输、读写等环节出现信息泄露的风险。引入数字指纹和 CA 数字签名技术，避免了数据被恶意篡改或伪造，同时确保数据的完整性。通过时间戳机制可以有效地防御 DOS 攻击，提高了数据交互接口的可用性。

（4）智能变更设计管理办法。

为充分发挥围岩智能分级、智能设计子系统智能分析、智能决策的功能优势，减少人为因素干扰，按照导向安全的原则，开发了智能变更设计管理模块，即当系统判定围岩级别和原设计围岩级别不一致时，系统进入智能变更设计流程：当围岩智能判识系统判识结果为围岩由好变差时，变更设计以系统判定结果为准；对于围岩智能判识系统判识结果为围岩由差变好时，变更设计必须由指挥部组织参建各方现场判定为准，并进行线上变更操作。

7.2.4 港珠澳大桥海底隧道——当前世界规模最大的沉管隧道

港珠澳大桥海底隧道是目前世界范围内长度最长、埋置最深、单孔跨度最宽和规模最大的海底公路沉管隧道，也是我国交通建设历史上技术最复杂且标准最高的海中隧道工程，如图 7-12 所示。它与东西两个人工岛一起，被称为港珠澳大桥核心控制性工程，也被称为交通工程中的珠穆朗玛峰。

图 7-12　港珠澳大桥海底隧道

港珠澳大桥海底隧道穿越铜鼓航道和伶仃西航道，隧道两端通过东、西人工岛与海中桥梁工程衔接，总长 5 664 m，如图 7-13 所示。隧道最深沉放水深约 45 m，由 33 节巨型沉管和

1 个合龙段最终接头组成,采用半刚性接头的设计方案,每个管节依次沉入海底基床,在海底完成对接,并进行防水处理。标准管节长 180 m、宽 37.95 m、高 114 m,单根管节质量为 78 000 t,排水量为 80 000 m³。深水深槽段超过 3 km,沉管深槽开挖底标高为-45 ~ -50 m,深槽深度为 35 ~ 40 m,且深槽段与伶仃洋主航道交叉,海底地形和槽内流态异常复杂。

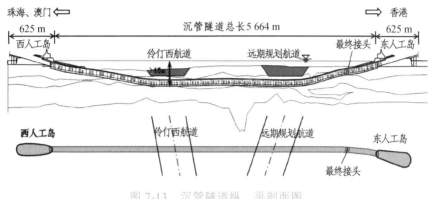

图 7-13　沉管隧道纵、平剖面图

港珠澳大桥海底隧道是迄今为止世界上埋深最大、单节管道最长、单个沉管体量最大、使用寿命最长、隧道车道最多、综合技术难度最高的沉管隧道。

7.2.5　武汉光谷超大型复杂地下综合体

武汉市光谷广场综合体位于中国光谷的核心位置——光谷广场,工程总建筑面积约 16 万 m²,包含 3 条地铁线的车站和区间、2 条市政隧道以及其他地下公共空间。其中,地铁 2 号线南延线呈东西走向敷设于虎泉街—珞喻东路道路下方,地铁 9 号线呈南北走向敷设于鲁磨路民族大道道路下方,地铁 11 号线呈西北至东南方向敷设于珞喻路-光谷街道路下方;珞喻路市政隧道沿东西方向从地下穿越,鲁磨路市政隧道沿南北方向从地下穿越。在有限的空间内解决 5 条线交会的空间布局,同时保证其最优功能,是该项目首先遇到的挑战。

在总体设计阶段,通过对集中与分散站位、集中与分散站厅以及各条线路的空间组合进行研究分析,将地铁 9 号线、11 号线站台集中布置在光谷广场中心地下,相比于分散站台,更有利于乘客换乘;贯通的地下一层作为地铁换乘大厅,连通 3 条地铁线的 4 座车站,同时实现与周边各地块的衔接。鲁磨路市政隧道与地铁 9 号线方向一致,同层归并于地下一层夹层,形成一种独特的地下大厅高架站台的空间布局;珞喻路市政隧道与地铁 2 号线南延线区间方向接近,同层归并于地下二层;地铁 11 号线站台布置于地下三层。光谷广场综合体空间布局图如图 7-14 所示。

该总体设计方案,地铁换乘便捷高效。基于地下一层的贯通大厅,乘坐地铁 9 号线的乘客直接上夹层;乘坐地铁 11 号线的乘客直接下负三层;乘坐地铁 2 号线的乘客既可从大厅向西进光谷广场站,也可向东进珞雄路站,过街则直接环通。该总体设计方案实现了交通功能的最优化,同时在三层半空间内解决了 5 条线交会的空间布局问题,有效地减小了工程规模和投资。

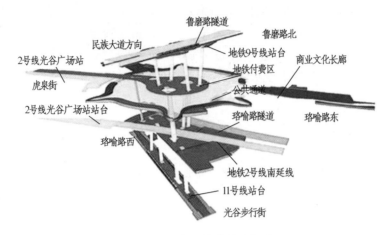

图 7-14　光谷广场综合体空间布局

7.2.6　八达岭长城站——国内埋深最大的高铁车站

新建北京至张家口铁路，是一条设计时速为 250 km/h 的城际铁路，是京包兰快速客运通道的重要组成部分，是 2022 年北京冬奥会的一项重要交通配套设施，是京津冀一体化的一条重要交通动脉，实现了北京至延庆 30 min、北京至张家口 1 h 快速到达。线路起自北京北站，沿途设八达岭长城、沙城、宣化等车站，至张家口南站，线路全长 174 km，工程于 2014 年开工、2019 年建成。

八达岭长城站为新建北京至张家口铁路的中间站，为本线唯一的地下车站，站址区位于北京市延庆区八达岭滚天沟停车场下，京张高速公路及 G110 国道北侧。车站轨面埋深 71 ~ 128 m，车站总长 470 m，有效站台长 450 m，总宽 80 m，地下部分建筑面积为 36 143 m^2，地面部分建筑面积约为 5 000 m^2，总建筑面积达到 42 243 m^2，是我国第一座采用矿山法修建的大型地下铁路车站。车站主体为地下双层四洞分离式群洞穹顶车站，站台层由 3 个单洞隧道组成，中间为正线隧道，宽为 12.8 m，两侧为到发线隧道，宽为 11.8 m；车站每个侧站台设 2 个进站口到达进站通道，2 个出站口到达出站通道，进站通道与地面站房地下一层相接，出站通道与地面站房地面层相接，采用叠层进出站通道形式；站厅层中部设大跨穹顶中央大厅，其跨度约为 45 m，其两端均为变跨单洞隧道，跨度为 10 m 和 15 m。

车站范围内穹顶中央大厅、站台隧道、站厅隧道及各连通道、出入口通道形成了多层立体交错大规模复杂洞群。图 7-15 ~ 图 7-17 分别为八达岭长城站的总平面图、纵剖面图和横剖面图。

八达岭长城站创下了 4 个"全国之最"：车站最大埋深 102 m，地下建筑面积 3.6 万 m^2，是国内埋深最大的高铁地下车站；车站主洞数量多、洞形复杂、交叉节点密集，是国内最复杂的暗挖洞群车站；车站两端渡线段单洞开挖跨度达 32.7 m，是国内单拱跨度最大的暗挖铁路隧道；最长的一部旅客进出站电梯提升高度达到 42 m，是国内旅客提升高度最大的高铁地下车站。

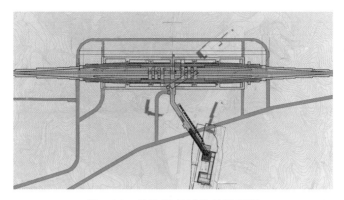

图 7-15　八达岭长城站总平面图

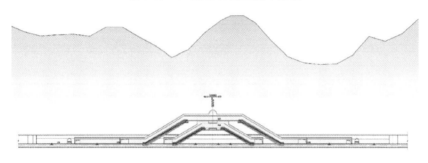

图 7-16　八达岭长城站纵剖面图

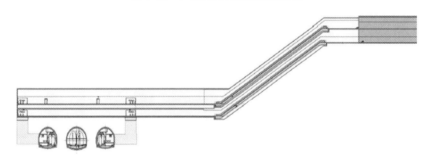

图 7-17　八达岭长城站横剖面图

7.2.7　苏州市城北路综合管廊工程

苏州市城北路综合管廊工程位于苏州市姑苏区，沿城北路建设，起于金政街，止于齐门外大街，规划建设地下综合管廊 11.5 km，管廊类型为干支混合型。综合管廊布置于道路南侧绿化带，两端预留节点，便于向新区、园区延伸。项目建设内容主要包括管廊工程及附属工程，在上林路附近设置市级监控中心 1 座。

纳入管线：自来水（DN1000、DN300）、燃气（DN400，中压和次高压各一根）、电力（两回 220 kV、三回 110 kV、三回 35 kV、24 孔 10 kV）、污水、通信及有线电视、军用保密专线、热力，预留中水，共 9 类管线。该管廊接纳该路段规划的全部管线种类。

管廊断面：考虑管廊专用车通过，断面尺寸 10.9 m×5.23 m（宽×高），采用现浇混凝土结构，如图 7-18、图 7-19 所示。

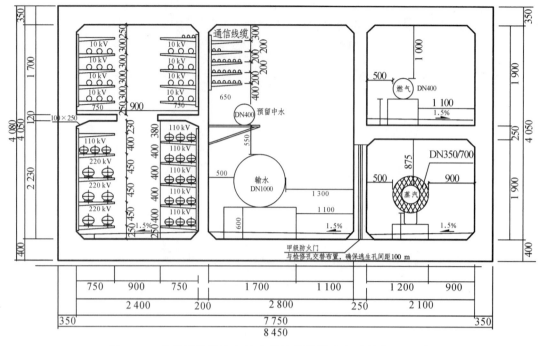

图 7-18　苏州城北路综合管廊干线截面图（尺寸单位：mm）

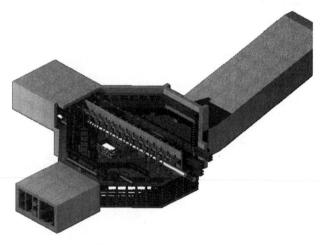

图 7-19　苏州城北路综合管廊干线与支线交叉口示意

综合管廊交叉口设计：综合管廊交叉口是道路交叉位置管线的互通与转接的重要节点，城北路与主要交叉道路的管线连接将采用该节点实现，管廊中管线转接至交叉道路支线管廊后预留端部井与道路埋地管道连接。

📝 思考题

1. 地下工程发展趋势对未来地下工程建造有何意义？

2. 地下工程智能化发展趋势包括哪些方面？

3. 地下工程概率极限状态法的进步之处有哪些？

4. 结合某一类地下工程（公路隧道、铁路隧道、地铁等），谈谈其发展历程及未来发展趋势。

参考文献

[1] 中国土木工程学会. 2018—2019 隧道及地下工程学科发展报告[M]. 北京：中国科学技术出版社，2020.

[2] 中铁二院工程集团有限责任公司. 铁路隧道设计规范（极限状态法）：Q/CR 9129—2018[S]. 北京：中国铁道出版社，2019.

[3] 王志坚. 郑万高铁大断面隧道安全快速标准化修建技术[M]. 北京：人民交通出版社，2020.

[4] 王明年，张霄，赵思光，等. 软弱围岩隧道机械化全断面施工超前支护体系设计方法研究[J]. 铁道学报，2020，42（8）：146-154.

[5] 童建军，刘大刚，张霄，等. 大断面隧道机械化施工支护结构设计方法——以郑万高铁湖北段隧道为例[J]. 隧道建设（中英文），2021，41（1）：116-125.

[6] 王明年，王志龙，张霄，等. 深埋隧道围岩形变压力计算方法研究[J]. 岩土工程学报，2020，42（1）：81-90.

[7] 张艺腾，王明年，于丽，等. 超前支护对软弱围岩隧道掌子面稳定性的影响研究[J]. 现代隧道技术，2020，57（S1）：119-128.

[8] 刘大刚，姚萌，张霄. 郑万高铁大断面岩质隧道掌子面稳定性评价及控制措施[J]. 隧道建设（中英文），2018，38（8）：1311-1315.

[9] 王志坚. 郑万高铁隧道大断面机械化施工关键技术研究[J]. 隧道建设（中英文），2018，38（8）：1257-1270.

[10] 王志坚. 高速铁路隧道机械化修建技术创新与智能化建造展望——以郑万高速铁路湖北段为例[J]. 隧道建设（中英文），2018，38（3）：339-348.

[11] 王轶君，潘卫华，姚文辉，等. 新型水封爆破除尘技术试验研究[J]. 隧道建设（中英文），2020，40（9）：1360-1367.

[12] 王威. 地铁隧道节能环保水压爆破施工技术[J]. 隧道建设，2015（S2）：143-146.

[13] 李敬国，杨奎. 第二代聚能管水压光面爆破技术在下归里隧道的应用[J]. 现代隧道技术，2020，57（S1）：1035-1041.

[14] 刘海波. 聚能水压光面爆破新技术在成兰铁路隧道施工中的应用[J]. 现代隧道技术，2019，56（2）：182-187.

[15] 王秀英，郑维翰，张隽玮，等. 预切槽法开挖黄土隧道的切槽方式研究[J]. 中国铁道科学，2018，39（3）：49-56.

[16] 韩贺庚，申志军，皮圣. 蒙华铁路隧道工程施工技术要点及机械化配套[J]. 隧道建设（中英文），2017，37（12）：1564-1570.

[17] 孙兵. 预切槽法开挖黄土隧道预衬砌支护参数研究[J]. 铁道工程学报，2017，34（9）：77-82.

[18] 王秀英，张鍼，吕和林，等. 机械预切槽法开挖软土隧道地层变形研究[J]. 岩土力学，2005（1）：140-144.

[19] 吕刚，刘建友，赵勇，等. 京张高铁隧道智能建造技术[J]. 隧道建设（中英文），2021，41（8）：1375-1384.

[20] 王同军. 我国铁路隧道智能化建造技术发展现状及展望[J]. 中国铁路, 2020 (12): 1-9.

[21] 王志坚. 郑万铁路隧道智能化建造技术创新实践[J]. 中国铁路, 2020 (12): 10-19.

[22] 易文豪, 王明年, 童建军, 等. 基于支持向量机的大断面岩质隧道掌子面围岩非均一性判识方法[J]. 中国铁道科学, 2021, 42 (5): 112-122.

[23] WANG M N, ZHAO S G, TONG J J, et al. Intelligent Classification Model of Surrounding Rock of Tunnel Using Drilling and Blasting Method[J]. Underground Space, 2020, 6 (5): 539-550.

[24] 李豪杰. 新建隧道管幕法下穿既有铁路路基施工技术研究[J]. 隧道建设 (中英文), 2021, 41 (S1): 440-447.

[25] 任高峰, 杨旭春, 张聪瑞, 等. 新管幕法下穿铁路既有线施工地表沉降监测[J]. 安全与环境学报, 2021, 21 (1): 163-171.

[26] 张冬梅, 逄健, 任辉, 等. 港珠澳大桥拱北隧道施工变形规律分析[J]. 岩土工程学报, 2020, 42 (9): 1632-1641.

[27] 谢雄耀, 赵铭睿, 周彪, 等. 管幕作用下箱涵开挖面稳定机理及参数分析[J]. 岩土工程学报, 2019: 1-10.

[28] 胡向东, 李忻轶, 吴元昊, 等. 拱北隧道管幕冻结法管间冻结封水效果实测研究[J]. 岩土工程学报, 2019, 41 (12): 2207-2214.

[29] 张金伟, 罗富荣, 杨斌斌, 等. 地铁矿山法隧道装配式二次衬砌配套拼装需求条件研究[J]. 隧道建设 (中英文), 2021, 41 (3): 364-371.

[30] 马伟斌, 王志伟, 张胜龙, 等. 基于结构受力模式主动调整的高速铁路双线隧道预制装配式衬砌的设计选型[J]. 铁道建筑, 2020, 60 (10): 56-59.

[31] 唐伟. 高速铁路单线盾构隧道装配式隧底回填结构设计研究[J]. 铁道标准设计, 2020, 64 (11): 99-103.

[32] 王超峰, 王国安, 王凯. 超大直径泥水盾构常压换刀装置载荷实时监测系统设计及应用[J]. 隧道建设 (中英文), 2021, 41 (8): 1404-1411.

[33] 陈丹, 刘喆, 刘建友, 等. 铁路盾构隧道智能建造技术现状与展望[J]. 隧道建设 (中英文), 2021, 41 (6): 923-932.

[34] 蔡清程. 盾构隧道管片预制智能化控制技术[J]. 现代隧道技术, 2020, 57 (6): 36-45.

[35] 张洪伟, 胡兆锋, 程敬义, 等. 深部高温矿井大断面岩巷 TBM 智能掘进技术——以"新矿 1 号"TBM 为例[J]. 煤炭学报, 2021, 46 (7): 2174-2185.

[36] 李龙, 刘造保, 周宏源, 等. 基于 TBM 岩机信息的隧洞断层超前智能感知加权投票模型研究[J]. 岩石力学与工程学报, 2020, 39 (S2): 3403-3411.

[37] 霍建勋, 林传年, 刘喆. 隧道高性能支护喷射纤维混凝土配比试验研究[J]. 铁道标准设计, 2021, 65 (10): 65-73.

[38] 崔光耀, 宋博涵, 王道远, 等. 隧道软硬围岩交界段纤维混凝土衬砌抗震性能模型试验研究[J]. 岩石力学与工程学报, 2021, 40 (S1): 2653-2661.

[39] 严金秀. 世界隧道工程技术发展主流趋势——安全、经济、绿色和艺术[J]. 隧道建设 (中英文), 2021, 41 (5): 693-696.

[40] 徐子瑶，虞松，付强，等. 地铁喷浆用纤维增强混凝土的试验研究与数值模拟[J]. 地下空间与工程学报，2020，16（S2）：554-563.

[41] 胡振兴. 基于地质雷达的公路隧道无损检测与养护管理[J]. 黑龙江交通科技，2021，44（9）：153-154.

[42] 杨瑞鹏，王亚琼，高启栋，等. 基于厚度检测的运营隧道二次衬砌安全评价研究[J]. 公路，2021，66（6）：378-385.

[43] 张世忠. 台湾与大陆长隧道机电设施之比较——以台湾苏花公路改善计划中武塔—观音—谷风隧道与大陆秦岭终南山隧道为例[J]. 隧道建设，2011，31（S1）：249-254.

[44] 蒋树屏. 秦岭终南山特长公路隧道关键技术研究[R]. 西安：陕西省公路局，2009.

[45] 曹智明，杨其新. 秦岭终南山特长公路隧道火灾模式下的通风组织试验方案研究[J]. 公路，2003（7）：177-180.

[46] 王明年，杨其新，赵秋林，等. 秦岭终南山特长公路隧道防灾方案研究[J]. 公路，2000（11）：87-91.

[47] 魏龙海，王明年，赵东平，等. 翔安海底公路隧道陆域段变形控制措施研究[J]. 岩土力学，2010，31（2）：577-581+587.

[48] 魏龙海，王明年，陈炜韬，等. 施工工法在翔安海底隧道中的应用研究[J]. 公路，2009（10）：255-259.

[49] 陈伟乐，张士龙. 海底沉管隧道基础处理及沉降控制技术的新进展[J]. 公路，2020，65（8）：395-399.

[50] 熊朝辉，周兵，何丛. 武汉光谷广场地下交通综合体设计创新与思考[J]. 隧道建设（中英文），2019，39（9）：1471-1479.

[51] 李双婷. 商业街区垂直转换节点空间设计研究[D]. 武汉：华中科技大学，2018.

[52] 刘建友，吕刚，赵勇，等. 京张高铁新八达岭隧道穿越风景名胜区环境保护技术[J]. 隧道建设（中英文），2021，41（8）：1361-1366.

[53] 刘建友，吕刚，岳岭，等. 京张高铁八达岭长城站设计思路及创新支撑[J]. 铁道标准设计，2021，65（10）：32-37.

[54] 赵勇，俞祖法，蔡珏，等. 京张高铁八达岭长城地下站设计理念及实现路径[J]. 隧道建设（中英文），2020，40（7）：929-940.